“十一五”国家重点图书出版规划项目
陕西省自然科学基金项目(2006KR98)
陕西省科学技术厅资助出版

21世纪
科技与社会发展丛书
(第四辑)

丛书主编 徐冠华

工程项目控制与协调研究

赛云秀 /著

科学出版社
北京

内 容 简 介

本书以项目管理知识体系为指南，从项目负责人及项目团队的立场出发，以工程项目管理系统为切入点，纵向以控制和协调两大职能为研究主线，横向以项目三大目标的控制与协调为研究目的，从文化、管理、技术和行为等多个视角和层次，系统探讨了工程项目控制与协调中存在的问题，并提出了解决问题的思路及理论框架。本书为工程项目管理理论研究提供参考，为项目管理的控制和协调两大主要职能提供思想内核，对工程项目管理工作具有现实指导作用。

本书可作为高等院校项目管理、工程管理、土木工程及相关专业研究生或高年级本科生的教学参考书，也可供项目经理、项目管理研究人员、工程技术人员或相关企业高层管理人员学习和工作时参考使用。

图书在版编目(CIP)数据

工程项目控制与协调研究／赛云秀著. —北京：科学出版社，2011.4

(21世纪科技与社会发展丛书)

ISBN 978-7-03-030397-4

Ⅰ.①工…　Ⅱ.①赛…　Ⅲ.①基本建设项目-内部审计-研究
Ⅳ.①F285

中国版本图书馆CIP数据核字（2011）第030916号

丛书策划：胡升华　侯俊琳

责任编辑：汪旭婷　王昌凤／责任校对：包志虹

责任印制：赵德静／封面设计：黄华斌

编辑部电话：010-64035853

E-mail：houjunlin@mail.sciencep.com

科学出版社 出版

北京东黄城根北街16号

邮政编码：100717

http://www.sciencep.com

中国科学院印刷厂 印刷

科学出版社发行　各地新华书店经销

*

2011年4月第　一　版　开本：B5（720×1000）

2011年4月第一次印刷　印张：16 1/4

印数：1—2 500　　　字数：320 000

定价：52.00元

（如有印装质量问题，我社负责调换）

总　序

进入21世纪，经济全球化的浪潮风起云涌，世界科技进步突飞猛进，国际政治、军事形势变幻莫测，文化间的冲突与交融日渐凸显，生态、环境危机更加严峻，所有这些构成了新世纪最鲜明的时代特征。在这种形势下，一个国家和地区的经济社会发展问题也随之超越了地域、时间、领域的局限，国际的、国内的、当前的、未来的、经济的、科技的、环境的等各类相关因素之间的冲突与吸纳、融合与排斥、重叠与挤压，构成了一幅错综复杂的图景。软科学为从根本上解决经济社会发展问题提供了良方。

软科学一词最早源于英国出版的《科学的科学》一书。日本则是最早使用“软科学”名称的国家。尽管目前国内外专家学者对软科学有着不同的称谓，但其基本指向都是通过综合性的知识体系、思维工具和分析方法，研究人类面临的复杂经济社会系统，为各种类型及各个层次的决策提供科学依据。它注重从政治、经济、科技、文化、环境等各个社会环节的内在联系中发现客观规律，寻求解决问题的途径和方案。世界各国，特别是西方发达国家，都高度重视软科学研究和决策咨询。软科学的广泛应用，在相当程度上改善和提升了发达国家的战略决策水平、公共管理水平，促进了其经济社会的发展。

在我国，自十一届三中全会以来，面对改革开放的新形势和新科技革命的机遇与挑战，党中央大力号召全党和全国人民解放思想、实事求是，提倡尊重知识、尊重人才，积极推进决策民主化、科学化。1986年，国家科委在北京召开全国软科学研究工作座谈会，时任国务院副总理的万里代表党中央、国务院到会讲话，第一次把软科学研究提到为我国政治体制改革服务的高度。1988年、1990年，党中央、国务院进一步发出“大力发展软科学”、“加强软科学研究”的号召。此后，我国软科学研究工作体系逐步完善，理论和方法不断创新，软科学事业有了蓬勃发展。2003~2005年的国家中长期科学和技术发展规划战略研究，是新世纪我国规模最大的一次软科学研究，也是最为成功的软科学研究之一，集中体现了党中央、国务院坚持决策科学化、民主化的执政理念。规划领导小组组长温家宝总理反复强调，必须坚持科学化、民主化的原则，最广泛地听取和吸收科学家的意见和建议。在国务院领导下，科技部会同有关部门实现跨部门、跨行业、跨学科联合研究，广泛吸纳各方意见和建议，提出我国中长期科技发展总体思路、目标、任务和重点领域，为规划未来15年科技发展蓝图做出了突出贡献。

在党的正确方针政策指引下，我国地方软科学管理和研究机构如雨后春笋般大量涌现。大多数省、自治区、直辖市政府，已将机关职能部门的政策研究室等机构扩展成独立的软科学研究机构，使地方政府所属的软科学研究机构达到一定程度的专业化和规模化，并从组织上确立了软科学研究在地方政府管理、决策程序和体制中的地位。与此同时，大批咨询机构相继成立，由自然科学和社会科学工作者及管理工作者等组成的省市科技顾问团，成为地方政府的最高咨询机构。以科技专业学会为基础组成的咨询机构也非常活跃，它们不仅承担国家、部门和地区重大决策问题研究，还面向企业提供工程咨询、技术咨询、管理咨询、市场预测及各种培训等。这些研究机构的迅速壮大，为我国地方软科学事业的发展铺设了道路。

软科学研究成果是具有潜在经济社会效益的宝贵财富。希望“21世纪科技与社会发展丛书”的出版发行，能够带动软科学的深入研究，为新世纪我国经济社会的发展做出积极贡献。

徐冠华

2009年2月21日

第四辑序

近年来，软科学作为一门立足实践、面向决策的新兴学科，在科学技术飞速发展和经济全球化的今天，越来越受到社会各界的广泛关注，已经成为中国公共管理学科乃至整个社会科学研究领域一个极为重要且富有活力的部分。当前，面对国际政治经济形势的急剧变化和复杂局面，我国各级政府将面临诸多改革与发展的种种问题，需要分析研究、需要正确决策，这就需要软科学研究的有力支撑。

陕西科教实力位居全国前列，拥有丰富的知识和科技资源。利用好这一知识资源优势发展陕西经济，构建和谐社会，并将一个经济欠发达的省份建设成西部强省，一直是历届陕西省委、省政府关注的重要工作。在全省上下深入学习科学发展观之际，面对当前国际金融危机，如何更好地集成科技资源，提升创新能力，通过建立产、学、研、用合作互动机制，促进结构调整和产业升级，推动经济社会发展，是全省科技工作者需要为之努力奋斗的目标。软科学研究者更是要发挥科学决策的参谋助手作用，为实现科技强省献计献策。

陕西省的软科学研究工作始于 1990 年，在国内第一批建立了软科学研究计划管理体系，成立了陕西省软科学研究机构。多年来，通过理论与实践的结合，政府决策和专家学者咨询的融合，陕西省软科学研究以加快陕西改革与发展为导向，从全省经济社会发展的重大问题出发，组织、引导专家学者综合运用自然科学、社会科学和工程技术等多门类、多学科知识，开展战略研究、规划研究、政策研究、科学决策研究、重大项目可行性论证等，取得了一批高水平的研究成果，为各级政府和管理部门提供了决策支撑和参考。

为了更好地展示这些研究成果，近年来，陕西省科技厅先后编辑出版了《陕西软科学研究 2006》、《陕西软科学研究 2008》，受到了省内广大软科学研究工作者的广泛关注和一致好评。为了进一步扩大我省软科学研究成果的交流，促进应用，自2009年起连续三年，陕西省科技厅将资助出版“21世纪科技与社会发展丛书”。该丛书第四辑汇集了我省近一年来优秀软科学成果专著5部，对于该丛书的出版，我感到非常高兴，相信丛书的出版发行，对于扩大软科学研究成果的影响，凝聚软科学研究人才，多出有价值、高质量的软科学研究成果，有效发挥软科学研究在区域科技、经济、社会发展中的咨询和参谋作用，不断提升我省软科学研究水平具有重要意义。

感谢各位专家学者对丛书的贡献，感谢科学出版社的大力支持。衷心希望陕西涌现出更多的在全国有影响的软科学研究专家和研究成果。祝愿丛书得到更为广泛的关注，越办越好。

朱静芝

2010年12月

前　言

现代项目管理的发展与应用，已使其管理思想、管理理念、管理模式及管理方法具有更为广泛的影响力。如同系统工程教给我们一种思维方法一样，项目管理已成为完成各项任务的基本方法，成为当今急剧变化时代组织和个人生存与发展的关键和必备技能之一。项目管理在我国的发展已取得显著成效，今后的应用仍然有广阔的空间。学习历经半个多世纪所形成的项目管理理论知识与实践经验，有助于我们掌握先进的管理知识和管理技能，有助于提升工程施工人员的管理水平，有利于提高企业经营管理的水平，有利于提高组织投资行为的效率和效益。

一

项目管理作为一种管理活动，其历史源远流长，人类自开始进行有组织的活动以来就一直实施着各种规模的项目。项目的类型很多，而工程项目是最古老、最活跃、最普遍，也最具时代特征的项目。人类早期文明的工程项目，可追溯到古埃及的金字塔，古希腊、古罗马的道路和桥梁，中国的万里长城、都江堰工程等，这些项目都是人类历史上成功运作大型复杂工程项目的典型范例。工程领域的项目实践活动极大地推动了项目管理的发展，在传统项目管理形成与发展过程中起到了重要的作用。

现代项目管理的真正形成与应用是大型国防工业发展所带来的必然结果。虽然早在20世纪30年代人们就开始探索管理项目的科学方法，但现代项目管理通常被认为是第二次世界大战的产物。美国所实施的“曼哈顿计划”、“北极星导弹计划”和“阿波罗登月计划”等，都是推动现代项目管理产生和发展的基本背景。

正像管理科学的形成一样，虽然项目管理的活动古已有之，并取得了许多令人惊叹的伟大成就，但作为一门学科，项目管理系统理论和方法的历史却不长。项目管理作为一门管理学问和学科最早出现在美国。美国在20世纪60年代只有航空、航天、国防和建筑工业等领域采用项目管理，70年代项目管理在大中型企业的新产品开发领域得到了应用，80年代越来越多的中小企业已将项目管理灵活应用到企业管理的各项实践活动中，到80年代末，项目管理已经被公认为是一种有生命力并能实现复杂目标的方法。90年代以后，项目管理更加注重人的因素，力求在变革中生存和发展，且应用领域进一步扩大。项目管理给传统管理模式带来了变革和挑战，得到了前所未有的认可，并得以持续发展和应用。过去的半个世纪，众多西方发达国家的公司一直在探索并在实际管理活动中注重应用项目管理的方式方法来完成工作，项目管理实际上已经开始在各种组织中成熟起来，对项目管理所能带来裨益的理解已经渗透到管理的各个层次。

值得一提的是，控制论、信息论和系统论（简称“三论”）是20世纪人类最伟大的理论成果之一。“三论”的崛起，把科学研究引向人体、思维、社会等复杂领域，扩大了人们研究问题的广度和深度，极大地提高了人们认识世界和改造世界的能力。“三论”为项目管理的理论研究和实际应用提供了有效方法，取得了显著成效。项目管理的发展与应用，把管理科学的研究引向社会、思维和参与者、技术、行为、环境等复杂领域，极大地提高了人们管理并实施各类巨大、复杂项目的能力，同时也为工程项目管理插上了翅膀。工程项目管理理论与方法是一项运用领域宽广的管理方法。发达国家的经验表明，应用项目管理技术可节约项目投资10%左右，缩短工期约20%。“在当今社会，一切都是项目，一切将成为项目。”项目是现代社会的基本活动，是国家文化的标志，是人类社会管理技术进步的里程碑，是企业发展的载体，以项目管理的方式来管理企业将成为现代企业管理的一种趋势。项目管理的能力和水平成为新经济时代组织和个人核心竞争力的重要组成部分。项目管理技术在工程建设、科学研究以及生产实践中日益显示出其巨大的优越性，在世界各国已得到广泛的推广和应用。进入21世纪，社会对项目和项目管理的需求越来越广泛，人们对其理解的程度也越来越深。

新中国成立以后，我国学习并沿用了苏联的施工组织管理模式，项目管理的学习、研究与推广应用起步较晚。华罗庚教授于20世纪60年代在我国推广网络技术，并根据“统筹兼顾，全面安排”的指导思想，将这种方法称为“统筹法”。在1982年我国利用世界银行贷款建设的鲁布革水电站引水导流工程中，日本建筑企业运用项目管理方法对这一工程的施工进行了有效的管理，收到了显著的效果，使人们深切认识了项目管理技术的重要作用。1987年，国家计划委员会等五个政府部门联合发出通知，确定了一批试点企业和建设项目，要求采用项目管理的方法。1991 年，中国项目管理研究会（Project Management Research Committee，PMRC）成立，该研究会举办了多次全国性的学术会议和国际研讨会，做了许多有效的工作。1991 年，建设部进一步提出把试点工作转变为全行业推进的综合改革，全面推广项目管理。建设部于 1992 年印发《施工企业项目经理资质管理试行办法》。2000 年 12 月，建设部又颁布《建设工程监理规范》，为提高建设工程监理水平、规范建设工程监理行为提供了依据。随着《建设工程项目管理规范》（GB/T50326—2001）于 2002 年的实施，我国工程项目管理水平达到了一个新的高度，有了一个初步的、较为完整的体系。

20 年前国人对项目管理知之甚少，甚或不知，10 年前国人基本上知道了项目管理，而今天，人们在深入认识的同时已经开始广泛地应用项目管理的思想和技术。项目管理的重要性已无需讨论，许多组织和个人进行了卓有成效的工作，为现代项目管理在我国的推广和应用做出了积极的贡献。项目及其管理已经成为我们创造精神财富和物质财富的主要方式，现代项目管理已成为发展最快、使用最广泛的管理领域之一。当前，项目管理在工程领域的应用如雨后春笋，日新月异，但是在我国政府机构、企业界等的应用才刚刚开始。让我们不断努力，积极地探索项目管理的理论与方法，运用项目管理，在项目实施中体验项目管理，并享受项目管理成果所带来的乐趣。

二

管理是一种有自身价值观、信念、工具和语言的文化，项目管理也有自身的理论体系。通过实践的不断积累与总结、理论研究的探索与升华而形成和建立起来的项目管理知识体系，便是项目管理这一新兴学科科学思想的集中体现。项目管理知识体系是在现代项目管理中开展管理活动所使用的各种理论、方法和工具，所涉及的各种角色的职责和它们之间的相互关系等一系列项目管理理论与知识的总称。创建于 1969 年的美国项目管理学会（Project Management Institute，PMI）在推进项目管理知识的完善和实践的普及中扮演了重要角色。1984 年 PMI 批准了进一步开发项目管理标准的项目，1987 年发表了研究报告，此后几年，广泛地讨论和征求了关于项目管理主要标准文件的形式、内容和结构的意见，1991 年提出修订版，并分别于 1996 年、2000 年、2004 年、2008 年进行了修订，形成了现在的项目管理知识体系（project management body of knowledge，PMBOK）。现在，该体系已被世界项目管理界公认为全球性标准。其内容主要包括整合管理、范围管理、时间管理、成本管理、质量管理、人力资源管理、沟通管理、风险管理及采购管理等 9 个知识领域、42 个要素。知识体系的建立，为全面规范地推动全球项目管理的发展和应用做出了重大贡献。

中国项目管理知识体系（Chinese project management body of knowledge，C-PMBOK）自 1993 年提出以来，经历了知识体系结构研究、知识体系文件开发、试行、修订等四个阶段，于 2006 年正式推出了《中国项目管理知识体系（C-PMBOK2006）》，其内容主要包括范围管理、时间管理、费用管理、质量管理、人力资源管理、信息管理、风险管理、采购管理及综合管理等 9 个知识领域、115 个模块（其中基础模块 95 个，概述模块 20 个），这为推动我国项目管理的学术研究和实际应用做出了卓越贡献。

有人说，管理是一种只可意会、不可言传的学问，也有人说学完管理不知管理为何物。项目管理能“言传”的就是其知识体系。两大知识体系的诞生，为项目管理在我国的应用奠定了理论基础，提供了基本的思想和方法论，体现了对项目管理规律性的重视与思考。中国人民大学包政教授在为法约尔所著的《工业管理与一般管理》中译本所作的序中指出，知识不等于力量，结构化的知识才是力量。而项目管理知识体系则为项目的规范化管理提供了一个结构化的知识与理论框架，使得项目管理成为一门独立的学科，而且是一门综合性的学科、一门交叉学科、一门定性和定量相结合的学科，自然也是一门应用学科。

三

现代工程项目日益复杂化和多样化，使得其管理过程具有不确定性、动态性和多级控制等特点，要在一定的时间内完成特定的任务，通常情况下很难圆满实现项目目标。实践证明，项目实施环境是复杂而变化的，格雷厄姆提出的项目管理“第一定律”，即“按规定时间、不突破预算、不调整人员而完成的项目几乎没有，谁的项目也不例外”。这一观点至今仍为人们所推崇。项目管理永远与问题和挑战相伴。人类对自然界的控制能力，是衡量现代科学技术和生产力发展的重要标志之一。项目管理与所有管理活动一样，不仅具有综合性特点，还有自身关注的重点。关键问题是，针对工程项目建设的目标要求和项目管理的复杂系统，如何进行有效的项目控制，以实现项目目标。项目控制成为项目管理的核心之一。

在项目环境中，冲突是不可避免的。冲突是项目的必然产物，是项目的存在方式，它作为一种冲突性目标的结果，通常在项目组织的任何层次都会产生，团队成员在实施个人和集体角色行为时，就要面对争议、争论、反对和智力斗争的环境。冲突的存在需要通过协调来解决。实施项目的过程就是不断协调和沟通的过程。工程项目建设过程中的关联单位及参与者众多，每个参与者都只是在完成项目总任务的一部分，项目受到参与单位的共同制约，这就要求必须围绕项目目标，与他人协作，共同作用，形成合力。项目协调也成为项目管理中最为引人关注的课题之一。

不能对项目进行科学和有效的计划、控制和协调，就会失去推广应用项目管理技术的意义。完美的项目管理离不开有效的控制与协调。控制用理性，或者是刚性的技术和措施，协调强调全面性，用弹性的，或者是柔性的手段；控制是科学，协调是艺术；控制是协调的手段，协调是保证控制效果不可或缺的部分。控制与协调不可分割，如车之两轮、鸟之双翼，不可偏废。

本书从纵横两个方面来探究工程项目管理的控制与协调问题。纵向以项目管理的控制与协调两大管理职能为主线，研究项目实施过程中的控制技术与协调技术；横向以工程项目质量、成本和进度三大目标的控制与协调为重点，研究三大目标控制与协调工作的实现途径，并从文化、管理、技术和行为四个维度来综合研究项目整体控制与协调机理，从而为工程项目管理的实施提供参考。

在讨论与探索中，关注工程项目控制的基本机理，认为工程项目控制首先要“控制”项目参与者，即规范参与者的行为，其次才是技术控制，即项目实施过程中技术活动的标准性、规范性。项目控制决定性的因素是人，即项目参与者。在讨论中赋予工程项目协调技术新的内涵，提出协调技术包括通报技术、沟通技术、协商技术、谈判技术和冲突处理技术五个方面，并构建起项目协调系统的基本模型。

研究和讨论项目控制与协调问题，需从文化、管理、技术和行为四个方面来综合分析。文化维度体现了项目管理深层次的理念问题，对控制与协调问题的探索，离不开项目参与者的态度、价值观和服务于项目的认知，文化是理念层面的行为表现方式。这一维度是项目管理的根基，是控制与协调的基础。管理维度以知识体系中的九大领域为基础，主要分析和探究项目管理的思想、理念、原理、方法和程序等，研究的目的在于规范项目过程管理。技术维度的特点在于科学技术是项目实施的支撑，工程项目施工中的技术因素包括法规、法令、条例、规范和技术措施等方面，技术通常部分地根植于机器与机械设备之中，同时又包含了项目参与者个人的知识和技能。行为维度，是前三个维度的落脚点，是从动机、行为等方面进一步探究项目参与者的行为和行动。行为方面的研究体现了项目管理由“人”，即项目参与者来完成、来实现。以上四个维度都以控制和协调为核心。控制与协调方面的探索与研究是本书的主线，这两方面都是一种理论与实践并举的技术，而非一般的技巧。研究的目的在于建立起广泛的控制系统和协作体系，在于规范管理过程、规范参与者行为。这也许就是项目管理的愿望，控制、协调的真谛。

四

社会在不断发展进步，当今的项目管理已经和过去有了很大的不同，表现在管理思想、组织方式和技术手段等许多方面。从某种程度上说，工程项目整体的、全面的管理可以被看做具有包罗万象的内容。工程项目作为一个复杂的系统，是组织、技术、物质、信息、行为等多个系统的综合体。工程项目的全面管理是一项技术性非常强的复杂工作，要符合社会化大生产的需要，必须使其科学化、规范化，这样项目管理工作才有通用性、普遍性，才能提高管理的水平和效率。

对项目全面而有效的管理，是以知识体系中九大知识领域为主线，高效地实施组织、计划、指挥、控制和协调等管理职能，以科学的管理理论与方法，最优地实现项目的目标。项目目标中，以质量、成本和进度为中心这三大目标，实现对三大目标的全面管理，在有效控制和协调的同时，强调项目整体管理的科学化与规范化，提高管理的有效性。这也体现了项目管理的先进性。项目管理理论、方法、手段的科学化，是现代项目管理最显著的特点。具体表现在吸收并广泛使用现代科学技术的最新成果，逐步摸索出一整套适合现代化施工要求的科学管理方法，解决工程项目管理中的各种复杂问题。社会的发展，科技的进步，加之工程项目不断大型化、复杂化和智能化，对项目管理提出了新的要求，注入了新的元素和内容，项目管理的理念、方法和模式都在不断发展变化，适应不同特点和类型项目的管理理论和管理模式也不断出现并付诸实践，实现项目的规范化管理成为理论研究人员和工程施工管理人员共同的愿望。

现代工程项目管理越来越强调集成化管理，要求项目管理有更高层次的系统性，包括把项目的决策、目标、任务、计划、设计、施工、供应、控制和协调等综合起来，形成一体化的管理过程，把质量管理、成本管理、进度管理、合同管理、信息管理等综合起来，形成一个协调运行的综合管理体系，并把为同一个工程项目服务的业主、项目管理公司、设计单位、承包商、供应商等各方面的管理工作统筹好，实现一体化。工程项目集成化管理的最主要、最基本的出发点，在于要求项目管理者必须具备全面、综合的管理能力。

从项目全面管理的角度出发，整个项目的控制与协调同样需要从文化、管理、技术和行为四个维度来考虑，应包含以下内容：明确项目实施的目标、制订科学合理的项目计划、组建精干高效的项目组织、健全项目组织的决策机制、实现非凡的项目指挥、建立高效的项目团队、应用科学精湛的工程施工技术、共享畅通的项目信息、构建和谐的项目文化、营造良好的项目实施环境、实现有效的项目控制、追求卓越的项目协调。以上12个方面，构成了工程项目整体管理的控制与协调机理。同时，辅之以完善的项目管理系统，综合运用先进的项目管理技术，使工程项目的实施完全在管理者的监控和把握之中。

项目管理是一项富有创造性的活动，具有强烈的实践性。项目管理既是科学又是艺术，是两者的完美结合。“科学”指物的世界，存在于规则、标准、技术维度和控制之中，“艺术”指人为的一面，存在于行为、实践、文化维度和协调之中。项目管理的理论体系是科学，管理实践是艺术，技术层面是科学，文化维度是艺术。控制侧重体现管理“科学”的一面，而协调则更多地体现出管理“艺术”的一面。项目管理的有效性和实现对它的真正驾驭，需要管理知识、经验、艺术和智慧的综合应用。

五

本书是在作者近20多年来教学、科研实践和学术交流成果的基础上，以自己的博士论文为主线，结合近十多年来为行政部门、企事业单位、培训机构、研究生开办讲座的内容，经充实、提高而完成的。限于篇幅，本书以理论方面的分析与探讨为主。

衷心感谢我的硕士生导师刘其兴教授、崔增祁教授级高级工程师和博士生导师李慧民教授，他们孜孜以求的治学态度、谆谆教诲的育人风范，时常作为榜样的力量鞭策着我静下心来做一些研究工作。本书在写作过程中，借鉴了国内外许多学者的有关研究成果和论著，欣喜地领略了许多严谨治学并取得卓有成效的学术进展的国内外同行的风采。书中所引用的学术成果在参考文献中都作了标注，特在此表示衷心感谢，如有疏漏，敬请谅解。衷心感谢我的家人和同事们的关爱与宽容，使我能挤出更多的时间进行学术研究工作。还要衷心地感谢十余年来邀请我进行项目管理讲座的单位和学员们，在讨论与交流中，他们给我展示了项目管理的现实世界，并使自己深信项目管理的重要性。感谢我的学生郭庆军、文艳芳等，他们为本书出版做了大量相关辅助性工作，付出了辛勤的劳动。最后，对陕西省科学技术厅给予本书的项目资助和科学出版社胡升华、侯俊琳、汪旭婷、王昌凤四位编辑为本书的出版所做的工作表示衷心感谢。

任何学术研究，都需要进行不断的探索，需要不断补充和完善。由于能力和精力所限，不足之处，希望得到同行专家和广大读者的批评指正。

2010年10月24日

目　　录

第一章　绪　论

第一节　项目与项目管理

一、项目

人们所从事的各种各样的社会经济活动按其是否具有重复持续性的特征，大体可分为两种类型：一类是连续不断且具有较稳定的重复性特征，称为“运作”或“作业”（operation），如一般社会行政事务管理、企业日常的商务活动和生产活动等；另一类则具有较明显的一次性特征，称为“项目”（project），如工程的投资建设活动、某项新产品新技术的研究及开发过程、大型活动的组织实施等。建设青藏铁路、建设三峡工程、实施载人航天工程、举办2008年北京奥运会、举办中华人民共和国成立60周年阅兵庆典、举办上海世博会等，都是典型的项目。

这两种不同类型的活动，具有不同的运作规律和特点，因而需要不同的管理方法和组织形式。前者构成了一般的行政管理、社会管理或企业管理的对象，后者则构成了项目管理的对象；前者一般是清楚的、可预知的、有秩序的状态，而后者可能是模糊的、难预知的、欠条理的状态（格雷厄姆，1988）；前者是可重复的，而后者是一次性的。这两种类型活动的主要区别如表1-1所示［中国（双法）项目管理研究委员会，2008］。

表1-1　项目与运作的区别

活动	运作	项目
目标	常规的	特定的
组织机构	职能部门	项目组织
负责人	部门负责人	项目经理
时间	周而复始，相对无限	有起止点，有时间限制
持续性	重复性	一次性
管理方法	确定型	风险型
资源需求	固定性	不定性
任务特征	普遍性	独特性
计划性	计划无终点	计划性强
组织的持续性	长期性	临时性
考核指标	效率和有效性	目标和任务为导向

1. 项目的定义

关于项目的定义，国内外许多相关组织和学者都试图用简单通俗的语言对项目进行抽象性概括和描述。其中有代表性的表述如下。

美国项目管理协会（Project Management Institute，PMI）（2008）在其项目管理知识体系指南（PMBOK2008）中将项目定义为“为创造独特的产品、服务或成果而进行的临时性工作”。德国标准化学会（Deutsches Institut für Normung，DIN）DIN69901（1987）认为，“项目是指在总体上符合下列条件的唯一性任务（计划）：具有预定的目标；具有时间、财务、人力和其他限制条件；具有专门的组织”。联合国工业发展组织《工业可行性研究编制手册》（1981）对项目的定义是：“一个项目是对一项投资的一个提案，用来创建、扩建或发展某些工厂企业，以便在一定周期内增加货物的生产或社会的服务。”

我国《质量管理——项目管理质量指南》（GB/T19016—2005idtISO 10006：2003）（2005）将项目定义为“一组有起止日期的、相互协调的受控活动所组成的独特过程，该过程要达到包括时间、成本和资源约束条件在内的规定要求的目标”。《中国项目管理知识体系（C-PMBOK2006）》（修订版）（2008）对项目的定义“为实现特定目标的一次性任务”。

格雷厄姆（R. J. Graham）（1988）认为，项目是达到特定目标的资源组合，与常规任务的关键区别是项目通常只做一次；一项独特的工作努力，即按某种规范及应用标准导入或生产某种新产品；在限定的时间、成本费用、人力资源等参数内完成。哈罗德·科兹纳（Harold Kerzner）（2010）认为项目是具有下列特征的一系列活动和任务：有一个在特定计划内要完成的具体目标；有确定的开始和结束日期；有经费限制；消耗资源；多职能。

杰克·R. 梅瑞狄斯（Jack R. Meredith）和小塞缪尔·J. 曼特尔（Samuel J. Mantel）（2006）认为项目是一个需要完成的具体而又明确的任务。项目是一个整体，包含了自身独有的一些特质：重要性、目的性、生命周期性、相互依赖性、独特性、资源局限性和冲突性。杰克·杰多（Jack Gido）和詹姆斯·P. 克莱门斯（James P. Clements）（2007）认为项目就是以一套独特的、相互联系的任务为前提，有效地利用资源，为实现一个特定目标所做的努力。它在工作范围、进度计划和成本方面都有明确界定的标准。罗伯特·K. 威索基（Robert K. Wysocki）和拉德·麦加里（Rudd McGary）（2006）认为项目是一系列独特的、复杂的并相互关联的活动，这些活动有着一个明确目标或者目的，并且必须在特定的时间、预算内，依据规范完成。

项目是一种非常规性、非重复性和一次性的任务，通常有确定的目标和确定的约束条件；是指一个过程，而不是指过程终结后所形成的成果（丁士昭，

2006）。例如，某种新产品、新技术的研发，项目指的是研发过程，不是研发者，也不是研发的新产品、新技术。

可见，项目是具有独特目标、受资源限制的一项任务，而时间是一种特殊的资源。笔者认为，项目是具有特定目标并受资源约束、时间限制的一次性任务。

2. 项目的特征

1）一次性

项目的一次性，也称项目的单件性，是项目的最主要特征。就项目任务本身而言，项目的一次性是指没有与这项任务完全相同的另一项任务，因此，只能对它进行单件处理，而不可能成批完成。项目的一次性主要表现在项目的功能、目标、环境、组织、过程等诸方面的差异。项目的一次性是对项目整体而言，并不排斥项目实施过程中存在的重复性工作。

2）明确的目标

项目的实施是一项社会经济活动，任何社会经济活动都有其目的。所以，项目必须有明确的目标，即项目的功能性要求，它是完成项目的最终目的，是项目的最高目标，是项目产生、存在和实施的依据。明确的目标同一次性特性一样，也反映了项目独特性的内涵。

3）约束性

项目是一项任务，任务的完成总是有相关制约和限制的条件，这些限制条件就构成了项目的约束条件，主要包括质量、资金、时间等方面的限制或要求。没有约束性就不能构成项目。有些项目的约束性是明显的，有些项目的约束性则是暗含的。项目的约束性为完成项目任务提供了一个最低的标准要求。

4）系统性

一般来说，当某项任务的各种要素之间存在着某种密切关系，只有有机结合起来互相协作才能确保其总目标的有效实现，这时就需要将其作为一个系统来处理。项目无论规模大小，项目的计划、实施过程、监控等，都要以系统的思想与方法进行管理。

5）生命周期性

项目既然是一次性的任务，就必然有确定的生命跨度，具有明确的开始和结束时间。任何项目都会经过启动、组织与准备、执行、结束这样一个过程，通常把这一过程称为项目的“生命周期”。

6）后果的不可挽回性

项目目的的独特性、项目过程的一次性，都表明了项目实施后果的不可挽回性。项目成功，会带来一定的经济效益、社会效益或环境效益；项目失败，如果重来，就是另外一个项目。项目不可能是“复制品”，也不可能复制项目。

3. 项目的寿命周期

工程项目的整个寿命周期或者叫项目全过程，包括前期、建设期和运营期三大部分。

项目前期是项目论证过程，是所实施项目业务类型的行业技术与经济分析相结合的产物，属经济学或技术经济学研究的内容，是项目前期论证阶段。其所关注的是对拟建项目进行全面的技术经济论证，包括对项目的市场需求和潜力的调查及对未来发展的预测，从技术、经济、效果或效益等角度对项目的可行性做出论证，最终判定是否进行立项建设。

项目建设期是项目建设、实施的过程，是建造技术与管理科学相结合的产物，属项目管理学研究的内容。其所关注的是通过项目负责人和项目组织的努力，运用系统的管理理论和方法对项目及其资源进行计划、组织、指挥、控制和协调，旨在实现项目特定目标的管理方法与体系。

项目运营期是企业生产过程，是指项目建成交付使用，项目开始运行，是生产技术与管理和经营相结合的产物，属企业管理学研究的内容。它所关注的是通过生产技术制造出产品或为社会做出其他贡献，经过企业的管理和经营实现经济效益。

项目管理所关注的是项目建设期或项目实施期。项目的规模和复杂性各不相同，但不论其大小繁简，所有项目的实施都呈现下列生命周期结构：启动项目、组织与准备、执行项目工作和结束项目。如图 1-1 所示（Project Management Institute，2008）。

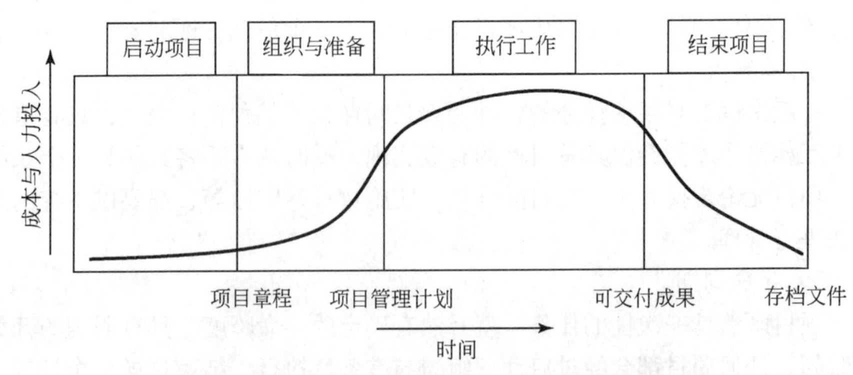

图 1-1　项目生命周期中典型的成本与人力投入水平

这个通用的生命周期结构常被用来与高级管理层或其他不太熟悉项目细节的人员进行沟通。它从宏观角度为项目间的比较提供了通用参照系，即使项目的性质完全不同。在通用生命周期结构的指导下，项目经理可以决定对某些可交付成果施加更有利的控制，尤其是大型复杂项目。在这种情况下，最好能把项目工作正式分解为若干阶段（Project Management Institute，2008）。在实际的生产生活中，所实施的项目种类和内容千差万别，几乎没有完全相同的项目，项目生命周期的长短和具体阶段的划分也会有很大的不同。有的项目生命周期仅有几天或几个星期，而大型项目的生命周期需要几年或者几十年。项目生命周期的阶段划分也不一定局限在启动项目、组织与准备、执行项目工作和结束项目四个阶段，根据项目的特点和项目管理的需要，某些复杂的项目可以划分为七八个甚至十几个阶段，而某些小型或者一些非正规的项目，就可以简化合并为两三个阶段，应视具体情况而定。具有代表性的项目生命周期划分如表 1-2 所示（闫文周和袁清泉，2006）。

表 1-2　不同行业对项目生命周期的划分

划分类型	第一阶段	第二阶段	第三阶段	第四阶段
项目管理学	启动	组织与准备	执行	结束
工程项目	可行性研究	设计	施工	交工验收
世界银行	项目选定	项目评估	付款与监测	总结评价
美国防务系统	方案探索	论证确认	全面研制	生产使用
管理状态	概念	开发	实施	结束

4. 项目干系人

项目干系人是与整个项目有关联的组织及个人，是指积极参与项目或其利益可能受项目实施或完成的积极或消极影响的组织或个人（如客户、发起人、执行组织或公众）（Project Management Institute，2008）。

（1）客户/用户。客户/用户是使用项目产品、服务或成果的个人或组织，可能来自项目执行组织的内部或外部。

（2）发起人。发起人是指以现金或其他形式为项目提供财务资源的个人或团体。

（3）项目经理。项目经理是执行组织委派、实现项目目标的个人。

（4）职能经理。职能经理是在企业的行政或职能领域（如人力资源、财务、会计或采购）承担管理角色的重要人物，亦相当于有关组织的部门负责人。

（5）运营经理。运营经理是在核心业务领域（如研发、设计、制造、供应、测试或维护）承担管理角色的个人。

（6）卖方/业务伙伴。卖方，又称为供应商、供方或承包方，是根据合同协议为项目提供服务的外部公司。业务伙伴为项目提供专业技术，提供安装、定制、培训或支持等特定服务。

二、项目管理

商业领袖和专家声称："项目管理是未来的浪潮。"罗德尼·特纳（2004）曾预言："进入21世纪，基于项目的管理将会扫荡传统的职能式管理。"项目管理是管理科学的又一次革命。该方法很久以来就是一些行业的工作风格，其中包括建筑业、军事、电影等。

1. 项目管理的概念

PMI在其项目管理知识体系指南（PMBOK2008）中将项目管理定义为"将知识、技能、工具与技术应用于项目活动，以满足项目的要求。需要对相关过程进行有效管理，来实现知识的运用"。格雷厄姆（1988）认为，项目管理是计划、控制和对临时组织在一起的人员进行管理的过程；项目管理主要在于人员管理，而不仅是计划系统和控制技术。哈罗德·科兹纳（2010）认为项目管理是为一个相对短期的目标（这个目标是为了完成一个特定的大目标和目的而建立的）去计划、组织、指导和控制公司的资源；项目管理就是利用系统的管理方法将职能人员（垂直体系）安排到特定的项目中（水平体系）去。

我国《质量管理——项目管理质量指南》（2005）将项目管理定义为"包括一个连续的过程，为达到项目目标而对项目各方面所进行的规划、组织、监测和控制"。《中国项目管理知识体系（C-PMBOK2006）》（修订版）（2008）对项目管理的定义是："以项目为对象的系统管理方法，通过一个临时性的专门的柔性组织，对项目进行高效率的计划、组织、指导和控制，以实现项目全过程的动态管理和项目目标综合协调与优化。"一般来说，项目管理是通过项目组织和项目负责人的努力，运用系统理论和方法对项目及其资源进行计划、组织、协调、控制，旨在实现项目特定目标的管理方法体系（毕星和翟丽，2000）。

笔者认为，项目管理是以项目为管理对象，在一定资源（如时间、资金、人力、设备、材料、能源动力等）约束条件下，为最优地实现项目目标，根据项目的内在规律，对项目实施全过程进行有效的计划、组织、指挥、控制和协调的系统管理活动。项目管理是以九大知识领域为主线，结合管理科学的方法，以目标管理的方式对项目实施全面管理的过程。

2. 项目管理的内容和属性

1）项目管理的内容

项目管理的任务是创造和保持使项目顺利完成的环境和条件。一般性管理具有经常、重复的特点，而项目是一次性完成的任务，每一个项目都有不同的条件和环境，项目管理实质就是针对具体的条件和环境，通过计划、组织、指挥、协调和控制，使之有利于项目的运行（邱菀华，2007）。项目实施阶段的管理核心，一是科学、合理的计划和决策，二是有效的控制和协调。项目管理自诞生以来发展很快，其管理内容当前已发展成为三维管理：时间维，即把整个项目的生命周期划分为若干个阶段，从而进行阶段管理；知识维，即针对项目生命周期的各个阶段，采用和研究不同的管理技术方法；保障维，即对项目人、财、物、技术、信息等的保障管理（哈林顿，2001）。

2）项目管理的属性

一般管理具有批量性、连续性、对象具有流动性的特点；项目管理具有单件性、一次性、对象具有固定性的特点。项目管理模式是解决传统行政管理模式低效率的一种可行途径。一些涉及行政系统内部管理的专项业务，通过金字塔行政组织逐级下达任务，逐级指挥、控制和协调，任务完成后再逐级上报和审查，不仅效率低下，也有可能影响任务完成的质量。若为项目管理模式，能够收到快速、低耗、高质的效果。

3. 项目管理的特点

项目管理的特点表现在单件性的一次性管理、全过程的综合性管理、强约束的控制性管理等三个方面。项目管理的特点与其相应的项目管理的要求，如表1-3所示（黄金枝，1995）。同时，项目管理的特性也体现在其普遍性、目的性、独特性和集成性上（闫文周和袁清泉，2006）

表1-3 项目管理的特点与要求

特点	要求
单件性的一次性管理	强有力的领导与机构
全过程的综合性管理	高效率的组织与协调
强约束的控制性管理	最有效的实施与控制

1）普遍性

项目作为一次性的任务和创新活动普遍存在于社会生产活动之中，现有的各种文化物质成果最初都是通过项目的方式实现的，现有的各种持续重复活动是项目活动的延伸和延续，人们各种有价值的想法或建议最终都会通过项目的方式得以实现。项目的这种普遍性，使得项目管理也具有普遍性。

2）目的性

一切项目管理活动都是为实现“满足甚至超越项目有关各方对项目的要求与期望”（池仁勇，2009）。项目管理的目的性不但表现在要通过项目管理活动去保证满足或超越项目有关各方已经明确提出的项目目标，而且要满足和超越那些尚未识别和明确的潜在需要。例如，建筑设计项目中对建筑美学很难定量和明确地提出一些要求，项目设计者要努力运用自己的专业知识和技能去找出这些期望的内容，并设法满足甚至超越这些期望。

3）独特性

项目管理的独特性是指项目管理既不同于一般的生产运营管理，也不同于常规的行政部门管理，它有自己独特的管理对象和活动，有自己独特的管理方法和工具。虽然项目管理也会应用一般管理的原理和方法，但是项目管理活动有其特殊的规律性，这正是项目管理存在的前提。

4）集成性

项目管理的集成性是指把项目实施系统的各要素，如信息、技术、方法、目标等有机地集合起来，形成综合优势，使项目管理系统总体上达到相当完备的程度。相对于一般管理而言，项目管理的集成性更为突出。一般管理的管理对象是一个组织持续稳定的日常性管理工作，由于工作任务的重复性和确定性，一般管理的专业化分工较为明显。但是项目管理的对象是一次性工作，项目相关利益者对于项目的要求和期望又不同，如何将项目的各个方面集成起来，在多个相互冲突的目标和方案中做出权衡，保证项目整体最优化是项目管理集成性的本质所在。经过半个多世纪的理论总结和千百年实践探索，至今项目管理已经有固定的管理模式和方法，即按九大知识领域对具体项目进行有效管理。

4. 项目管理的五个要素

（1）管理的客体是项目涉及的全部工作，这些工作构成了项目的系统运行过程。

（2）管理的主体是项目经理负责的相关管理者，管理者对项目实施全过程进行管理。

（3）管理的目的是满足和超越项目涉及人员的需求和期望。为了满足或超过项目涉及人员的需求和期望，需要平衡相互间有冲突的要求：质量、成本、时间和范围；有不同需求和期望的项目涉及人员；明确表现出来的要求和未明确表达的要求。

（4）管理的职能是计划、组织、指挥、协调和控制。这与一般管理的职能是一致的，管理者必须行使一定的管理职能；否则，项目不可能运转，管理的目标也无从实现。

（5）管理的依据是项目的客观规律。这要求管理者的主观性必须受到客观规律的制约，只有尊重项目的运行规律，才能事半功倍，才能满足或超过项目涉及人员的需求和期望（马国丰等，2007）。

5. 项目管理的应用

项目管理是管理技术与项目具体实施过程相结合的产物。它既是一项管理技术，又是一种应用技术。半个世纪以来，世界各国应用项目管理技术取得的成绩举世瞩目，为大家所公认，项目管理正在成为大多数现代企业的重要管理模式。人们只要有了一个想法，就可以用项目管理的方法去实现（戚安邦，2007）。项目管理的能力和水平构成了新经济时代个人和组织的核心竞争力（艾伦·埃斯克林，2002）。

项目管理方法是一种适合于大型、复杂、环境多变、不确定性因素很多条件下一次性任务的方法。这一任务必须是明确的，且具有一个明确的寿命周期（邱菀华，2007）。项目管理知识已影响到我们所有工作领域，并不局限于某个部门。项目管理的原理、方法具有广泛的适用性，一般管理可大量借鉴。项目管理是做好各项工作和解决社会问题的一种工具，已发展成为管理科学的一个独立分支，也是一个新兴的行业。项目管理的目的在于提升项目价值；项目管理的任务在于成功运作，完成项目目标。

当前，人们对项目管理知识普遍缺乏深入、系统的了解，还有很多人不能正确认识项目管理在其组织管理中所发挥的战略作用。项目管理常常是强加给人们，而不是让人们主动接受的。这使项目管理技术和项目管理专业人员在支持组织需要时处于被动的地位和模糊不清的角色中。许多组织的高层领导还没有认识到项目是组织战略以及其他要素如政策、程序和行动计划的组成部分，项目管理在组织的战略管理中还没有得到更全面的接受和支持（戴维·I. 克利兰，2002）。我国推广应用项目管理技术的迫切性很强，任务还很艰巨。在项目管理技术的具体应用中，主要存在两个方面的问题：一是项目管理未达到应有的先进水平；二是项目管理的实际应用可操作性差。特别是在项目管理的目标、计划、组织、指挥、控制和协调这些关键方面还没有真正解决好。当前，各级、各类组织都有大量的工程项目正在实施或即将实施，迫切需要应用科学、有效、先进的项目管理技术。

三、项目管理知识体系

项目管理知识体系是指在现代项目管理中开展的各种管理活动所要使用的各种理论、方法和工具，以及所涉及的各种角色的职责和他们之间的相互关系等一系列项目管理理论与知识的总称（Project Management Institute，2008）。项目管理知识体系包括许多方面的内容，这些内容可以按多种方式去组织，从而构成一套完整的项目管理知识体系。这套知识体系与一般管理知识体系一样，可以分成许多不同的专业管理或职能管理方面。现代项目管理所需的知识中有很多是共性的，如项目时间计划中的关键路径分析、项目工作分解结构等；同时，项目管理中也需要使用科学管理的原理、方法和职能（计划、组织、指挥、控制和协调）等；此外，每个项目会由于应用领域不同，还有一些关于该领域具体的知识和方法，如建筑工程项目管理就需要土木工程方面的专业知识，如图1-2所示。

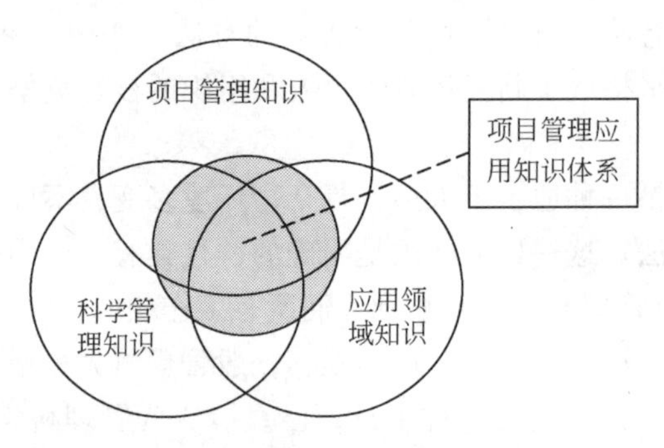

图1-2 项目管理所需的知识

1. 美国项目管理知识体系

PMI创建于1969年，在推进项目管理知识的完善和实践的普及中扮演了重要角色。PMI的成员主要以企业、大学、研究机构的专家为主，截至2008年已经有42.5万名会员和资格证书持有者。它卓有成效的贡献是开发了一套项目管理知识体系。在1976年的一次会议上，就有人提出能否把已有的项目管理共性的实践经验进行总结，形成项目管理标准。1981年PMI组委会批准了这个项目，1983年取得了初步成果，形成了PMI项目管理专业化的基础内容。1984年PMI批准了进一步开发项目管理标准的项目，1987年发表了研究报告。此后的几年，广泛地讨论和征求了关于PMI主要标准文件的形式、内容和结构的意见，1991年提出了修订版，并分别于1996年、2000年、2004年、2008年进行了修订，形成了现在的项目管理知识体系（project management body of knowledge，PMBOK），该文件已被世界项目管理界公认为一个全球性标准，主要包括启动、规划、执行、监控和收尾5个过程组，包括整合管理、范围管理、时间管理、成本管理、质量管理、人力资源管理、沟通管理、风险管理及采购管理等9个知识领域，42个要素。

2. 中国项目管理知识体系

中国项目管理知识体系（Chinese project management body of knowledge，C-PMBOK）是由中国（双法）项目管理研究委员会（Project Management Research Committee，China，PMRC）发起并组织实施的，2001年7月推出了第一

版，2006年10月推出其第二版。将项目管理知识划分为范围管理、时间管理、费用管理、质量管理、人力资源管理、信息管理、风险管理、采购管理及综合管理等9个知识领域。该体系以项目生命周期为主线，将项目管理知识领域分为115个模块，其中基础模块95个，概述模块20个。

3. 项目目标管理在项目管理知识体系中的逻辑框架

现代项目管理体系将项目管理九大知识领域的内容共同构成一个整体，这个知识体系可以进一步划分为三个部分，这三个部分共同构成了现代项目管理知识体系的逻辑框架模型，如表1-4所示（戚安邦，2007）。这三个部分分别是：涉及项目全局性和综合性管理的部分，包括项目整合管理、项目范围管理和项目风险管理；涉及项目目标性和指标性管理的部分，包括项目质量管理、项目成本管理和项目时间管理；涉及项目资源性和保障性管理的部分，包括项目沟通管理、项目采购管理和项目人力资源管理等。

表1-4 项目管理知识体系逻辑框架

层次	关系	范围	内容
第一层次	管理保障	项目全局、综合	整合、范围、风险管理
第二层次	项目目标	项目目标、指标	质量、成本、时间管理
第三层次	资源保障	项目资源、条件	沟通、采购、人力资源管理

由表1-4可见，项目管理的知识体系主要包括三个部分：第一部分是关于项目目标或指标（质量、成本、时间）的管理和控制，第二部分是关于项目资源和条件（沟通、采购、人力资源）的管理和控制，第三部分是关于项目的决策和集成（范围、风险、整合）等方面的管理和控制。三者是一种项目目标、资源保障和管理保障的关系，三个部分的九大知识领域通过相互关联和相互作用构成一个整体。

第二节 项目控制与协调研究进展

项目的控制与协调是针对项目实施的全过程，亦即项目管理中九大知识领域的全面应用而言的，而最为突出的是项目三大目标的管理。这三大目标就是项目的质量、成本和进度，不同的项目可以有不同的表述方式。

项目质量是项目固有特性满足项目相关者要求的程度，包括项目产品质量和项目工作质量，可以用性能、特性、规格或绩效等来表示，通常情况下，质量表述项目产品或服务符合技术标准的程度，也是项目实施功能要求的通称。项目关于价值消耗的术语较多，从不同的角度有不同的名称，有不同的含义，如投资、成本、资金和费用。投资一般是从出资人和业主的角度出发的；成本是为实施和完成项目所需资源的货币表现，通常承包商用得较多；从财务的角度称为资金；费用的意义更为广泛，各种对象都可使用。项目实施所持续的时间可以用工期、进度和进程等来表示。工期是项目或项目单元的持续时间。进度是项目实施结果的进展情况，在实施过程中要消耗工期、劳动力、材料、成本等才能完成项目的任务。进度是一个综合指标，将项目任务、工期、成本有机结合起来，能全面反映项目的实施状况。进程可以用来描述活动类项目的进度。

一、研究现状

1. 单一目标的控制与协调相关研究

1）质量

国外质量控制的研究起步较早，已经建立了比较完善的质量控制体系，如瑞典政府早在1948年和1959年就经议会批准颁布了《建筑法》和《建筑法令》，而且政府还设立了地方建筑委员会，同时设立专业质量控制机构协助政府开展工作。属于ISO9000族的关于项目管理的国际质量标准为《质量管理——项目管理质量指南》，在工程过程中按照质量管理体系进行全面控制（成虎和陈群，2009）。德国非常重视立法和标准化工作，公布了有关建筑结构、给排水、消防工程、安全与技术、质量保证、建筑施工等方面的验收规范共10余类90余种，对于有关建筑材料、构件、结构部位进行质量监督检查均作了规定，与此同时还注意建设过程的质量控制和监督。20世纪50年代，日本开始引入美国先进的质量管理思想和方法，到了1986年，日本的“5S”［整理（seiri）、整顿（seiton）、清扫（seiso）、清洁（seiketsu）和素养（shitsuke）］问世，从而对整个现场管理模式起到了冲击的作用，并由此掀起了“5S”学习和运用的热潮（王铁军，2009）。国外的许多专家和学者也在积极探索质量管理与控制方面新的方法和途径。Moore等（1991）运用统计学的相关工具及质量控制图对质量控制的效果进行统计，从而得出质量控制能带来巨大的效益。Neese和Ledbetter（1991）提出行业广泛认识质量的重要性，应该把成本纳入产品质量的服务当中。Alba（2008）介绍了复杂组织系统的质量管理体系，并建立了相应的模型。

近20年来，我国对建设工程质量控制尤为重视，许多科研单位、高校科研人员在进行质量控制方面进行了积极的探索与研究。丁大勇（2001）着重讨论了施工阶段的施工项目质量控制问题，并提出了模糊数学综合评价的数学模型；李冬瑾（2003）用模糊数学法对观感质量进行评定，最后对项目质量进行了评估验收，论证了实施施工项目质量过程控制的良好效果；张华（2004）通过PDCA循环实施质量过程控制方法，论述了施工项目质量过程控制，将模糊数学和质量管理工具结合起来对工程实例的有关数据资料进行了分析计算；谢四清（2005）利用质量控制的基本工具——直方图、控制图、因果分析图，对某办公楼工程现浇梁板中混凝土质量做出了定性的分析、评价和质量改进；姚敏（2005）结合“三全”（全方位、全过程、全员）质量管理模式，运用数理统计工具及模糊数学法对工程实例有关数据资料进行了分析；蔡达雄（2006）提出了“质量控制应‘以人为本’，以人的工作质量保工序质量，促工程质量”的观点；胡世琴（2007）将“5S”法运用到混凝土工程质量控制中。现在，我国已基本建立了一套具有国际先进水平的以概率理论为基础的极限状态设计法（王铁军，2009）。相关研究成果使我们在质量单项控制方面取得了丰硕的成果。

2）成本

在国外，对成本有意识的管理可以追溯到20世纪30年代，人们成功地将成本管理从被动式的事后核算推进到生产过程中的控制，使成本控制和成本核算结合起来，这种以标准成本制度为代表的过程成本控制，称为传统的成本控制方法（邱菀华，2009）。20世纪50年代后期，在新技术革命的推动下，以“价值工程”理论和方法为代表，将成本控制过程扩展到事前成本控制上来，这是成本控制发展的历史性突破（汤礼智，1997）。20世纪60年代，诞生了围绕项目成本管理最具代表性的管理方法是美国国家航空航天局（National Aeronautics and Space Administration，NASA）和美国空军为开展项目成本管理和控制而创建的工作分解结构（work breakdown structure，WBS）技术和挣值管理法（earned value management，EVM）技术（戚安邦，2007）。而最早由亨利·福特于1923年在《我的生活与工作》中提出的目标成本法，是一种以市场为导向，对有独立制造过程的产品进行利润计划和成本管理的方法。进入80年代，项目管理基本形成了自己完整的理论知识体系，现代项目成本管理理论和实践在这一时期获得了长足的进步和快速的发展。由英美学者提出的全生命周期项目成本管理理论（life cycle costing，LCC），目前已经成为项目投资决策和项目成本控制的一种思想和技术方法（游建，2009）。生命周期成本概念最早是由美国国防部提出的，其主要原因是典型武器系统的运行和支持成本占了产品购买成本的75%（Gupta，1993）。国际全面成本管理促进会（原美国造价工程师协会）前主席R. E. Westney于1991年根据“全面质量管理”的思想提出了“全面成本管理”的理论和方法（马梦和刘庆，2004）。Milehamar等（1993）提出了产品概念设计阶段成本估算的参数法模型。

我国的成本控制理论也经历了一个不断完善的过程，从传统成本控制理论发展到具有全面性和前瞻性特点的现代成本控制理论，取得了比较显著的成果。金波和关海玲（2004）认为项目策划阶段必须注意与可能发生的成本结合起来，对可能发生的项目成本起到总体控制的作用；费树林（2005）提出在项目实施阶段，应着力抓好施工图的细化与审核，对施工图纸的细化与审核质量越高，在建设过程中的针对性就越强，成本控制着力点就越准确，成本管理和控制工作就越有成效；刘佑清（2006）通过计算动态成本，并比较动态成本与目标成本、合同间的差异，最终达到成本控制的目的；王忠伟（2006）针对当前房地产开发项目中存在的设计水平较低、设计深度不够、设计人员经济观念淡薄、设计安全保守、设计变更随意性大的问题，提出房地产开发企业在选定设计单位签订设计合同时，应增设关于设计变更及修改的费用额度限制等条款；游建（2009）通过对房地产项目成本控制重点环节与控制要点的梳理，并结合实例，总结了要做好房地产开发项目的成本控制必须重点把握的要素。

3）进度

关于进度控制技术的研究相对比较成熟。第一次世界大战期间，美国法兰克福兵工厂的 H. Gantt 在安排生产和进行计划管理时，首先使用了横道图。20 世纪 50 年代以后，由于科学技术和生产力的迅速发展，生产社会化达到了一个新的水平，市场竞争和国际军事竞争日益激烈，这就促使人们进行计划管理方法上的变革，网络计划技术在这种形势下应运而生。1956 年，美国杜邦公司与兰德公司合作，利用公司的 UNIVAC 计算机，开发了一种面向计算机描述工程项目进度计划的方法，即现在广泛应用的关键线路法（CPM），该方法使得一座新化工厂的建设投资一年内就节省 100 万美元（刘耕和王学军，2003）。1957 年美国海军特种计划局为军备竞赛和开发宇宙空间的需要，提出“计划评审技术”（PERT），首先用于北极星导弹核潜艇的研制，对参与该项工程的众多科研单位和厂商进行协调，计划的 6 年研制时间提前了两年完成。20 世纪 60 年代后，该技术应用于阿波罗载人登月计划，并获得成功。随后，网络计划风靡全球，为适应各种计划管理需要，以 CPM 法为基础，又研制出了如搭接网络技术（DLN）、图形评审技术（GERT）、决策网络计划法（DN）、风险评审技术（VERT）、仿真网络计划法等，形成一大类计划管理的现代化方法（彭伟，2008）。以色列物理学家及企业管理大师 Goldratt（1997）将约束理论（theory of constraints，TOC）与项目管理联系起来，提出了一种新的项目进度管理方法——关键链项目管理（critical chain project management，CCPM）。关键链清除了项目内的资源争夺，应用于企业管理，可以明显地改善项目和公司的绩效，先后有许多成功应用的案例。总体上进度控制的方法主要包括监测技术（横道图比较法、S 形曲线比较法、香蕉形曲线比较法、前锋线比较法、列表比较法）和调整技术（改变工作逻辑关系、工期优化技术）等。

20 世纪 50 年代以来，我国水利、建筑工程建设在安排生产和进度计划时，开始采用横道图；60 年代开始运用网络计划，著名数学家华罗庚教授结合我国实际，将 CPM、PERT 等方法统一定名为统筹法，并逐步在全国推广。1982 年，日本大成建设公司承包了我国鲁布革水电站引水隧道工程，推行项目管理，促进了施工管理体制的改革。1982 年以后，国内逐渐推行国际通行的工程建设管理模式。1992 年，我国颁布了《工程网络计划规程》（JGT/T1001—91），使工程网络计划技术在计划编制与控制管理的实际应用有了一个可供遵循的、统一的技术标准。2000 年 2 月 1 日，新的《工程网络计划技术规程》（JGJ/T121—99）颁布实施。近 20 多年来，国内项目进度管理在建设领域的发展虽然取得了显著成绩，但还有差距，项目管理的理论研究、基本原理、方法论和工具并没有得到很好的应用。研究先进的、合适的管理方法和工具，对相应的工程进度进行有效控制是目前的主要任务。

2. 两大目标控制与协调相关研究

项目三大目标之间是非常复杂的关系，学者多围绕两大目标展开。即假定一个目标确定的情况下去分析另外两者之间的关系，主要包括以下几个方面。

1）质量和成本

在假设进度有保证的情况下，研究质量控制与成本控制之间的协调问题。Chen 和 Tang（1992）通过应用计算机信息系统，提出一种模拟工程质量成本的图示方法，将质量成本与其影响因素之间的关系、各组成部分与总质量成本之间的关系用图形表示，使工程质量成本控制更为简单易行。Hall 和 Tomkins（2001）主张重视预防成本和鉴定成本对总质量成本的贡献，认为工程质量成本的影响不应局限于承包商，并提出“全过程”质量成本管理方法，认为只有对工程项目过程进行全面、整体的监控，才能对降低工程质量成本有所帮助。Peter 和 Zahir（2003）提出结合工程质量成本与管理信息系统，开发项目质量成本管理体系，通过对工程质量成本的识别、信息结构设计及检测，确定所需信息类型，分析工程质量缺陷，达到控制工程项目质量成本的目的。Nuno 和 Vitor（2005）提出可操作的质量管理监控体系，强调评价质量管理收益的重要性，在对工程返工、延期及成本增加进行监控的同时，确定工程质量水平，控制工程项目质量成本。

苑东亮（2006）研究了质量控制与成本控制之间的协调关系。许哲峰（2007）论述了建设项目的质量管理的措施与成本管理的控制原则，重点分析了建设项目实施阶段的质量管理过程及具体措施，阐述了在工程投标、施工阶段、完工核算等阶段进行施工成本控制的方法。吴庆东（2008）以协调论为理论主线，以控制论、系统论等理论为依据，沿着项目质量控制与成本控制的协调动因、协调机理、协调方法、协调案例的思路，对质量控制与成本控制的协调进行了分析。

2）质量与进度

在假设成本没有变动的情况下，研究质量控制与进度控制之间的协调问题。

Sellés 等（2008）着重研究了质量与进度之间的优化问题。陈霜（2005）运用控制论的原理，研究了质量控制与进度控制的协调，绘制了质量与进度协调的圆形示意图，直观地表明质量与进度控制的协调，建立了项目质量控制与进度控制动态优化的数学模型。赛云秀等（2006）在假设成本有保证的情况下，对项目质量控制和进度控制的协调性进行了研究，从合同关系、组织界面、技术措施、法律层面分析了二者的协调管理。陈欣和张国棠（2008）分析了质量控制和进度控制在施工中的协调作用，并从技术措施层面对质量控制和进度控制在项目中的协调进行了简要论述。卢珊和刘玉杰（2008）分析施工阶段质量控制和进度控制的相互作用关系以及二者的协调性关系，探讨如何合理而有效地组织施工，并在有限资源条件下相互协调，以最短的时间、最好的质量迅速完成整个项目。

3）成本与进度

在假设质量有保证的前提下，研究成本控制与进度控制之间的协调问题。国外对成本与进度控制的研究起步较早，在理论上也取得了一定的成果。Rasdorf 和 Abudayyeh（1991）认为项目成本控制和进度控制可以进行集成，并且给出了采集项目成本和进度数据的模型方法。Erengue 等（1993）主要对成本 - 进度协调控制问题进行分析，并对相应的解决方法进行了一些阐述。Sunde 和 Lichtenberg（1995）研究了有限资源约束下连续性成本 - 进度交换的现金流优化问题。研究假定活动持续时间与成本是线性关系，而且活动的持续时间与资源需求无关。在此基础上设计了一种算法，依次检查各个时间段，对于存在未利用资源的时间段尝试压缩其中的活动持续时间，并根据净现值（NPV）的变化和资源的利用情况做出决策。

国内对成本与进度的研究也取得了一定的成果。戚安邦（2002）对基于网络计划的成本与进度控制协调的基本概念和前提作了详细的阐述，分析了控制协调的主要困难和相应的解决办法，为进一步研究和在工程实际中的应用奠定了基础。李源（2005）从成本与进度两大目标存在的问题、影响因素、基本原理和方法、采取的对策与建议等方面进行探讨与分析，研究了成本与进度之间相互作用和控制协调的机理。吴春诚（2007）对大型项目的进度评价与控制问题进行了研究，将总体进度评价引入赢得值法，将扩展的粒子群算法应用于成本与进度优化问题，确定了大型项目管理统一信息框架下的项目分解体系。李辉山（2007）在项目实施过程中偏差分析基础上，提出将蒙特卡洛仿真分析融入挣值管理法中，得出项目成本与进度协调控制思想的一种有效管理方法，应用 MATLAB 软件中提供的 Simulink 工具建立了项目成本与进度协调控制的动态仿真分析模型。罗亚琴（2009）研究了挣值管理法在工程成本与进度协调控制过程中的应用，研究了如何在限定资源配置下确定项目的最优施工进度计划，考虑了施工连续性对工程进度的影响，提出了一个多目标优化模型。

3. 三大目标控制与协调相关研究

项目控制的三大目标——质量、成本和进度构成了项目管理目标系统的主体，三者之间相互制约、相互影响，形成一个相互关联、对立统一的整体。Donald 和 Mayuram（1995）认为通过减少缺陷和返工，可以使质量提高、开发时间缩短和开发工作量减少同时达到，并用试验的方法调查了一个大型 IT 企业开发 30 个软件产品过程中成熟度、质量、开发时间和开发工作量之间的关系。Babu 和 Suresh（1996）提出了项目三大目标协同优化的模型。Khang 和 Myint（1999）认为项目施工速度加快，会影响到工程完成的质量，并建立了线性模型来研究质量、成本和进度之间的平衡关系，并建立了三个线性模型，这三个模型中任何一个都可以通过分配另外两个模型期望边界，来实现自身的优化。Robert 和 Tarek（1999）认为，质量、成本和进度是评价建筑工程项目的主要指标，这些指标之间是高度相关的，需要得到一定的平衡，从而可以对建筑工程项目施工进行有效的控制。

攸频（2003）从系统协调的角度出发，探讨贯穿项目始终的综合动态控制，利用网络计划技术对进度、资源作整体的优化，建立项目控制系统的协调度模型，并设计符合系统特点的协调度判定指标体系，用来对优化方案进行评价和优选。王健等（2004）利用多属性效用函数理论建立项目管理的质量、成本和进度综合均衡优化模型，并在网络计划技术的基础上，使用遗传算法对模型进行求解，得到较满意的决策方案，作为项目管理的控制目标，并对模型的可行性和实用性进行了验证。李斌等（2004）论述了施工项目质量、成本和进度“三要素”之间的相互影响、相互制约关系，构建了施工项目“三要素”的多目标规划模型，并结合实例分析了施工项目“三要素”集成管理的基本过程。赛云秀（2005）首次提出项目协调系统模型，并提出三大目标之间运用偏差分析的“3S”（SQ、SC、ST）方法。王瑜等（2006）建立了质量、成本和进度三要素的综合优化模型，并对其求解作进一步分析，得到了最优解。王庆伟（2007）阐述了在确定项目的控制目标时，应重点关注和控制的几个方面，以帮助人们正确认识和处理三大目标的关系。

赛云秀（2008）分析并总结了项目三大目标存在着对立统一的关系，对立体现在它们之间的相互制约和相互影响，统一体现在它们之间的平衡关系和相互促进关系，同时对项目三大目标进行了权衡分析。窦艳杰（2009）从目标管理的角度分析了建设项目的协调问题，建立了建设项目的目标控制系统，将安全目标加入到目标控制系统中，分析了质量、成本、进度和安全四大目标的控制原则、控制内容、控制方法以及它们之间的协调关系；运用协同学及系统协调理论，从定量的角度构建了建设项目目标控制系统的协调度模型，将四大目标系统地联系在一起。郭庆军和赛云秀（2009）针对项目管理中很难同时实现质量、成本和进度三大目标这一问题，从地区、行业、项目生命周期的阶段、管理主体、合同类型的角度，分析了目标的优先序不同，构建了三大目标规划模型；通过规划模型的构建，实现对项目多目标体系的集成控制。李晓敏（2009）对电力设备维修项目质量、成本和进度进行全面系统的分析，并进行目标综合均衡优化。

二、综合分析

通过以上分析我们可以看出，项目目标控制与协调方面的研究虽然取得了一定的成果，但是，能够明显地感到目前人们对项目管理的控制和协调两大职能的研究还有差距，主要存在以下三个方面的问题。

1. 认识问题

对项目控制问题普遍比较重视，认识到位，但对控制论、控制技术与项目控制的结合没有引起足够的重视。国内对项目控制的概念性、理论性探索较多，实际应用少。对项目协调问题认识还没有完全到位，将协调理解为沟通、交流、会议等一般内容的占绝大多数，理论研究深度不够。

2. 研究内容

对项目控制问题，国外在控制理念、控制理论、控制方法、控制系统的研究上较多，有比较多的控制模型，但并没有形成系统完整的成果。国内则集中在对三大目标的单项或相互作用浅层次的研究上，系统、深入地对三大目标的相互作用进行理论研究的较少，且处在模型的建立阶段。

在项目协调方面的研究，国外从心理学、行为学和组织理论等角度研究较多，比较系统，研究有深度、广度，还有成熟的成果，但国内对其进行系统学习与应用还不到位。而国内全面、系统的研究才刚刚起步，主要集中在项目沟通的内核、方法、模型的研究方面，但对项目协调技术研究较少。同时，由于各国的国情、文化背景等的差异，对项目协调的需求可能也不尽相同。

3. 研究方法

人们的注意力集中在工程技术层面的占大多数，研究的视野和思路还不够宽泛，从文化、行为两个维度研究的不多，国内更少。现今，人，即项目参与者在项目中的作用已被认为是项目组织成功运作的关键因素之一。理论家们大量地研究了结构，却忽视了行为（W. 理查德·斯格特，2002）。参与者行为的研究还没有引起人们的足够重视。

总体来说，系统地研究工程项目整体控制与协调机理的成果还很少，仍需要理论的探索与实践的不断总结。

第三节 对项目控制与协调研究的认识

一、项目控制

项目目标包括三个密不可分的要素：保证质量、不拖延工期、不突破预算（格雷厄姆，1988）。项目是一定规模的、独特的、复杂的任务，在缺少完善的项目管理的项目中，实践证明，似乎失控是一种自然现象。过去及现在，许许多多的项目存在这样或那样的问题，结果通常不外乎：按时却不保质、保质却不按时、既不保质也不按时、中途放弃（格雷厄姆，1988）。长期以来，我国工程项目在质量、成本和进度等方面严重失控，常常需要追加投资，抢赶工期，这就不可避免地影响到工程质量，使许多项目完成后无法正式投产使用，或投产使用后无法达到设计的生产能力，或投产后无法生产出合格的产品，项目投资失控现象比比皆是（成虎，2004）。特别是我国建筑业的质量管理仍不尽如人意，还存在不少施工质量问题，严重的甚至还造成人身伤亡事故，造成了极大的损失（张金锁，2000）。

现代工程项目日益复杂化和快速化，具有强约束和限定性的特征，人的思维在速度、可靠性和经济可行性等方面都显得不够了，特别是现代工程建设管理日益复杂，按照传统管理的理论和方法，很难实现项目目标。人类对自然界的控制能力，是衡量现代科学技术和生产发展的重要标志之一。项目管理的关键问题是针对项目实施的复杂管理系统和项目管理的目标要求，进行有效控制，实现项目目标，这就使控制成为项目管理的核心。

项目管理实施过程中的职能管理，整体上说有计划、组织、指挥、控制和协调几个方面，而在具体项目实施阶段，控制和协调两大职能的重要性更显突出。几十年来，工程项目失控的现象无论在国际上，还是在国内都十分普遍，如何实施有效控制仍然是我国工程项目管理的核心问题（成虎和陈群，2009）。需要我们回顾和学习借鉴的是，众多的传统管理学家都将控制与协调视为关键，表 1-5 所列出的管理专家对管理职能的划分就充分证明了这一点（黄金枝，1995）。

表 1-5　管理专家对管理职能的划分

年份	学者	计划	组织	指挥	控制	协调	激励	人事	决策	调集资源	沟通	创新
1916	法约尔	√	√	√	√	√						
1934	戴维斯	√	√		√							
1937	古利克	√	√	√	√	√		√			√	
1947	布　郎	√	√	√	√					√		
1947	布雷克	√			√	√	√					
1949	厄威克	√	√			√						
1951	纽　曼	√	√	√	√					√		
1955	孔　茨	√	√		√			√				
1964	艾　伦	√	√		√	√						
1964	梅　西	√	√		√			√	√			
1966	希克斯	√	√		√		√				√	√
1970	海　曼	√	√		√		√	√				
1972	特　里	√	√		√		√					

二、项目协调

自20世纪70年代后期以来，人们已逐渐地认识到项目组织行为和组织协调的重要性，研究的重点逐步放在项目管理中的组织结构、组织行为等方面存在的问题。这些领域包括领导类型与人际关系、决策方式和建立项目组织，项目管理中的冲突处理、信息处理，项目组织与其他外部组织的关系等。20世纪90年代初，人们研究并提出现代项目管理尚未解决的问题，其中包括项目的沟通方式、如何获得项目信息、如何解决项目冲突和危机、项目工作与部门工作在行为上的区别、管理者的行为等（成虎，2004）。至今，在这方面研究的深度和广度还远远不够。

实施项目的过程就是统筹协调的过程。一个项目的建设，是一项有计划、有组织的系统活动，也是人的劳动和工程材料、构配件、机具设备、施工技术以及工程环境条件等有机结合的过程。项目建设过程中的关联单位及参与者众多，且与政府主管部门、质量监督机构、地区及社会环境都有密切的相互影响关系。项目受到参与单位的共同制约，必须围绕项目目标，与他们协调并共同作用。在项目组织内部，由于各个参与者都只是在完成项目总任务中的一部分，所以也需要不断谋划和协调。在项目环境中，冲突是不可避免的，冲突是项目组织结构的必然产物，是项目的存在方式，它通常作为一种冲突性目标的结果在组织的任何层次都会发生，团队成员在实施个人和集体角色时，就要面对争议、争论、反对和智力斗争的环境（席相霖，2002）。把大量的冲突与争端变为合作与共同努力，都需要通过协调来解决。

三、项目三大目标的控制与协调

现代科学技术的快速发展促使人们不断地深入探索事物最基本的组成要素（谢强安和方逵，2000）。控制和协调是管理科学、项目管理中最基础的两大职能，对项目实施的成败起着关键性的作用。实施项目的活动，是人类为满足自身需要运用科学所揭示的自然规律，能动地改造自然和利用自然的实践活动。人类对其客体的认识和改造，实际上就是主体对客体的控制（张文焕等，1990）。控制和协调的过程，是在主体与客体之间的相互作用中实现的。项目的三大目标都是自上而下地布置，而目标的完成则建立在自下而上服从的基础上，项目的控制和协调与项目的实施过程相伴而生。

项目三大目标的实现，是项目管理成效的集中体现。不能对项目进行科学的组织协调、有效的计划和控制，也就失去了推广应用项目管理这一先进科学管理技术的意义（黄金枝，1995）。“在人类组织中，系统是多头的：有许多头脑可以接收信息、做出决定、引导行为。个体和子群体之间的联合有时形成、有时解体，协作与控制变成了主要问题。”（W. 理查德·斯格特，2002）在我国，现今项目建设单位或业主对项目的管理，特别是控制和协调，要么力量不足，要么依赖于监理单位、承包单位，很多项目在实施过程中都感到人手短缺、资金不足、工期极紧。而监理单位的工作性质决定了它们要面向众多的项目参与单位，承担大量的技术与专业管理责任，不可能把主要精力放在整个项目建设的控制与协调问题上。承包单位对项目的三大目标控制是以技术、经济等因素为基础，而不能保证完全是从整体利益出发。

项目界面的复杂性，使得项目管理中的控制和协调显得十分重要。项目管理是其内部系统与外界环境有交换的开放系统，开放系统的环境是动态的，在这一环境中运行的项目管理是多稳态系统。多稳态系统的外部和内部有静界面和动界面，这些界面涉及人员、组织和子系统的互相依存关系。这就使项目界面的组织协调和动态控制成为项目成功的关键（黄金枝，1995）。

综上所述，现代项目管理包含有不确定性、动态变化和多级控制等特点，如何对项目实施的复杂过程进行有效控制与协调，就成为项目管理的核心内容之一。

第二章　工程项目管理

第一节　工程项目管理概述

一、工程

1. 工程的定义

人们从不同的角度对工程进行了定义，比较典型的有以下几种。

（1）《不列颠百科全书》（*Encyclopedia Britannica*）（2007）对工程的解释是：应用科学原理使自然资源最佳地转化为结构、机械、产品、系统和过程以造福人类的专门技术。

（2）《中国百科大辞典》（2005）对工程的定义是：将自然科学原理应用到工农业生产部门中而形成的各学科的总称。

（3）《现代汉语大词典》（2005）对工程的解释是：①指土木建筑及生产、制造部门用比较大而复杂的设备来进行的工作；②泛指某项需要投入巨大人力、物力的工作。

（4）《辞海》（1999）对工程的解释是：①将自然科学的原理应用到工农业生产而形成的各学科的总称，如土木工程、水利工程、冶金工程、机电工程、化学工程、海洋工程、生物工程等。这些学科是应用数学、物理学、化学、生物学等基础科学的原理，结合在科学实验与生产实践中所积累的经验而发展起来的。②指具体的基本建设项目。

（5）中国工程院咨询课题《我国工程管理科学发展现状研究——工程管理科学专业领域范畴界定及工程管理案例》研究报告中有关工程的界定是：工程是人类为了特定的目的，依据自然规律，有组织的改造客观世界的活动。一般来说，工程具有产业依附性、技术集合性、经济社会的可取性和组织的协调性。

（6）美国工程院（MAE）认为，工程的定义有很多种，可以被视为科学应用，也可以被视为在有限条件下的设计。

2. 广义的工程

在现代社会，符合上述“工程”定义的事物十分普遍。“工程”是一个十分宽泛的概念，只要是人们为了某种目的，进行设计和计划，解决某些问题，改进某些事物等，都是“工程”(成虎，2007)。

(1) 传统意义上工程的概念包括建造房屋、大坝、铁路、桥梁，制造设备、船舶，开发新的武器，进行技术革新等。

(2) 由于人们生活和探索领域的扩展，不断有新的科学技术和知识被发现和应用，开辟许多新的工程领域，如近代出现的航天工程、空间探索工程、基因工程、食品工程、微电子工程、软件工程等。

(3) 在社会领域，人们经常用“工程”一词描述一些重要和复杂的计划、事业、方案及大型活动等，如“扶贫工程”、“211 工程”、“阳光工程”、“希望工程”等。

3. 狭义的工程

工程的定义虽然非常广泛，但工程项目管理所研究的对象还是传统意义上“工程”的范围和定义。工程管理的理论和方法应用最成熟的是基本建设项目，包括工业与民用建筑工程、交通工程、水利工程、矿山建设工程和军事工程等领域。工程项目管理所指的“工程”，主要是针对土木建造工程，是狭义的工程的概念。因此在本书中，如果没有特别说明，“工程”一词就是狭义的工程的概念。

二、工程项目

1. 工程项目的含义

工程项目是指一个在限定资源、限定时间的条件下，一次性完成某特定功能和目标的整体管理对象（周文安和赛云秀，1997）。工程项目是指为了特定目标而进行的投资建设活动（丁士昭，2006）。工程项目是当今社会最为普遍，也是最为重要的项目类型，它在社会生活和经济发展中发挥着重要作用，是以一个工程技术系统的建设和运行为任务的过程（成虎和陈群，2009）。建筑工程项目则是指通过投资活动获得满足某种产品生产或人民生活需要的建筑物的一次性事业(齐宝库，2007)。工程项目作为一种特殊的管理对象，有它的特殊性，有自己独特的管理理论和方法。工程项目的特殊性是研究工程项目管理自身独有的管理理论和方法的基本出发点。工程项目的特性表现在以下几个方面：具有明确的建设目标；在众多约束条件下实现项目的建设目标；具有一次性和不可逆性；投资巨大且建设周期长；风险大；管理复杂（张金锁，2000）。

2. 工程项目的生命周期

工程项目的时间限制决定了项目的生命周期是一定的，在这个期限中项目经历由起始到结束的全过程（易志云和高民杰，2002）。不同类型和规模的工程项目，其生命周期是不同的，但它们都可以简单地分为如下四个阶段：一是项目的前期策划和确立阶段，工作重点是对项目的目标进行研究、论证、决策，其工作内容包括项目的构思、目标设计、可行性研究和批准；二是项目的设计和计划阶段，工作任务包括设计、计划、招标投标和各种施工前的准备工作；三是项目的实施阶段，指从现场开工直到工程建成交付使用为止；四是项目的运行阶段，即项目竣工投入使用直至其使用终结。工程建设项目的阶段划分如图 2-1 所示（成虎，2004）。

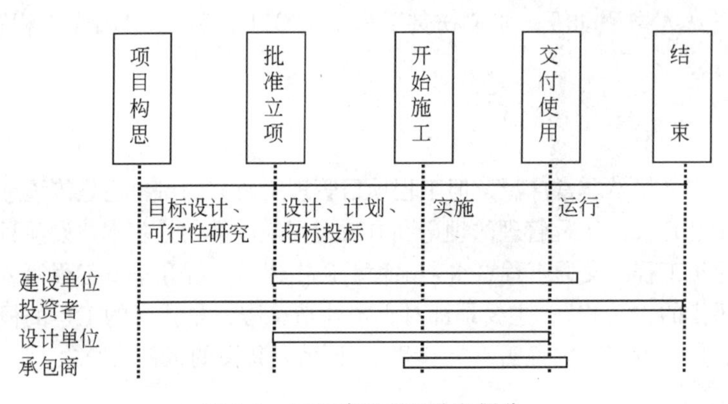

图 2-1　工程建设项目阶段划分

三、工程项目管理

1. 工程项目管理的含义

工程项目管理是指为使工程项目在一定的约束条件下取得成功，对项目的所有活动实施决策与计划、组织与指挥、控制与协调、教育与激励等一系列工作的总称（席相霖，2002）。英国皇家特许建造学会《项目管理实施规则》定义工程项目管理“为一个建设项目进行从概念到完成的全方位的计划、控制与协调，以满足委托人的要求，使项目在所要求的质量标准基础上，在规定的时间之内，在批准的费用预算内完成”（徐绳墨，1994）。工程项目管理的理念及职能同项目管理是相通的，是项目管理在建设工程中的具体应用。但工程项目的具体特点，要求其管理更强调程序性、全面性和科学性，要运用系统工程的观点、理论和方法进行管理。

2. 工程项目管理的先进手段与应用价值

发达国家的经验表明，应用项目管理技术可节约投资 10% 左右，缩短工期约20%（格雷厄姆，1988）。项目管理的科学性和先进性，在于高效率的组织、计划、控制和协调，最优地实现项目的目标（黄金枝，1995）。具体表现在以下三个方面。

1）实现项目组织与协调科学化

项目管理体现了现代管理组织的三个基本原则：系统整体原则、统一指挥原则和权责对应原则。系统整体原则，可以协调各管理要素，以确保整体目标的实现；统一指挥原则，可以避免多头领导、责任不清，使管理组织高效率的运行；权责对应原则，可以有效地克服瞎指挥和滥用职权的弊病，充分发挥管理组织的活力。项目管理的这些现代管理组织原则，提高了管理组织的效应，从而也提高了目标实现的强度。

2）实现项目计划与决策科学化

项目管理针对现代工程建设日益复杂的特点，强调高效率的计划与决策。而计划与决策包括明确对象、确定目标、传递信息、拟制方案、方案评估和方案优化等内容。这就改变了以往管理中依靠少数人的经验选择方案和拟定计划的落后状态，使计划与决策建立在科学、合理和最优化的基础上，从而提高了项目控制和目标实现的可靠性。

3）实现目标管理与控制有效化

项目管理针对现代工程建设动态变化的特点，突出目标管理与有效控制。目标管理包括目标体系的科学性和完整性、目标实施的自我控制过程和目标实现的成效等内容，它强调管理的目的和任务必须转化为目标，管理人员必须通过目标来组织和实施管理活动，以保证目标的实现。而要实现目标，必须进行有效控制，它包括同步跟踪、信息反馈、动态调整和优化控制，使项目的质量、成本和进度这三大目标始终控制在预期目标内。这是项目管理的核心内容，也是其他管理方法所不及的。

综上所述，工程项目管理的产生背景和应用价值，如图2-2所示（黄金枝，1995）。

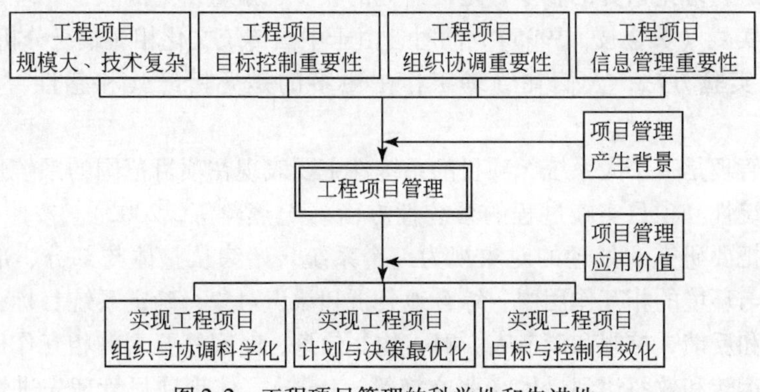

图2-2　工程项目管理的科学性和先进性

第二节　工程项目管理系统

项目系统是以特定时空中的人－物－环境系统为基础而存在的，管理者和被管理者、直接参与者和间接参与者都各自以某种方式存在于项目系统中（胡振华，2001）。在项目管理中，系统方法是最重要、最基本的思想方法和工作方法（成虎和陈群，2009）。项目管理一直被视为一种重要的系统方法（安东尼·沃克，2007）。成功的项目管理离不开一个良好的项目管理系统（詹姆斯·刘易斯，2002）。项目管理系统是由项目管理的组织、方法、措施、信息和工作过程形成的系统，是由一套过程和有关职能组成的有机整体。工程项目管理系统是由管理项目所包含的过程、技术、方法和工具等组成的整体，为了实现项目管理目标必须对项目进行全过程、多方面的管理。工程项目管理是一个多维的体系（成虎和陈群，2009）。

项目确定以后，工程项目的独特目的要体现在特定的目标，目标明确后，就要确立任务并将其分解，以利项目实施。而项目开始实施，就必须以项目组织为依托，形成一个整体的大系统，并存在各方面的子系统。研究项目实施，一开始就应从整体入手，分析项目实施中各子系统及其相互之间的关系，理清项目实施的来龙去脉和全过程。

一、工程项目管理系统的内涵

1. 工程项目管理系统的认识

工程项目建设具有规模大、实施过程复杂的特点。一般来说项目实施过程中会有很多的不确定因素。目前，有关工程项目管理技术的研究资料，叙述性的较多，系统进行理论研究的较少，定性研究的较多，定量研究的较少，理论研究滞后于工程实践（黄金枝，1995）。同时，由于中国传统文化相对缺乏分析性思维，较少采用实验方法，人们在管理工作中更多的是凭借经验和感性（郭咸纲，2002）。

项目管理是一个大系统，项目的系统性主要表现在项目范围的系统性、项目目标的系统性和项目实施过程的系统性方面（纪燕萍等，2002）。按照“三论”的思想，把要研究和处理的对象视为一个系统，始终从整体与部分、部分与部分、整体与环境的相互作用中，综合地分析和认识对象，确定系统目标，通过信息的传输和反馈，控制和调节人、财、物、信息、时间等要素的相互作用，从而使系统的运转和效益达到最优（张文焕等，1990）。体现项目管理先进性的科学理论，应以“三论”为基础，并细化到项目实施的组织、计划、指挥、控制和协调上。对项目的任何管理活动，都要建立系统观念，运用系统方法进行系统管理（邱菀华，2007）。对项目进行管理，首先是其管理系统的运行，现在人们对这一系统的认识还有待提高，有些中小型项目没有有意识地去构建相应的运行系统，在一些中型、大型项目中有完备的组织机构，但其管理系统是否合理构建，是否有目的的运行还有待讨论。其次，项目管理是一个复杂的大系统，管理系统是进行项目管理、实施有效控制与协调非常重要而又不可回避的问题。

工程项目的实施是一个复杂的大系统，由具有相互依赖、相互关联、相互作用的若干要素或部分构成，是一个具有特定目标、功能和结构的有机整体。这就要求必须用系统工程学的原理，去研究分析项目的内部系统构成、外部关联以及与这个系统有关的一切内外关系，以求得系统目标的总体优化以及与外部环境的协调发展（金维兴和张家维，1993）。对于大型的矿山建设工程，建设内容包括井工、土建和安装三大类工程，其管理系统更为复杂。所以，实施工程项目的管理活动，必须有一个完备的工程项目管理系统来支撑。工程项目管理系统（engineering project management system，EPMS）的作用在于实现项目管理的目标、计划、组织、指挥、控制和协调等功能。

2. 工程项目管理系统的构成

从管理和技术的层面看，工程项目整体管理系统主要包括目标子系统、任务子系统、计划子系统、组织子系统、指挥与决策子系统、控制子系统、协调子系统、人力资源子系统、信息管理子系统、质量管理子系统、成本管理子系统、进度管理子系统、风险管理子系统、资源管理子系统、技术子系统和环境子系统等。同时，项目是在非常复杂和不确定的环境中运行的，项目管理系统不只是技术系统，项目实施也反映着人际关系，反映着协作体系和社会体系，反映着组织和制度建设的文化系统。所以，从文化和行为的角度看，项目的实施过程中实际上还存在着文化氛围子系统。项目的实施，有众多的参与者，实际上还有参与者的行为系统。

从社会、政治、经济、文化的范畴来说，项目的实施过程是一个临时的社会系统（格雷厄姆，1988）。工程项目的这些子系统之间存在着错综复杂的内在联系，它们共同构成一个完整的项目管理系统。对于各个子系统，目标系统、任务系统、计划系统、组织系统是分析项目控制与协调的关键性子系统，在本章中予以简要论述；质量管理系统、成本管理系统、进度管理系统主要体现在项目实施阶段，是本书的重点，其相关内容在第五章和第六章论述；控制系统和协调系统是本书的重心所在，分别在第三章、第四章和第七章论述。

3. 项目管理系统的主体与客体

系统内部由管理主体和管理客体构成，系统外部是项目组织的环境（卢有杰，1997）。项目管理主体即项目的决策者和管理者，严格地说，是由管理者群体组成的工作集体，即项目管理机构。管理职能都要通过管理主体发挥作用，具体表现为以下三个方面：决定项目管理的性质、决定项目管理的实施过程、决定项目管理的效率和效益。

项目管理客体是指能够被项目管理主体控制的已经立项并准备实施的项目，包括在其寿命周期内涉及的全部人员、资源的组织和活动（邱菀华，2001）。项目管理客体可归纳为由人员、物质资源和组织机构组成。其中人在项目中既是管理主体，又是管理客体，在被管理的同时，又参与管理，发挥主观能动性。物质资源是管理客体的主要组成部分，是项目实施活动的必备要素，包括人力、物力、财力、信息等，又同项目的外部环境联系在一起。组织机构是项目管理客体的表现形式，是整个项目管理的载体。

4. 系统界面

工程项目的实施过程是一个有机的整体，各项任务、各工作单元之间存在着复杂的关系，即它们之间存在着界面。项目管理中面对多种界面，而且许多冲突往往都出现在界面上，项目界面管理是项目成功的关键。项目实施中各子系统之间存在着界面，参与单位之间存在工作界面，项目与环境之间存在界面。人们通常所关心的界面大多指项目与外部环境之间各种关联所构成的界面。工程项目的输入与输出表现在界面上，输入是指流入一项工程的信息、物料及资源。工程项目的输入有上层系统的要求和指令、原材料、设备、资金、信息、能源等，同时包括目标、计划、工作范围、组织方针、工程人员、合同条款、物资资源和信息等（阿诺德·M. 罗金斯和W. 尤金·埃斯特斯，1987）。工程项目的输出是质量好、成本低、进度快的工程设施、产品等，即项目目标。

5. 系统控制与协调功能

系统都存在控制与协调功能。控制功能的设计应该反映项目的技术需求以及环境要求，并且控制功能必须建立在形成瓶颈的预测决策点的基础上。管理系统进行决策、维护、控制及调节操作，控制由决策点产生的分支系统之间的边界并综合它们的输出结构，以确保主要决策和关键决策能够与业主的要求相一致。管理系统还控制项目进程与项目环境之间的边界。它监管各个分支系统的运行行为，确保使用合适的方法和技术，从而保证产生分支系统输出成果的资源（特别是人员）能够得到补充。此外，管理系统也包括起因于该系统的建议审批及推荐活动。虽然这些活动中有许多看来像技术性的，但只有在疏通参与者的行为特征与项目目标和项目成果利益的通道时，才能实现它们（安东尼·沃克，2007）。

二、工程项目管理系统的理解

1. 系统分析

任何工程项目及其实施过程都具有鲜明的系统特征（张文焕等，1990）。这在项目管理的理论研究和项目管理的实践中都需引起高度重视。工程项目管理系统是由多个相互作用和相互依赖的子系统组成的，其功能就是完成项目建设的使命。工程项目管理系统的各子系统即为其基本要素。

工程项目管理系统各要素之间相互联系形成的结构决定着其自身的整体特性，结构是其内部各子系统之间的相互联系、相互作用的方式或秩序，也就是各要素之间在时间或空间上排列和组合的具体形式。系统行为是指其自身对环境的影响和作用的反应。在工程项目管理系统中，目标系统、计划系统、组织系统、指挥与决策系统、控制系统、协调系统、信息系统等，是管理层面上的子系统，起着统管全局的作用。技术系统、质量管理系统、成本管理系统、进度管理系统，是技术层面的子系统，是工程项目实现任务、达到目标的技术保证。资源管理系统、风险管理系统和环境系统等子系统，起保障性作用。文化氛围是一个解决项目参与者思想观念和深层行为问题的子系统；行为系统是参与者行为的总称，是项目实施过程中人的行为和行动的具体表现。临时的社会系统是对以上各子系统的概括。工程项目管理系统是功能和结构的统一体，它体现了其自身与外部环境之间物质、能量和信息的输入与输出的变换关系。

2. 系统思想与理论

项目管理系统具备一般系统的特性，其开放性、有序性、结构稳定性和目的性联系起来，正是这一系统的核心所在（张检身，2002）。解释复杂的项目管理现象不仅要通过各个子系统，而且要估计到它们之间联系的总和。这就要求我们从整体与部分、部分与部分之间特定关系的角度，揭示系统的特性和运动规律。项目管理系统的内容应包括系统哲学、系统管理和系统分析三个方面，如表2-1所示（张文焕等，1990）。

表2-1 系统理论的思想表现

系统理论	观点	方法	子系统	任务
系统哲学	观念的	深思熟虑的	战略的	使项目组织和环境一体化
系统管理	重实效的	综合的	协调的	强调相互关系使各种活动一体化
系统分析	最优化的	制作模型的	作业的	完成任务和有效利用多种资源

3. 工程项目管理系统运行原理

1）整体性原理

工程项目管理系统整体性原理的实质就是强调一定环境下系统整体与要素之间的关系，是对整体与部分关系的深化。系统整体与子系统的关系，不是“相加性”，而是着眼于“有机性”，表现在：一是各子系统和系统不可分割，子系统不是杂乱无章的偶然堆积，而是按照一定的秩序和结构形成的有机整体；二是系统整体功能不等于各组成部分的功能之和，从量的关系方面看的，系统的整体效应表现为整体对于它的组成部分具有“非加和性”；三是系统整体具有不同于各组成部分的新功能，这是从质的关系方面看的。系统的整体效应表现为系统整体的性质或功能，具有构成该整体的各个部分自身所没有的新的性质或功能。

2）动态相关性原理

项目处在不断地发展变化之中，系统状态是项目进度的函数，这就是系统的动态性。动态相关性原理的基本内容主要有以下几个方面：其一，要素和要素之间的相关性。系统整体中，要素并不是孤立存在、互不相关的，而是相互联系、相互作用的。一般情况下，进度控制系统发生变化，必然引起成本控制系统的变化。其二，要素与系统整体的相关性，即系统内部诸要素之间相互作用、相互联系，形成一定的结构特质。其三，系统与环境的相关性，即系统处在一定的环境之中，系统与环境的相关性存在于二者的对立统一之中。

3）层次等级性原理

首先，项目组织的层次等级结构是最为普遍的存在方式。无论项目组织结构还是系统功能都具有等级性。其次，处于不同层次等级的系统，具有不同的结构，亦有不同的功能。系统作为结构和功能的统一体，系统的层次等级性正是结构等级和功能等级相统一的表现。再次，不同层次等级的系统之间相互联系、相互制约，处于辩证统一之中。在系统的复杂层次等级结构中，高层次的系统虽然支配低层次系统而居主导地位，但低层次的系统也不是完全被动的，它保持着自己的相对独立性，对系统的高层次乃至整个系统起着重要的作用。

4）有序性原理

系统有序性原理的基本内容在于：一是项目管理系统有特定的结构，结构合理，系统的有序度高，功能就好；反之，结构不合理，系统的有序度就低，功能就差。二是项目管理系统由项目开始的低级结构转变为较高级的结构，即趋向有序；反之，系统由较高级的结构转变为较低级的结构，即趋向无序。三是项目管理系统必须保持开放性，才能使系统产生并且维持有序结构（张文焕等，1990）。

三、工程项目管理组织系统的视角

管理组织系统的模型可分为封闭系统模型和开放系统模型两大类，而这两者内部又都可分为理性模型和自然模型两类（W. 理查德·斯格特，2002）。分析这些模型对进一步探讨和理解工程项目管理系统及其组织系统是有益的。显而易见，工程项目的管理系统应该是开放的，而不可能也不应该是封闭的。这里只对开放系统及其理性的和自然的两个模型进行简要分析。

1. 开放系统的视角

开放系统的视角首先认为组织应该是开放的，组织运行依赖于外界的人员、资源和信息。开放系统视角的一个主要贡献就在于它认为系统要素可以有一定的自由行为，并不是个体参与者，而是它们特定的活动和行为才被包括在组织边界内。系统流程的主要类型就是物质、能量和信息的流动，系统能够通过加工从环境获得的资源进行自我维护。开放系统的这些特性区分系统进程中两个基本的设置：维持和变革。维持是指保存或维护系统既有形态、结构或状态的过程。在生态系统中，维持过程包括循环和呼吸；在社会系统中，则包括社会化和控制行为。变革是指细化或改变系统的过程，譬如成长、学习和分化（W. 理查德·斯格特，2002）。

开放系统的组织理论家将一般系统论视为提高组织设计，完成其既定运作的思想源泉。组织设计就是确定适当的工作流程、控制系统、计划机制及其相互之间的关系。系统设计学派更倾向于实际和应用，他们从管理人员的角度来力图改变和提升组织，而不是简单地描述和阐释组织。由于巨大的复杂性，过分复杂且不确定的系统和不确定的系统行为常常不能用传统的数学模型来研究。相反，最广泛的分析技术是模拟系统的运作。

2. 理性系统的视角

从理性系统的视角看，组织是一种为了完成特定目标而设计的工具。“理性”是指为了最有效地达成预定目标而以某种方式组织起来的一系列行为逻辑，理性系统是设计出来的，其结构是组织达到有限理性的基本载体。理性存在于规范中，规范确保了参与者的行为与达成既定目标的关联；理性存在于报偿体系中，该体系激发了参与者去完成既定目标；理性还存在于系列标准中，通过这些标准来选择、替换和提升参与者；理性存在于控制机制中，理性系统的决策、运行对控制工作更为关注，体现为上层参与者对下层参与者行为的决定权。理性系统的理论家认为，组织的设置是为理性服务的，即控制是为了实现特定目标而进行的。

理性系统强调的主要问题在于目标具体化和形式化，具体目标不仅为选择相应的行动提供标准，而且可以使行动具体化。形式化在理性系统的重要性在于结构的形式就是准确、清晰、系统地阐述控制行为的规范及独立描述项目参与者之间的关系与个人特质。形式化是把“个人”因素从个人之间的控制系统排除出去的最重要途径之一，它还有使结构客观化的功用，即使角色和关系的定义对参与者而言更客观、更外在。这种特质对系统控制行为的有效性很有帮助。理性系统的理论家还强调组织运作中正式权力结构的重要性，认为以此方式设计权力结构是可能的，以至于为了帮助组织对参与者的贡献进行协作和控制（W. 理查德·斯格特，2002）。

3. 自然系统的视角

自然系统的研究者强调，组织首先是集合体，其规范结构与行为结构的关系是松散的。自然系统的特征和内涵主要表现为强调非正式结构、组织目标的复杂性、协作体系和制度理论。自然系统视角的一个最重要的观点就是组织的结构并不只是正式结构加上个体参与者的独特信仰和行为，而是包含了正式的和非正式的结构。非正式结构建立在具体参与者的个性和相互关系的基础上（W. 理查德·斯格特，2002）。正式组织中的参与者促成了非正式的规范和行为模式，如地位和权力体系、交流网络、人际结构、工作安排等。非正式结构的研究认为“非理性”的关系构成了组织下层的特征，管理人员和决策人员都不能免于这种影响，同时强调了非正式结构的正面功能，即在促进更轻松的交流、提高信任度和纠正正式体系中的不足等方面的作用，因为非正式生活本身就是有序地建构起来的。

自然系统的分析家更多地关注行为，对组织规范和行为结构之间复杂的相互联系更为关心。认为组织结构中，还有比既定规章、职位界定和参与者行为规范更为重要的东西。个体参与者从来都不只是“被雇佣的劳力”，他们投入的是他们的智慧和情感，他们加入组织时带着个人的观念、抱负和计划，他们带来了不同的价值观、兴趣和能力。

自然系统的分析家同时强调，组织在本质上是一个协作体系，用以整合参与者的贡献。自然系统的制度理论学派强调，不能控制组织行为中的非理性因素，制度化是指一个价值中立的过程，“从不稳定的、松散组织的或有限的技术活动中产生出有序的、稳定的和社会的整体模型”。各种视角的主要理论模型如表2-2所示（W. 理查德·斯格特，2002）。

表 2-2 各种视角的主要理论模型

分析层次	封闭系统模型		开放系统模型	
	1900～1930 年 理性模型	1930～1960 年 自然模型	1960～1975 年 理性模型	1975 年至今 自然模型
社会心理学层次	科学管理 泰勒（1911） 决策制定 西蒙（1945）	人际关系 怀特（1959）	有限理性 马奇和西蒙（1958）	组织活动 维克（1969）
结构层次	科层制理论 韦伯（1968） 管理理论 法约尔（1919）	协作系统 巴纳德（1938） 人际关系 马约（1945） 冲突模型 古尔德纳（1954）	权变理论 劳伦斯和骆奇（1967） 比较结构 伍德沃德（1965） 皮尤等（1969） 布劳（1970）	社会技术系统 米勒和赖斯（1967）

四、工程项目管理系统视角的整合

对工程项目管理系统采用何种视角，是单一的某种系统还是综合的，这是理解和构建项目管理系统及项目组织时要考虑的问题。项目管理系统是开放的，项目管理系统应不断地与环境进行物质、能量和信息的交换。项目施工过程始终是一个开放过程。潜在的业主存在于建筑过程系统的环境中，而系统必须适应它们。它从环境输入概念、能量、材料、信息等，转化为产品，即完成的工程；然后，又输出到环境中，本身受投入使用工程的影响，也受工程为增加国家固定资产这一事实的影响。其过程如图 2-3 所示（安东尼·沃克，2007）。

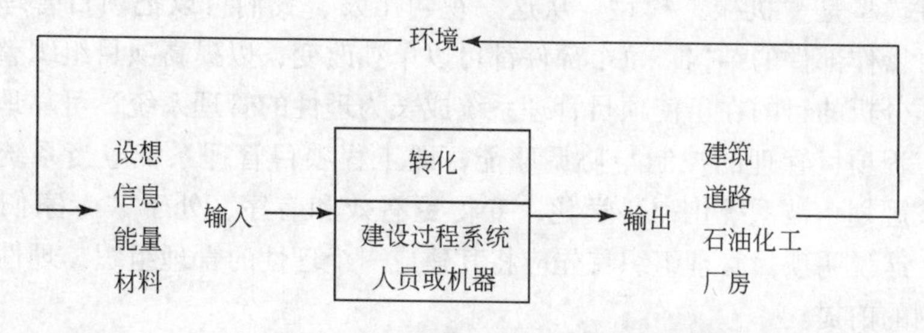

图 2-3 将施工过程视为一个输入、输出模型

承认建设过程是开放系统，就意味着项目管理过程应该集中的功能可以总结

如下：识别、联系和适应系统的目标；保证系统的各个部分有效地工作；保证各个部分之间适当的联系；启动系统，使已建立的联系有效地工作；把整个系统与环境关联起来，必要时使系统适应环境的变化。实际上，项目经理将特别牵涉到预期在工程项目中发生的决策和进程的连锁反应。项目经理需要能够预期由这些决定产生的相互关联性，并针对这些处理好相关问题（安东尼·沃克，2007）。

一般系统理论与各种管理流派的思想是平衡发展的。它对管理思想的吸引力在于它提供了一个计划，使这些思路集中在一个可接受、理论上合理的范围内。与以前允许的方法相比，这个范围更灵活，更认可组织的相依性。这些系统方法反映了要进行的活动的性质、所产生的相依性尺度和对环境活动的影响。在系统理论应用于组织的早期就有人提出了这样的观点。正如 W. 理查德·斯格特（2002）所指出的那样，埃齐奥尼（Etzioni，1964）坚持认为，在正式与非正式结构、行为的理性和非理性方面以及控制与被控制参与者之间，所有组织都会发生冲突。而且，汤姆逊（Thompson，1967）认为组织的一些部分越是防止环境的影响，一些部分越会受到经典方法（理性）的支配，而其他则越会受到行为（自然）的影响。他还认为，从经典到行为，再到系统方法是一个简化过程，并提出一个主导理论的分层模型，它包括四个阶段：封闭－理性（1900～1930年）、封闭－自然（1930～1960年）、开放－理性（1960～1975年）和开放－自然（1975年至今），如表2-2所示。他把权变理论和交易费用分别纳入开放－理性类别和社会技术系统，把资源依赖和机构理论纳入开放－自然类别。提供建设项目的过程必须是一个开放的自适应系统，但它可能受其生存环境的限制（安东尼·沃克，2007）。可以看出，工程项目最适合加入开放－理性类别。

从理性系统视角来看，项目组织和项目管理系统是为了完成项目特定目标而设计的工具，项目实施者的行为应是有意图的、协调的行为。理性的项目组织和管理系统为项目实施提供框架，如项目的计划、组织、指挥、控制和协调，项目的范围、节奏和模式，项目管理规范的形成、权力的运用和目标的制定与完成等。理性模型是“机械”模型，从这一视角出发，我们可以把项目管理系统结构作为可操作部件的结构，每个部件都可以单独改变，以提高项目组织整体的效率。这样分析的目的在于使项目管理系统成长为理性的管理系统，可靠地、有效地实现工程项目管理的控制与协调职能，即工程项目管理系统应当系统地理性化，即被规划、被系统化和科学化，变得更有效和有序，处于“专家们”的管理之下。这说明项目管理组织首先应将其建成一个理性的管理组织，理性是实现项目控制的前提。

从自然系统视角来看，项目组织的规范结构与行为结构的关系是松散的。规范并不总能控制行为，因为规范可以改变，且不影响行为；反之亦然。参与者个体的目标或意图可能与其行为只有微弱的关系。这说明项目控制与协调工作的任务是复杂且不是能顺利完成的。同时，从开放的自然系统视角来看，制度理论学派的规范控制非常重要，价值和规范要由行为者内化，同时又要由外力所强制。这说明项目控制工作要由一系列的规章作为保证。

几种视角适用于项目组织结构的不同层次：开放系统适用于分析制度层次，自然系统适用于分析项目的管理层次和协调问题，而理性系统则适用于分析项目的技术层次和控制问题。但总体上来说，为完成项目独特的目标与任务，项目管理系统应是一个开放的、和谐的，致力于整合项目参与者贡献和行为的理性系统。

第三节　工程项目管理的目标

一、项目目标系统

目标在组织研究中构成了一个参照的中心点（W. 理查德·斯格特，2002）。项目目标就是实施项目所要达到的期望结果，是指想要达到的境地和标准（杰克·吉多和詹姆斯·P. 克莱门斯，2007）。项目的目标一般由成果性目标与约束性目标组成。成果性目标被分解成项目的功能性要求，是项目全过程的主导目标。约束性目标通常又称限制条件，是实现成果性目标的客观条件和人为约束的统称，是项目实施过程中必须遵循的条件，从而成为项目实施过程中管理的主要目标。

目标系统是工程项目所要达到最终状态的描述系统。由于项目管理采用目标管理方法，因此在前期策划中就要建立目标系统，并将其作为项目实施过程的一条主线。目标系统是抽象系统，通常由项目任务书、技术规范和合同文件等定义(成虎和陈群，2009)。

1. 项目目标的含义

1）项目目标的理解

ISO 10006 规定，项目目标应描述要达到的要求，能用产品特性（质量)、时间、成本来表示，且尽可能定量描述。目标是管理的一个重要因素，没有目标，就无所谓管理。目标是控制的灵魂，没有目标则不需要控制，也无法进行控制。项目目标是整个项目组织和项目参与者的行为基础，是认同和动因的来源。科学确定项目的目标，是实现项目有效管理的重要基础和前提。

2）项目实施阶段的基本目标

在项目的实施期，其目标通常有三个方面：一是所要完成项目对象的要求，包括满足预定产品的性能、使用功能、范围、质量、数量、技术指标等，这是对预定可交付成果的质和量的规定；二是完成项目任务的时间要求，如开始时间、持续时间和结束时间等；三是完成这个任务所要求的费用等，亦即完成这个项目所要付出的投资（成虎，2004）。项目目标系统如图2-4所示（黄金枝，1995）。

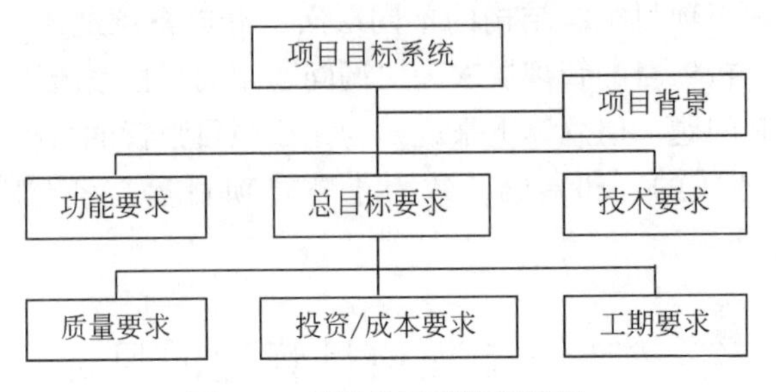

图2-4 项目目标系统示意图

3）项目目标的特点

项目的整体目标应体现它的社会价值、功能价值，应有综合性和系统性。项目目标最重要的是满足用户和其他相关者明确的和隐含的需要。项目实施阶段目标制定是一项复杂的项目管理工作，需要大量的信息、项目管理知识和各学科专业技术与知识。项目的目标具有如下三个特点：一是多目标性；二是层次性；三是优先性。

2. 项目目标系统的含义

目标的描述由抽象到具体，具有层次性。最高层是总体目标，指明项目实施总的依据和原动力；最下层目标是具体目标，指出解决问题的具体思路。上层目标是下层目标的概括，下层目标是上层目标的分解和展开。上层目标一般表现为定性的、模糊的、不可控的，而下层目标则表现为具体的、明确的、可控的。

项目目标系统结构至少有如下三个层次：一是系统目标。这是对项目总体概念的确定，由项目的上层系统决定，对整个项目具有普遍的适用性和影响。项目实施期间系统目标通常可以分为以下几种：质量目标，即项目达到的既定功能；成本目标，即项目实施总体的费用要求；进度目标，即项目建设的总工期。二是子目标。系统目标需要由子目标来支持或补充。子目标通常由系统目标导出或分解得到，或是自我成立的目标因素，或是边界条件对系统目标的约束。它仅适用项目某一方面，是对某一个子系统的限制。三是可执行目标。子目标应进一步分解为可执行的目标，它们决定了项目的详细构成。可执行目标以及更细目标因素的分解，一般在项目实施前通过技术设计来构思、确立，并在项目计划中形成、扩展、解释、定量化，逐渐转变为实施相关的任务。可执行目标经常与技术设计或实施方案相联系（成虎，2004）。

二、工程项目目标

确保项目成功是项目管理的总体目标，所以成功项目的指标就是项目管理的总目标。但成功的项目指标主要是针对工程项目全寿命周期的，是项目的总体目标。项目参与者和项目管理者在某个阶段参与项目，承担阶段性任务，又有各自具体的、阶段性的目标和任务。对仅以工程项目的建设阶段，即项目实施阶段作为基本任务的项目管理，其具体的目标是在限定的时间内，在限定的资源条件下，以尽可能快的进度、尽可能低的费用圆满完成项目任务（徐绳墨，1994）。

1. 项目管理的基本目标

项目管理的目标主要包括三个方面：质量目标（生产能力、功能、技术标准等），费用（成本、投资）目标和工期目标，它们共同构成项目管理的目标体系。通常规范的要求是，这些目标主要由业主、客户确定，如图 2-5 所示（杰克·R. 梅瑞狄斯和小塞缪尔·J. 曼特尔，2006；小塞缪尔·J. 曼特尔等，2007）。而要求项目可交付成果具备哪些能力，是客户必须做出的决定，这也是项目独特的地方。项目的绩效和项目经理的成绩通过这些目标的完成来衡量。

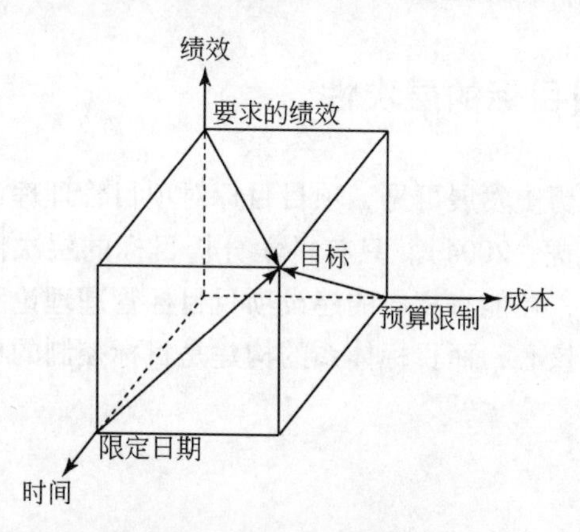

图 2-5 绩效、成本和时间的项目目标

项目管理的三大目标在项目实施过程中有如下特征：

（1）项目管理作为工程项目工作的一部分，它的目标应反映工程全寿命周期总目标。

（2）三大目标之间互相联系，互相影响，共同构成项目管理目标系统的主体。某一方面的变化必然引起另两个方面的变化。项目管理应追求它们三者之间的均衡性和合理性，任何强调最短工期、最高质量、最低成本都是片面的。三者的均衡性和合理性不仅体现在项目总体上，而且体现在项目的各个单元上，构成项目管理目标的基本逻辑关系。

(3) 这三个目标在项目的策划、设计、计划过程中经历由总体到具体，由概念到实施，由复杂、宏观到明了、详细的过程。项目管理的三大目标必须分解落实到具体的各个项目单元（子项目、活动）上，这样才能保证总目标的实现。

2. 项目管理目标的扩展

在现代社会，人们要求工程项目承担更多且更大的责任，使得项目管理的目标在进一步扩展。在传统三大目标的基础上，在现代工程项目管理中人们又强调：

(1) 环境目标，即在项目的建设和运行中不污染环境。这是 ISO 14000 对工程项目管理的要求。

(2) 职业健康和安全目标，即在工程项目的建设和运营中必须保证施工工人、现场周边的人员、工程运营中的操作人员、项目产品使用者的健康和安全，不出现事故。

(3) 项目相关方满意，合作关系友好。

这不仅赋予项目管理更多的职能和工作任务，而且会带来项目管理理论和方法的进步（成虎和陈群，2009）。

三、工程项目目标的层次性

纵观项目管理的历史发展可见，项目目标对项目管理理论和方法的发展具有前导作用（陈光和成虎，2004）。只有科学分析目标的层次性，研究并建立科学的建设项目目标体系，才能有相应的建设项目目标管理理论和方法体系。目标控制是建设项目管理的核心，而目标体系的构建是目标控制的根本。

1. 目标体系分析

1）结构分解

对于项目来说，结构分解建立了目标和任务分析的基础，哈罗德·科兹纳(2010) 运用工作分解结构这一工具进行分解，如图 2-6 所示。该结构体系为大型工程项目的目标与任务分解提供了一个基本的指导性框架，为项目进度管理，包括网络图的分析与制定，各项任务的组织实施，提供了一个明晰的层次。

2）目标体系

我国施工企业对于工程项目的组织管理，从传统施工组织设计管理模式的单项工程到分部工程，再划分到分项工程，其目标体系为 $Y=\{Q, T, S, C\}=$ {质量，工期，安全，成本}。随着建筑市场竞争的日益加剧，早期作为企业负

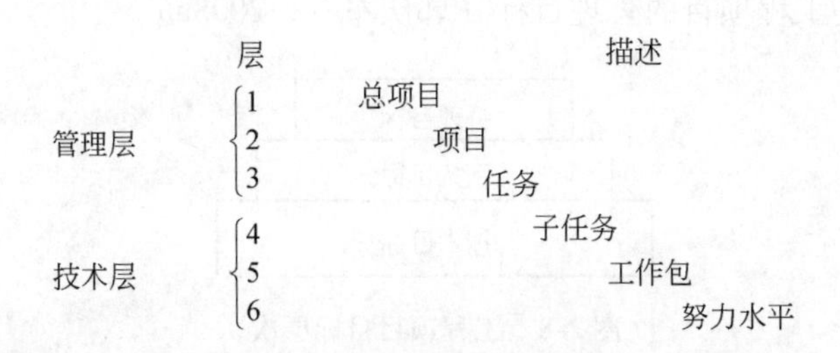

图 2-6 项目的层次结构

担的环境保护问题已经成为继质量、成本、进度、安全等四大竞争要素之后，与企业竞争力密切相关的第五种竞争要素（申琪玉，2007）。因此，工程项目施工与环保要素形成了函数关系，将环境因素 E 列为同等重要的位置。其中，质量目标要符合生态节能标准；工期目标要保证在规定工期内完成建设工作；成本目标要综合成本最优化；安全目标要保证项目建设过程安全；环保目标要在保证建设节能、节水、节电、节材的基础上，同时满足环保性和经济性的要求。现代项目管理在传统项目管理的目标体系之上，结合系统管理的原则，在管理中增加保护环境、节约资源、注重人的感受这三个新的目标，形成现代项目管理的目标体系。如图 2-7 所示（颜成书，2007）。

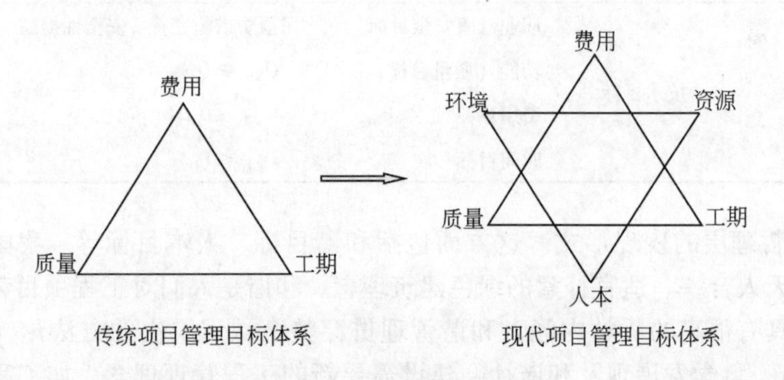

图 2-7 项目目标体系

2. 目标层次性构建

1）目标的层次

成虎（2001）分别从现实性思维、理性思维、哲学思维的角度，分析了项目的目标体系。目标之间存在着层次性，目标层次之间具有包容性、矛盾性和相关性，可从技术、系统以及哲理角度对工程项目的目标层次进行划分，如图 2-8 所示。其中技术目标是基础的、具体的，要达到各方面满意必须实现技术目标，项目相关方满意、可持续发展、绿色环保、全寿命周期管理构成了系统目标的子目标，而和谐则是工程项目的哲理目标（郭庆军等，2008a）。

图 2-8　工程项目目标层次

2）子目标的表现形式

子目标有其具体的表现形式，掌握其表现，以利于更有效地进行项目的目标管理，具体见表 2-3（郭庆军等，2008a）。

表 2-3　工程项目目标表现

层次	目标	子目标	表现形式
第一层次	哲理目标	和谐目标	人本、科学发展观
第二层次	系统目标	相关方满意目标	“双赢”、“多赢”、兼顾各方利益
		可持续发展目标	项目现状及未来发展的生命力
		绿色、循环目标	资源节约、环境友好与自然环境协调
		全寿命周期管理目标	持续改进，全社会成本最低
第三层次	技术目标	职业健康安全目标	预防措施完善、安全性提高
		功能（质量目标）	$Q_{实际} \geq Q_{计划}$
		费用目标	$C_{实际} \leq C_{计划}$
		时间目标	$T_{实际} \leq T_{计划}$

（1）哲理层的表现形式。这方面包括和谐目标、人本目标等。我国自古以来就强调天人合一、适宜朴素的绿色建筑理念。和谐是人们对工程项目哲学范畴的认识，具有很高的哲学内涵，和谐管理贯穿整个认识层次的方法论（吴伟巍等，2007）。科学发展观及和谐社会建设需要新的工程管理理念，如工程与自然和谐相处，工程要体现以人为本，人与自然、人与社会协调发展。工程处于一定的社会环境和历史环境中，担负着重大的社会责任和历史责任，具有其使命。真正的优秀工程是对各种工程技术和工程管理的系统集成，必须符合工程与自然的和谐、满足其社会责任和历史责任，以及生命周期管理的要求（成虎，2007）。

（2）系统层的表现形式。这一层次包括相关方满意、绿色和循环目标等。我国政府提出建设资源节约型社会和环境友好型社会的号召，要求发展绿色经济和循环经济，促进社会可持续发展。这些在很大程度上都是对工程提出的要求，都应该落实到工程设计、施工和运营中，作为指导工程施工的基本方针，兼顾各方面的利益，从而令项目相关方满意（郭庆军等，2008a）。

就建设项目而言，绿色与工程项目的质量、费用、工期等目标密切相关。绿色不但是目标，更是企业实现各项管理目标的手段，这一手段只有系统化、规范化、制度化地运用才能充分发挥其作用。不仅要考虑传统的项目管理三大目标，还应该更多地考虑项目的环境目标；不仅要从经济上评价项目，更要从环境、社会等全方位评价项目。

用系统的观点进行工程项目规划，不单单研究该系统中某一方或某几方的系统效率和利益最大化。系统观要求各参与方应以项目整体利益为重，只有在项目利益实现后，各方利益才会自然地实现。从系统的观点考察项目，项目利益不能简单地理解为业主方的利益，还包括最终用户的利益、社会公众的利益及各参与方利益等（王华，2007）。

（3）技术层的表现形式。技术层次的目标包括职业健康安全、质量、费用和时间等目标。实施项目的目的就是要充分利用可获得的资源，使得项目在一定的时间内，在一定的预算下，减少风险，安全性提高，获得期望的技术结果。

四、工程项目目标的优先序

排序是目标系统设计中重要的组成部分，由于目标因素之间存在着复杂的关系，可能有相容关系、相克关系、其他关系（如模糊关系、混合关系），使得排序变得复杂（成虎，2004）。首先明确给出项目的“首要”目标或“确保”目标。明确工作重心，抓住主要矛盾，这是项目成功所必须确保的首要要素，并且在一定时间或范围内不能变动的要素。项目目标的优先序列决定了如何配置项目的其他要素和如何开展项目管理（郭庆军等，2008b）。

1. 三大目标的表现形式不同

工程建设项目的基本目标尽管分为三个部分，但对工程建设项目中不同的参与者，则有具体表现形式上的差异（李慧民，2007）。

对业主而言，他代表了建设项目的需求者。项目的控制目标，一是时间约束，即通过项目建设形成固定资产应有合理的建设工期目标；二是资源约束，建设项目的资源约束综合表现为投资目标；三是质量约束，即建设项目应有预期的生产能力、技术水平和使用效益指标。因此，通常把建设项目目标称为质量、投资和工期。

对设计方而言，设计项目是一项建筑产品的设计过程和成果。其目的是根据业主的建设要求形成设计文件并获得设计报酬。因此，设计项目的目标可以表述为概算费用（设计要求的限额目标）、质量（满足业主建设要求并优化的设计成果）和项目整体进度（设计文件的完成时间要求）。

对施工企业而言，施工项目即建筑产品的施工过程和成果，是建筑施工企业的劳动对象。施工项目的目标之一是质量目标，即施工产品必须满足项目设计文件和法律法规及规范的质量要求；目标之二是成本目标，即施工生产过程投入的成本消耗应控制在目标之内；目标之三是工期目标，即必须在合同约束的时间内完成符合质量要求的施工任务，形成相应的成果。因此，通常把施工企业的项目目标称为工期、成本和质量。

对监理单位而言，由于监理管理是为业主建设管理提供服务的，因此，监理项目要以实现建设项目的各项目标为总目标，同时确立监理工作自身的成本目标和质量目标。

建设项目、设计项目和施工项目是同一个工程项目从不同侧面的称谓，其目标尽管在具体内容上有所不同，但基本可以概括为质量、费用和进度三大目标。同时，设计项目、施工项目和建设项目的目标相互影响，没有设计项目和施工项目的质量目标，建设项目的质量目标就难以实现；设计项目、施工项目的工期目标没有实现，建设项目的工期目标也就不能保证。

2. 三大目标的优先序分析

1）同一项目的不同阶段分析

项目目标具有多重性，而且在项目寿命周期的不同阶段，项目目标的相对重要性也不同，技术性能是项目初始阶段主要考虑的目标，成本是项目实施阶段主要考虑的目标，而时间往往在项目终止阶段显示出迫切性（毕星和翟丽，2000）。在项目的初期，技术性能目标最重要，每个项目组成员都应该明确本项目最终要达到的技术目标；而到项目中期，成本目标往往被优先考虑，此时项目经理的一项重要任务就是控制成本；到了项目后期，时间目标则最为重要，此时项目经理所关注的是，在预算范围内，在实现技术目标的前提下，如何保证项目按期完成。另外，项目目标与企业目标及个人目标之间也存在着权衡关系。如果项目经理同时负责几个项目，则项目经理就需要在不同项目之间进行权衡。

2）不同管理主体分析

项目相关者之间的利益可能会有矛盾，在项目目标系统设计中必须承认和照顾到与项目相关的不同群体和集团的利益，必须体现利益的平衡。没有这种平衡，项目是不可能顺利进行的。每一个项目利益相关者有不同的目标优先顺序，有不同的约束层次（Lock，2005）。

第一，不同管理主体的优先顺序排列方法。项目经理都把满足质量、成本、时间三大目标作为完成项目的动力。不同的利益相关者对项目的成败有不同的见解，目标是驱动项目利益相关者完成项目的最关键因素，项目成败的标准是看项目在多大程度上满足利益相关者的要求。识别出利益相关者，接下来就是他们之间的沟通和协商，使各方的利益和总体目标趋于一致。当完成对项目相关者利益的初步调查后，项目目标原始三角形就变得复杂许多。不同利益相关者项目目标的优先顺序不同。

第二，不同管理主体的优先顺序分析。项目的顾客和投资者的利益（或要求）应优先考虑到，他们的权重较大。当项目产品或服务和其他相关者的需求发生矛盾时，应优先考虑满足顾客的需求，考虑用户的利益和心理。投资者参与项目，以及在项目中的行为常常受到自身利益的影响，对此必须充分估计（成虎，2004）。

（1）工程产品的用户，即直接购买或使用工程最终产品的人或单位。用户购买项目的产品或服务，决定工程产品的市场需求，决定工程存在的价值。通常用户对工程项目的要求有：产品或服务的价格合理，有周到、完备的服务。在工程项目的目标设计中，必须从产品使用者的角度出发，进行产品的市场定位，功能设计，确定产品销售量和价格。当用户和其他相关者利益发生矛盾时，应首先考虑用户的需求。因此，优先顺序依次为技术性能（如质量）、价格和工期。

（2）投资者。投资者为工程提供资金，承担投资风险，行使与所承担风险相对应的管理权利。如果工程成功，投资者就能取得收益；工程失败，投资者不能取得回报，就要遭受损失。投资者的总体要求是实现投资目的，其目标和期望有：以一定量的投资完成工程项目；通过工程项目的运营取得预定的投资回报，达到预定的投资收益率；较低的投资风险等。因此，优先顺序为投资收益、工期和质量（或投资收益、质量和工期）。

（3）业主（建设单位）。工程投资者和业主的身份在有些工程中是一致的，但有时可能并不一致。一般在小型工程中，业主和工程的投资者（或工程所属企业）的身份是一致的，那么，目标的优先顺序和投资者一致；但在大型工程中，他们的身份常常是不一致的，这体现出工程项目所有者和建设管理者的分离，更有利于工程的成功。业主的目标是实现项目全生命周期整体的综合效益，他不仅代表和反映投资者的利益和期望，而且要反映项目任务承担者的利益，更应注重项目相关者各方面利益的平衡。

（4）项目管理（咨询或监理）公司。它主要代表和反映业主的利益和期望，追求项目全生命周期整体的综合效益。

（5）工程任务的承担者。他们通常接受业主的委托完成工程任务或工程管理任务，并从业主处获得工程价款，他们希望通过工程项目的实施取得合理的价款和利润、赢得信誉和良好的企业形象。一般将成本目标排在第一位。

（6）工程所在地政府，以及为工程提供服务的政府部门、基础设施的供应和服务单位。政府代表社会各方面，从法律的角度保证工程的顺利实施，为工程提供服务，监督工程的实施，并保证各方面的利益。政府注重工程项目的社会效益、环境效益，希望通过工程项目促进地区经济的繁荣和社会的可持续发展，解决当地的就业和其他社会问题，增加地方财力，改善地方形象等。因此，社会效益、环境效益排在第一位。

（7）工程的运营和维护单位。运营和维护是在工程建成后接受工程运营和维护任务，它直接使用工程生产产品，或提供服务，进入企业管理（物业管理）阶段。因此，按时取得工程生产产品，从而保证物业管理公司的效益，变得尤为重要。此时，建设进度排在第一位。

（8）工程所在地的周边组织。工程项目要力求对周边组织影响最小，有力改善周边组织的生活质量和生活环境。因此，社会效益、环境效益排在第一位。

优秀的项目经理应使项目的三大目标都出色完成。但是在多数情况下，应当对某一目标给予优先考虑。这样有利于稀缺资源分配的优先顺序，也会使管理的侧重点集中于此。各目标的优先次序要结合项目的内外环境进行评定。环境变化，项目的优先次序可能要作相应的调整。质量、成本和工期三大目标之间具有相互不确定性的特征，三大目标不可能同时达到最优，在项目的快进度、低成本和高质量之间，只能三者取其一，或三者中取两者的各一部分，而不可能三者兼得，要根据项目的具体特点和要求，确定这三个目标优先级，进行优先级控制。

第四节　工程项目管理的任务

工程项目管理的目标通过具体的项目管理工作实现。要实现这一管理过程，各项目标必须转化为任务。这样，就能实施任务的分派，就能够验证任务的完成程度，同时使其后进行计划设计的专家能明了自己的工作任务和范围。任务应包括所有目标解决方案的选择，提出内部和外部的、项目的和非项目的、经济、组织、技术和管理的措施（胡振华，2001）。

一、工程项目的使命

1. 承担的责任

现代许多工程项目投资大，消耗的社会资源和自然资源多，对社会的影响大，工程建成后的运营期长，所以工程项目承担很大的社会责任和历史责任。

（1）满足社会、组织的需求。工程项目最根本的目的是通过建成后的运营为社会、相关组织提供符合要求的产品或服务，或为了满足组织的需要，或为实现组织的战略目标。如果工程不能达到这个要求，就会失去其最基本的价值。

（2）承担社会责任。现代工程项目对环境、周边区域和组织影响较大，所以它担负很大的社会责任，必须为社会做出贡献，不造成社会负担。工程项目必须不污染自然环境，不破坏社会环境，必须考虑社会各方面的利益均衡，赢得各方面的支持和信任。

（3）承担历史责任。一个工程的整个建设和运行（使用）过程有几十年，甚至几百年，它不仅要满足当代人的需求，而且要能够持续地符合将来人们对工程的需求，承担历史责任，有它的历史价值（成虎和陈群，2009）。

2. 工程项目的核心价值

工程项目的使命代表着工程建设者对社会和历史的一个承诺，集中体现了工程的核心价值。

（1）共同的价值准则。使命应在工程建设者的工作中得到贯彻，变成他们的理想和追求。也就是说，参与工程建设和运营的所有人，必须有相同的动机、共同的语言和道德基础、共同的价值准则，从而更有效地合作。

（2）积极的组织文化。使命是一个组织存在和发展的根本动因和前提条件。由于工程项目建设是一次性的，而且工程的参与单位和个人众多，容易有不同的利益、价值观和行为准则。而工程使命体现了工程所有参与者共同的价值观，项目组织必须营造和形成以工程项目目标完成和价值实现为核心的组织文化。

（3）工程全生命周期目标的出发点。使命必须通过具体的目标来描述和实现，实现目标就应是完成使命的过程。没有具体目标并且执行目标的过程，使命是空的。必须按照工程的使命设计工程的总目标，并将它们分解为参与者各方面、各个阶段、可衡量的目标。

（4）工程组织沟通的基础。工程使命能使工程参与者对工程组织具有认同感和归属感，使参与者的个体行为、思想、感情、信念、习惯与工程使命和总目标有机地统一起来，形成相对稳固的文化氛围，凝聚成一种无形的合力和整体趋向，激发大家努力实现工程的总目标。对工程总目标达成共识，并且在行动上主动协调，减少组织之间的矛盾和争执（成虎，2007）。

二、项目管理规划

1. 规划的内容

项目管理规划是对项目全过程中的各种管理职能工作、各种管理过程以及各种管理要素，进行完整的、全面的、整体的计划。项目管理规划的目的是确定项目管理的目标、依据、内容、组织、资源、方法、程序和控制措施，以保证项目管理的正常进行和项目成功（《建设工程项目管理规范》编写委员会，2006）。按编制目的不同分类，项目管理规划可分为项目管理规划大纲和项目管理实施规划（中华人民共和国建设部，2006）。

（1）项目管理规划大纲。它是项目管理工作中具有战略性、全局性和宏观性的指导性文件，它由组织的管理层或组织委托的项目管理单位编制，目的是满足战略上、总体控制上和经营上的需要。项目管理规划大纲包括13项内容：项目概况；项目范围管理规划；项目管理目标规划；项目管理组织规划；项目成本管理规划；项目进度管理规划；项目质量管理规划；项目职业健康安全与环境管理规划；项目采购与资源管理规划；项目信息管理规划；项目沟通管理规划；项目风险管理规划；项目收尾管理规划。

（2）项目管理实施规划。项目管理实施规划具有作业性或可操作性，它由项目经理组织编制。编制中除了对项目管理规划大纲进行细化外，还根据实施项目管理的需要补充更具体的内容。项目管理实施规划包括16项内容：项目概况；总体工作计划；组织方案；技术方案；进度计划；质量计划；职业健康安全与环境管理计划；成本计划；资源需求计划；风险管理计划；信息管理计划；项目沟通管理计划；项目收尾管理计划；项目现场平面布置图；项目目标控制措施；技术经济指标。

2. 工作范围

工作范围是项目任务和各项工作的内涵。工程项目管理的工作范围可以从多角度进行描述。项目管理必须包括由工程项目范围定义的全部任务和工作，包括各个子项目及项目分解的所有工作任务。项目的范围定义确定了项目管理的对象范围。工程项目管理是在项目生命周期中全过程的管理。在工程项目的不同阶段，项目管理的重点和工作任务不同（成虎和陈群，2009）。

（1）前期策划阶段的管理工作。在本阶段，工程项目尚没有立项，所以没有专业性的项目实施工作。主要体现为投资者或上层组织对项目的构思、目标设计、可行性研究以及评估和决策。在这个阶段，项目管理者作为咨询工程师为投资者（业主）决策提供信息、咨询意见和建议。

（2）工程项目设计和计划阶段的管理工作。这主要包括项目管理系统、设计的管理、招标投标、实施前的准备工作等。

（3）施工阶段的项目管理工作。这包括监督、跟踪、诊断项目实施过程，协调设计单位、施工承包商、供应商的工作，具体完成项目的范围管理、质量控制、成本（投资）控制、进度控制、风险控制、材料和设备管理、现场和环境管理、信息管理等工作。本阶段是项目管理最为活跃的阶段，资源投入量大，管理难度也最大、最复杂。

（4）建设过程结束阶段的管理工作。这主要包括：组织工程的验收与交接，费用结算，资料的交接；工程的运行准备；进行项目后评估，总结项目经验教训和存在的问题；协助项目审计；按照业主的委托对项目运行情况、投资回收等进行跟踪。

工程项目施工阶段投资量大、工期紧、协调关系复杂，施工质量体现了项目总体质量要求。施工阶段项目管理是整个项目管理过程中的一个重要环节，是实现项目价值和参与各方自身利益的关键（丁士昭，2006）。

三、工程项目的结构分析

项目目标确立以后，就要确定任务系统。项目实现要经历的活动系统是操作系统，每个操作系统至少包括一个任务子系统。这里的操作系统可以理解为任务系统的实施层面。任务系统是一个大的概念或集合体，需要分解、分化成各个具体的操作系统。管理工程施工过程的问题是将各种不同类型的参与者集成为一体，必须认识到产生集成需要分化的特征。Miller（1959）把分化的决定因素表示成技术、地域和时间，并且一般与建设过程有关。分化的概念提供了分析各种不同情况的工具，这些情况引起不同程度的分化，从而带来对应集成程度的需求。理解在系统中存在分化程度有助于人们管理系统，提供集成的适当程度和机制。在项目实施中一起工作的人们受到他们在项目上运用的技能（技术）的影响而分化。来自不同技能背景的人们采用不同的处理方式处理问题，这源于他们的经历。同样，在地域基础上的分化产生了参与者之间的边界。每个操作系统包括任务系统，并在技能、位置和时间的基础上产生其内部工作人员的分化，通过感知得到了加强。由于不同项目的变化非常明显，因此必须确定每一个特定项目任务系统的数量和性质以及其中的工作人员（安东尼·沃克，2007）。

要研究整体的各组成部分相互联系和相互作用的结构形式，以及结构对整体功能的影响。根据管理目标，把管理要素组成为一个有机的系统。管理的目的就在于把管理中诸要素的功能统一起来，从总体上予以放大，把不断提高要素的功能作为改善系统整体功能的基础。组成系统的要素是决定系统整体功能状况的最基本条件，改善系统整体功能，一般是从提高组成要素的基本素质入手。保持系统要素的合理组合，不仅要注重发挥每个要素的功能，更重要的是调整要素的组织形式，建立合理的结构，从而使系统整体功能得到优化（张文焕等，1990）。

从系统论的角度来看，项目是为完成总任务而确定的技术系统，而这个总任务是通过相互联系、互相影响和互相依赖的工作活动实现的。按系统工作程序，在具体的项目工作，如设计、计划和控制之间，必须进行系统分析，确定它的构成和各层次系统单元之间的内在联系（胡振华，2001）。项目结构分析是将项目按系统规则和要求分解成互相独立、互相影响、互相联系的若干组成部分（项目单元），将它们作为项目设计、计划制订、明确目标、责任分解、成本核算和控制实施等一系列项目管理工作的对象。项目结构分析是项目管理的基础工作，又是项目管理最得力的工具。

工作分解结构是工程项目管理中很重要的环节，项目启动过程中及启动后，要进行项目的工作结构分解。项目的工作结构分解主要是将整个项目分解成为便于管理的具体工作单元。正确的范围界定是项目成功的关键。范围界定不清或者不完善时，不可避免的变化会使项目成本很高，会破坏项目节奏，导致重复工作，增加项目运行的时间，降低生产功效并影响工作进程（盛天宝等，2005）。

实践证明，对于一个大型复杂的项目，没有科学的项目结构分析，或项目结构分析的结果得不到很好的利用，则不可能有高水平的项目管理。因为项目的设计、计划和控制不可能仅以整个笼统的项目为对象，而是必须考虑各个细节，考虑详细的工程活动。所以有必要在项目的总目标和总任务确定后进行详细的、周密的项目结构分析，系统地剖析整个项目，以避免上述情况发生。所以在国外它又被称为“计划前的计划”或“设计前的设计”（成虎和陈群，2009）。

四、工程项目管理的任务分解

1. 按各参与单位分解

在同一个工程项目中，不同的参与者在不同阶段承担的工作任务不同。但这些工作任务又都符合“项目”的定义，所以他们都将自己的工作任务称为“项目”，都有项目管理的工作任务和职责，也都有自己相应的项目管理组织。项目参与者不同，工程项目管理的内容、范围和侧重点有一定的区别。在一个工程项目中，工程项目管理的任务是多角度、多层次的，如图2-9所示（成虎，2007）。

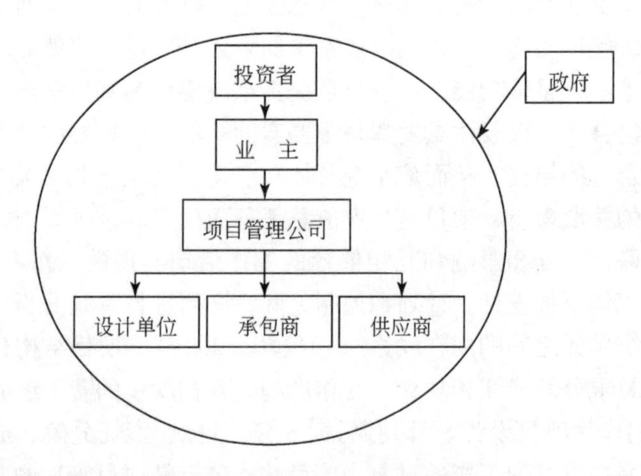

图2-9　工程项目管理的任务层次

1）投资者的工程项目管理

投资者为工程项目筹措并提供资金，为实现投资目的，要对投资方向、融资方案、投资计划、项目规模、产品定位等重大和宏观的问题进行决策。投资者的目的不仅是完成工程的建设，交付运营，更重要的是通过运营收回投资和获得预期的投资回报。所以，投资者更注重工程的最终产品或服务的市场前景，以提高工程项目的投资效益。

投资者的管理工作主要在工程前期策划阶段进行投资决策，在工程建设过程中作投资控制，在运营过程中作宏观的运营管理。在工程立项后，投资者通常不具体管理工程项目，而委托业主或项目管理公司（或代建单位）进行工程项目管理工作。

2）业主的工程项目管理

工程立项后，投资者通常委托一个工程主持或工程建设的负责单位作为工程的业主，以工程所有者的身份，承担工程全过程的管理工作，保证工程目标的实现。

业主的项目管理深度和范围是由工程的承发包方式和管理模式决定的。在现代工程中，业主常常不承担具体的工程管理任务，不直接管理设计单位、承包商、供应商，而主要承担工程的宏观管理以及与工程有关的外部事务。

3）项目管理公司的工程项目管理

工程项目管理公司包括监理公司、造价咨询公司、招标代理公司、项目管理公司、代建制公司等。

项目管理公司受业主委托，提供项目管理服务，完成包括招标、合同、质量、投资、安全、环境、进度、信息等方面的管理工作，协调与业主签订合同的设计单位、承包商、供应商的关系，并为业主承担项目中的事务性管理工作和决策咨询工作等。它的主要责任是保护业主利益，保证项目整体目标的实现。

4）承包商的工程项目管理

这里的承包商是广义的，包括设计单位、工程承包商、材料和设备的供应商。虽然他们的项目管理会有较大的区别，但他们都在同一个组织层次上进行项目管理。

承包商的主要任务是在相应的工程合同范围内，完成规定的设计、施工、供应、竣工和保修任务，并为这些工作提供设备、劳务、管理人员，使他们所承担的工作（或工程）在规定的工期和成本范围内完成，满足合同所规定的功能和质量要求。他们有自己的工程管理活动，有责任对相关的工程实施活动进行计划、组织、协调和控制。他们的工程管理是从参加相应工程的投标开始直到合同所确定的工程范围完成，竣工交付，工程通过合同所规定的保修期为止。

在工程实施者中，施工承包商承担的任务常常是工程实施过程的主导活动。他的工作和工程的质量、费用和进度对工程项目的目标影响最大，项目管理是最具体、最细致，同时又是最复杂的。

5）政府对工程项目的管理

政府对工程项目的管理是指政府的有关部门履行社会管理的职能，依据法律和法规对项目进行行政管理，提供服务和做监督工作。政府的目的是维护社会公共利益，使工程项目的建设符合法律的要求，符合城市规划的要求，符合国家对工程项目建设的宏观控制要求（成虎和陈群，2009）。

2. 按九大知识领域分解

九大知识领域是项目管理科学化、规范化的体现，也是管理专业化的表现。主要包括项目整合管理、项目范围管理、项目时间管理、项目成本管理、项目质量管理、项目资源管理、项目沟通管理、项目风险管理及项目采购管理等九个方面（Project Management Institute，2008）。具体来说包括以下内容：

（1）项目整合管理。项目整合管理包括为识别、定义、组合、统一与协调项目管理过程组的各过程及项目管理活动而进行的各种过程和活动。在项目管理中，“整合”兼具统一、合并、连接和一体化的性质，对完成项目、成功管理干系人期望和满足项目要求，都至关重要。

（2）项目范围管理。项目范围管理包括确保项目做且只做成功完成项目所需的全部工作的各个过程。项目范围管理主要在于定义和控制哪些工作应包括在项目内、哪些不应包括在项目内。

（3）项目时间管理。项目时间管理包括保证项目按时完成的各个过程。工程项目进度计划目标应按项目实施过程、专业、阶段或实施周期进行分解。主要包括进度计划编制、进度计划实施和进度计划的检查和调整等。

（4）项目成本管理。项目成本管理包括对成本进行估算、预算和控制的各个过程，从而确保项目在批准的预算内完工。工程项目组织应建立健全项目全面成本管理责任体系，明确业务分工和职责关系，把管理目标分解到各项技术工作和管理工作中。主要包括成本计划、成本控制、成本核算、成本分析与考核等。

（5）项目质量管理。项目质量管理包括执行组织确定质量政策、目标与职责的各个过程和活动，从而使项目满足其预定的需求。它通过适当的政策和程序，采用持续的过程改进活动来实施质量管理体系。工程项目质量管理应坚持预防为主的原则，按照策划、实施、检查、处置的循环方式进行系统运作。主要包括质量策划、质量控制与处置、质量改进等。

（6）项目资源管理。工程项目资源管理包括人力资源管理、材料管理、机械设备管理、技术管理和资金管理。项目人力资源管理包括组织、管理与领导项目团队的各个过程。项目团队由为完成项目而承担不同角色与职责的人员组成。

（7）项目沟通管理。项目沟通管理包括为确保项目信息及时且恰当地生成、收集、发布、存储、调用并最终处置所需的各个过程。同时，它也包含了项目实施中各种争端、争议、意见分歧，即冲突的处理。

（8）项目风险管理。项目风险管理包括风险管理规划、风险识别、风险分析、风险应对规划和风险监控等各个过程。项目风险管理的目标在于提高项目积极事件的概率和影响，降低项目消极事件的概率和影响。

（9）项目采购管理。项目采购管理包括从项目组织外部采购或获得所需产品、服务或成果的各个过程。项目采购管理包括合同管理和变更控制过程。通过这些过程，编制合同或订购单，并由具备相应权限的项目团队成员加以签发，然后再对合同或订购单进行管理。

以上九个方面，是通用的、普遍的项目管理模式所应包含的内容与工作方法，在工程项目中应用还应包括三个方面：一是与管理学中相关职能的结合，如计划、组织、指挥、控制、协调的具体应用；二是结合工程施工的特点，如施工技术管理、建筑材料采购等；三是应注意与具体工程的结合，工程项目在建设规模、投资额、建设周期等方面差别大，每个具体的工程有自身的特点，要运用好项目管理技术。

对于工程项目，还包括两个方面的内容：一是环境管理。主要包括绿色环保建材使用、节能等，并注意文明施工和现场管理。组织者应遵照《环境管理体系要求及使用指南》（GB/T24001—2004）的要求，建立并持续改进环境管理体系。二是职业健康安全管理。坚持安全第一、预防为主和防治结合的方针，建立并持续改进职业健康安全管理体系，主要包括职业健康安全技术措施计划、职业健康安全技术措施计划的实施、职业健康安全隐患和事故处理、项目消防安全（中华人民共和国建设部，2006）。

第五节　工程项目管理的计划与组织

一、工程项目管理的计划

1. 工程项目计划的含义

1）项目计划

项目计划是项目组织根据项目目标的规定，对项目实施的各项工作进行周密的安排。项目计划围绕项目目标系统地确定项目的任务、安排任务的进度、编制完成任务所需的资源预算等，从而保证项目能够在合理的工期内，以尽可能低的成本和尽可能高的质量完成（池仁勇，2009）。

项目计划就是统筹安排项目的预期目标，对项目的全过程、全部目标和全部活动进行周密安排，用一个动态的可分解的计划系统来控制、协调整个项目的实施过程。科学的计划应更多地反映项目的特殊性而不是普遍性，应依靠准确的信息和技术标准，确保合理、有效地使用资源。计划是项目顺利进行的有力保证和行动依据，是项目实施的指导性文件。依据计划检验、调整项目实施的效果（任宏和陈圆，2007）。

项目计划是决定项目成败的关键，制订一个良好的计划是项目管理的关键过程（池仁勇，2009）。差的项目计划最终会付出进度延迟、质量低劣、不能满足期望的代价，好的项目计划可以减少项目后期的不确定性。好的计划与差的计划在项目管理生命周期中不同阶段所付出的努力和代价是不同的，如图2-10所示。

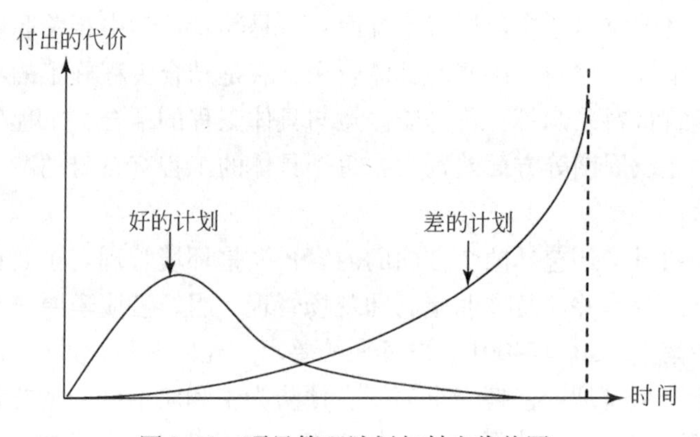

图 2-10　项目管理计划与付出代价图

2）工程项目计划

明确了项目所要达到的目的和具体的目标、各项具体的任务，就要着手制订项目计划。与目标系统和任务系统相对应，工程项目的计划是一个完整的体系，各种计划之间有有机的联系和制约，形成一个复杂的计划体系。工程项目的计划是一个持续的、循环的、渐近的过程。项目实施的计划包括预计的项目实施总方案，所需资源及其来源，总成本及其相应的资金来源的安排等，不仅有总成本的估算，而且有各个子项成本概算；不仅有总工期安排，而且有主要活动和重大里程碑事件的时间安排等。

2. 项目计划系统的要素与内容

项目计划必须包括项目实施的各个方面和各种要素：通过结构分解得到项目WBS图，标明所有项目单元；项目单元的各个方面，如质量、数量、实施方案、工序的安排、成本计划、工期的安排，包括项目的全过程，即从项目开始直到项目结束的各个阶段；所有的项目任务承担者；项目所需资源或条件的各个方面，而且要反映在项目实施过程中。这样形成一个非常周密的多维的计划系统。通常工程项目计划要素与内容包括项目规格、工作计划、组织计划、进度计划、成本计划、质量安全管理计划、资源计划、采购计划、保障计划、应对计划和文件控制计划等方面（戴维·I. 克利兰，2002）。项目计划由项目任务书或合同规定的工程范围、工作责任确定，主要内容有总则、项目组织、项目执行，包括参与项目管理的人员，各项工作的分工与负责，尤其是涉及项目控制的五个核心部分——质量控制、成本控制、进度控制、合同管理、信息管理，分别由谁负责，必须达到的要求，都要明确规定。其他包括图纸编号规则、资料管理方法等。

3. 项目计划的要求

合理、可行的项目计划应体现项目的核心目标。项目的总目标确定后，通过计划工作可以分析总目标能否实现，总目标确定的质量、成本、工期要求是否能得到保证，各项任务是否落实。计划既是对目标实现方法、措施和过程的安排，又是目标的具体分解过程。计划要明确参与者的作用和职责，从而有助于指导和控制项目的各项工作。

项目计划、项目三大目标的分解计划要反映实施过程中人员、物资和时间上的衔接配合与协作情况。由于项目的特殊性和计划在项目管理中的作用，对项目计划有特殊的要求：目标是计划的灵魂，计划必须符合组织对项目的目标要求；计划应符合工程实际，这样计划才有可靠性、可行性；应符合环境条件，反映项目本身的客观规律性；计划应符合经济性要求，项目实施不仅要求有较高的效率，而且要求有较高的整体经济效益，即节省费用，实现资金平衡，有效地使用资源；计划应符合系统性要求，计划的遗漏必然会导致实施过程中的失误；计划应符合弹性要求，计划工作的人为因素较强，必须在费用、工期、材料采购等方面留有余地，应有足够的灵活性，考虑到适应环境的合理变化；计划应达到详细程度的要求，项目实施阶段的计划太细，则束缚实施者的活力，丧失创造力和主动精神，造成执行和变更的困难，造成信息处理量大，而计划的精度低，则达不到指导实际施工和项目控制的要求（詹姆斯·刘易斯，2002；成虎，2004）。

项目的计划同项目目标一样重要，“凡事预则立，不预则废”。计划工作的专业性和技术性也非常强。很多著述都有详尽讨论，本书限于篇幅，不再赘述。

二、工程项目管理的组织

项目组织是由项目的参与者及其行为主体构成的系统。由于社会化大生产和专业化分工，项目的参与单位较多，它们之间通过行政关系或合同关系联结并形成一个庞大的组织体系，为了实现共同的项目目标承担着各自的任务。项目组织是一个目标明确、开放的、动态的、自我形成的组织系统（成虎和陈群，2009）。

1. 项目组织的含义

1）项目组织

管理组织是人们为了实现一定的目标，互相结合、确定职位、明确职责、交流信息、协调行动的人工系统及其运转过程，并由人员、职责、权力、信息和时间等五大要素组成。项目组织是为完成特定的项目任务而建立起来的，从事项目具体管理工作的组织。它是项目的参与者按一定的规则或规律构成的整体，是一次性的临时组织。项目组织建立有三个基本要素，即共同的目的、协作的意愿和信息联系，而项目组织运行的基本要素是项目组织结构、参与者、项目目标、技术系统和外部环境（金铭，1988；W. 理查德・斯格特，2002）。项目组织为项目管理提供了框架体系，项目的控制与协调就在这一体系中。项目组织是项目管理的母体（余志峰等，2000）。正式的项目组织是一种在有意识的、审慎的、有意图的人们之间的合作，是形式化程度较高的集合体。

2）项目组织的作用

组织的益处在于：一是具有持续性；二是具有可靠性；三是组织的可控性。就项目组织而言，它具有多重功能，能形成一种新的合力，有效的组织能提高工作效率，能满足项目参与者的心理需求。一个有效组织应当是最大比例的参与者都感到他们能自由地把组织用做实现他们自身目的的工具（胡宇辰，2002）。

项目组织有两个方面的作用：其一，表示对项目过程的组织，即对行为的筹划、安排、控制、协调和检查；其二，项目的结构性组织，按照某些规则形成的职务结构或职位结构。从静态上看，项目组织就是人与人、人与事关系的系统模式，从动态上看，项目组织是一个开放的社会技术系统，是一个有机整体。它不仅是权责分配系统，而且是其成员根据自己的特定地位，扮演一定的角色，并由此构成等级体系的人际关系网络。

3）项目组织的特点

项目管理组织具有以下几个特点：目的性、协调性、有效性和变革性（黄金枝，1995）。项目组织不同于一般的企业组织、社团组织，它的特殊性是由项目特点决定的，具体表现在：项目组织是为了完成项目总目标和总任务，具有明确的目的性；项目组织是一次性的，具有临时组合性特点；项目组织与项目上层组织之间有复杂的关系；工程项目实施有其自身的多种形式的组织关系，包括专业和行政方面的关系、合同关系或由合同定义的管理关系；项目组织是柔性组织，具有高度的弹性、可变性；项目组织文化的特殊性。项目组织的这些特性在很大程度上决定了人们在项目中的组织行为，决定了项目的整体管理、项目的控制与协调和项目信息管理等诸多方面，与一般管理不同。

4）项目组织的任务

项目组织的任务主要有以下几个方面：建立合理的组织结构；进行科学的分工协作；明确责任及相应的权力；明确工作流程及条例；任用项目管理领导和人员。项目组织机构能否高效工作，关键是人员的任用是否恰当，聘用好项目的管理者及参与者，才能使机构内的人员都能高效率地完成工作任务和实现管理目标。

2. 工程项目组织结构的确立

工程项目管理组织，是指为实现工程项目组织职能而进行的组织系统的设计、建立、运行和调整。组织系统的设计与建立，是经过筹划与设计，建成一个可以完成工程项目管理任务的组织机构，建立必要的规章制度，划分并明确岗位、层次和部门，并通过一定岗位和部门内人员规范化的活动和信息流通，实现组织目标。项目组织运行就是按分担的责任完成各自的工作，其运行有三个关键：一是人员配置；二是业务联系；三是信息反馈。

项目的组织结构是具体承担某一项目的全体职工为实现项目目标，在管理工作中进行分工协作，在职务范围、责任、权力方面所形成的结构体系（易志云和高民杰，2002）。组织结构旨在研究项目管理组织内部各部门之间相互关系的规律，确保项目组织能够高效率工作，促使各种资源得到最充分利用，以便有效实现管理系统的目标。

1）项目组织结构的本质

组织结构的本质是员工的分工协作关系。设计组织结构的目的是为了实现项目的组织目标。组织结构是实现项目目标的一种手段，其内涵是人们在职、责、权方面的结构体系。这个结构体系的内容主要包括：职能结构，即完成项目目标的各项业务工作及其相互关系；层次结构，即各管理层次的构成，又称组织纵向结构；部门结构，即各管理部门的构成，又称组织的横向结构；职权结构，即各层次、各部门在权力和责任方面的分工及相互关系。

2）项目组织机构建立的原则

项目实施组织机构的建立原则主要归纳如下：任务目标原则、精干高效原则、统一指挥原则、分工协作原则、集分权原则、责权利对应原则、稳定与适应结合原则以及执行与监督分离原则。

3. 工程项目管理的组织结构形式

工程项目管理的组织结构形式主要有职能式、项目式和矩阵式三种（任宏和张巍，2005；丁士昭，2006；成虎和陈群，2009；李慧民，2009）。

1）职能式组织结构

一个项目可以作为组织中某个职能部门的一部分，这个部门应该是对项目的实施最有帮助的或是最有可能使项目成功的部门。层次化的职能式组织结构是当今世界上最普遍的组织形式，它是一个金字塔结构，高层管理为组织的领导，在金字塔的顶部，中层和底层管理者沿着塔顶向下分布。目前很多的社会组织，如政府、学校基本都是采用这种管理组织结构。这种组织形式可以通俗地理解为部门工作的延伸，也可以说是“条条”管理。

2）项目式组织结构

与职能式组织结构截然相反的是项目式组织结构，项目从公司组织中分离出来，成立独立的项目管理班子，抽调相关部门人员组建专门的项目团队，是典型的“块块”管理。作为独立的单元，它有自己的管理人员和技术人员。各项管理、人事、财务等相对独立，在项目的范围内有充分的自主权。

3）矩阵式组织结构

其特点在于能最大限度地发挥项目式和职能式组织的优势，尽量避免各自存在的相应缺点，是两者的一种结合，是典型的“条块”结合的管理方式，是在职能式组织的垂直结构上，增加了项目组织的水平结构。这种项目组织一般有两类部门组合：一是按专业任务分类的部门，主要负责专业工作、职能管理或资源的分配和利用，主要解决怎样干和由谁负责的问题，具有与专业任务相关的决策权和指令权。二是按项目分类的组织，主要围绕项目对象，对它的目标负责，负责计划和控制，协调项目各工作环节及项目实施过程中与各部门间的关系，具有与项目相关的指令权。项目团队成员为职能部门和项目组共同拥有。矩阵式组织是由原则上价值相同的两个指挥系统的叠合，由双方共同工作，完成项目任务，使部门利益和项目目标一致。矩阵式组织是在纵向职能管理基础上强调项目导向的横向协调作用、信息双向流动和双向反馈机制。在两个系统的集合处存在界面，需要具体划分双方的责任、任务，以处理好双方之间的关系。

在现代工程项目中，投资者委托业主负责工程的建设和运营管理，而业主委托项目管理公司具体管理工程建设。工程的实施单位（设计单位、工程承包单位、供应单位等）在不同的阶段承担着不同的工作任务，都有自己工程管理的工作任务和职责，也都有自己相应的工程管理组织。所以在同一个工程中，投资者、业主、项目管理公司、承包商、设计单位、供应商、分包商等都有自己的工程项目经理部（成虎，2007）。

第六节 工程项目的实施

一、工程项目管理基本框架体系和规范

1. 建设工程项目管理基本框架体系

我国建设工程项目管理规范化的主要依据就是结合工程项目的特点，在认真总结推广鲁布革等工程管理经验的基础上，经过近十几年不断探索，努力实践，形成一套具有中国特色并能与国际接轨的建设工程项目管理基本框架体系（《建设工程项目管理规范》编写委员会，2006）。

（1）主要特征是“动态管理，优化配置，目标控制，节点考核”。

（2）运行机制是总部宏观调控，项目委托管理，专业施工保障，社会力量协调。

（3）组织结构是“两层分离，三层关系”，即“管理层与作业层分离”，项目层次与企业层次的关系，项目经理与企业法人代表的关系，项目经理部和劳务作业层的关系得以明晰。

（4）推行主体是“两制建设，三个升级”，即项目经理责任制和项目成本核算制；技术进步、科学管理升级，总承包管理能力升级，智力结构和资本运营升级。

（5）基本内容是“四控制、三管理、一协调”，即质量、成本、进度、安全控制，合同、生产要素、信息管理和组织协调。

（6）管理目标是“四个一”，即一套新方法，一支新队伍，一代新技术，一批好工程。

随着《建设工程项目管理规范》（GB/T50326—2001）于2002年实施，2006年6月又重新修订（GB/T50326—2006），并于2006年12月1日起实施以来，工程项目管理有了一个比较完整的体系。其主要内容为范围管理、合同管理、采购管理、进度管理、质量管理、职业健康安全管理、环境管理、成本管理、资源管理、信息管理、风险管理、沟通管理、收尾管理等13个方面（中华人民共和国建设部，2006）。“为提高建设工程项目管理水平，促进建设工程项目管理的科学化、规范化、制度化和国际化”，是制定这一规范的基础指导思想和目的。规范适用于新建、扩建、改建等建设工程有关各方的项目管理。建设工程项目管理应坚持以人为本和科学发展观，全面实施项目经理负责制，不断改进和提高项目管理水平，实现可持续发展。

国际上以美国为代表的项目管理知识体系属于广义上的项目管理工作，对中

国建筑业企业来说，缺乏一定的专业适用性。而我国建设工程项目管理规范化标准不但吸收了国际项目管理的通用标准，具有国际通用性和先进性，而且最重要的一点就是结合我国建设工程项目管理体制改革的经验，比较注重专业管理活动的实践性和系统性，与国际上有关项目管理比较，更加具体化、专业化，具有适用性和操作性。所以说，它是目前我国极有权威性的一项管理型的工程项目管理规范（《建设工程项目管理规范》编写委员会，2006）。

2. 建设工程项目管理模式

1）管理模式

20 世纪 50 年代，我国学习当时苏联的工程管理方法，主要采用了施工组织设计的工程项目管理模式，这对新中国成立初期顺利完成国家重点工程建设发挥了重要作用。60 年代初，华罗庚教授用简单易懂的方法将网络计划技术介绍到我国，将它称为“统筹法”，并在纺织、冶金、制造、建筑工程等领域中推广。网络技术的引入不仅给我国工程施工组织设计中的工期计划、资源计划、成本计划和优化增加了新的内涵，提供了现代化的方法和手段，而且在项目管理方法的研究和应用方面缩小了我国与国际上的差距。

20 世纪 80 年代，我国的工程管理体制进行了改革，在建设工程领域引入工程项目管理相关管理思想与制度，主要推行了业主投资负责制、监理制度、项目法施工、项目经理责任制、工程招标投标制度和合同管理制度等。在工程项目中许多新的融资方式、管理模式、新的合同形式、新的组织形式开始出现（成虎，2007）。

进入 21 世纪，我国工程项目管理又有新的发展，项目管理服务（project management，PM）、项目管理承包（project management contractor，PMC）、伙伴关系（partnering）、一体化管理（project management team，PMT）等建设模式受到人们的重视，得到较多的研究和应用。同时，我国在工程项目管理的实践中，提出了对非经营政府投资项目推行代建制的管理模式（李慧民，2009）。

随着科学技术的发展和社会的进步，对工程项目的需求量越来越大，工程项目的目标、计划、控制和协调也更加复杂，这将进一步促进工程项目管理理论和方法的发展。

2）管理方法

对于工程项目来说，可分为技术层次、管理层次，初步的工程项目管理体系如图2-11所示。

同样，现代工程管理的研究应用方法按照其特征，纵向上可归纳为三个层次，如图 2-12 所示（谭章禄等，2007）。其中，技术方法层主要是一些相对独立的技术和方法；系统方法层强调的是一种综合集成型的方法和技术的有机整合；

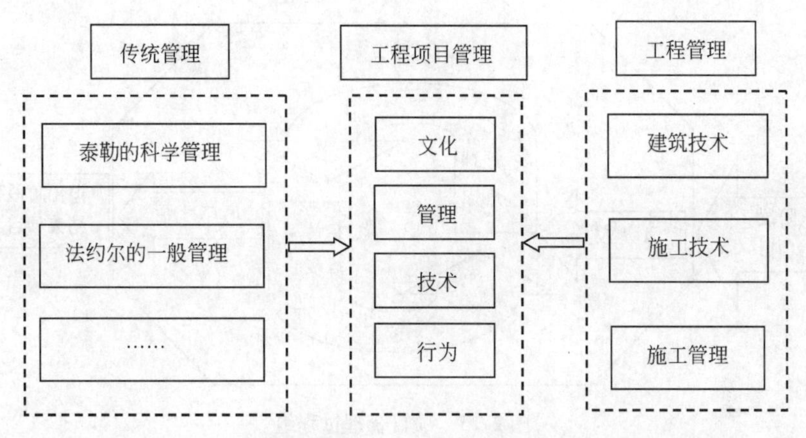

图 2-11 工程项目管理体系

哲理层强调的是一种思想、一种理念。三个层次上不同知识关系是相互包含的，即技术方法是系统方法的基础，而哲理又是系统方法的灵魂（郭庆军等，2008a）。

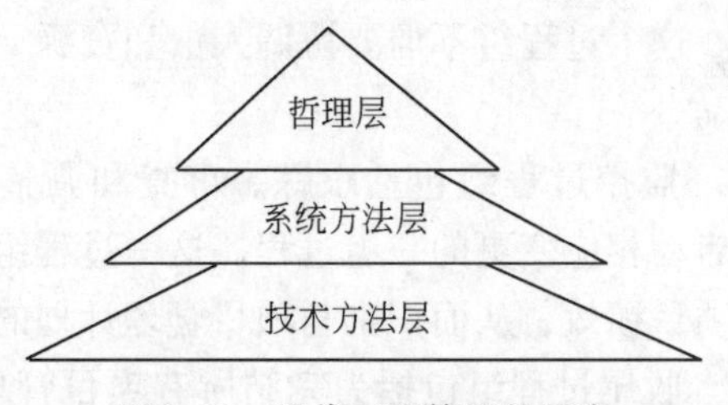

图 2-12 现代工程管理的层次

二、项目管理的实施过程

项目管理过程确保项目自始至终顺利进行，这些过程借助各种工具和技术，应用各知识领域的技能和能力，这些过程包括启动过程组、规划过程组、执行过程组、监控过程组和收尾过程组。如图 2-13 所示（Project Management Institute，2008）。

1. 阶段的定义

（1）启动过程组。启动过程组包括获得授权，定义一个新项目或现有项目的一个新阶段，正式开始该项目或阶段的一组过程。通过启动过程，定义初步范围和落实初步财务资源，识别那些将相互作用并影响项目总体结果的内外部干系人，选定项目经理（如果尚未安排）。

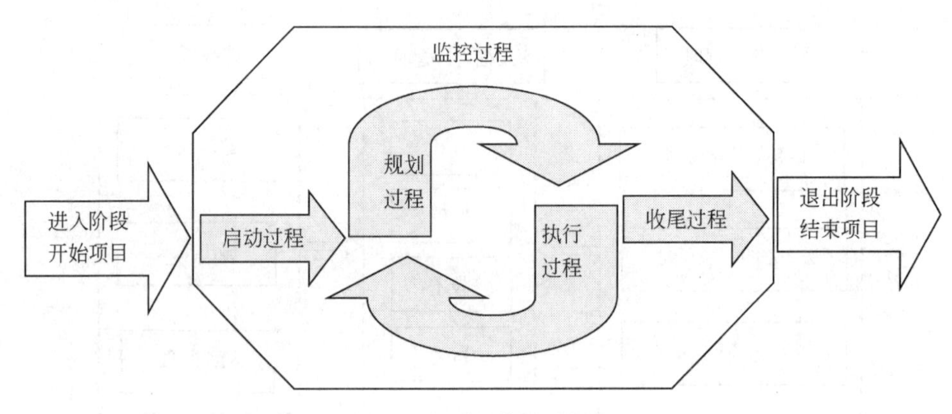

图 2-13　项目管理过程组

（2）规划过程组。规划过程组包括明确项目总范围、定义和优化目标，以及为实现上述目标而制订行动方案的一组过程。规划过程组制订用于指导项目实施的项目管理计划和项目文件。

（3）执行过程组。执行过程组包括完成项目管理计划中确定的工作以实现项目目标的一组过程。这个过程组不但要协调人员和资源，还要按照项目管理计划整合并实施项目活动。

（4）监控过程组。监控过程组包括跟踪、审查和调整项目进展与绩效，识别必要的计划变更并启动相应变更的一组过程。这一过程组的关键作用是持续并有规律地观察和测量项目绩效，从而识别与项目管理计划的偏差。

（5）收尾过程组。收尾过程组包括为完结所有项目管理过程组的所有活动，以正式结束项目（或阶段、合同责任）而实施的一组过程。当这一过程组完成时，就表明为完成某一项目或项目阶段所需的所有过程组均已完成，并正式确认项目或项目阶段已经结束。

项目管理各过程之间彼此独立，界面清晰。但是，在实践中，它们会以某些方式相互重叠和作用。大多数经验丰富的项目管理工作者都认识到，管理项目的方式不止一种。在项目建设期间，人们应该在项目管理过程组及其所含过程的指导下，恰当地应用项目管理知识和技能。项目管理过程的采用具有重复性，在一个项目中，很多过程要反复多次（Project Management Institute，2008）。

2. 过程描述

各项目管理过程组以它们所产生的输出相互联系。过程组极少是孤立的或一次性事件，而是在整个项目建设期间相互重叠。一个过程的输出通常成为另一个过程的输入，或者成为项目的可交付成果。规划过程组为执行过程组提供项目管理计划和项目文件，而且随着项目进展，不断更新项目管理计划和项目文件。图

2-14 显示了各过程组如何相互作用以及在不同时间的重叠程度（Project Management Institute，2008）。如果将项目划分为若干阶段，各个过程组会在每个阶段内相互作用。

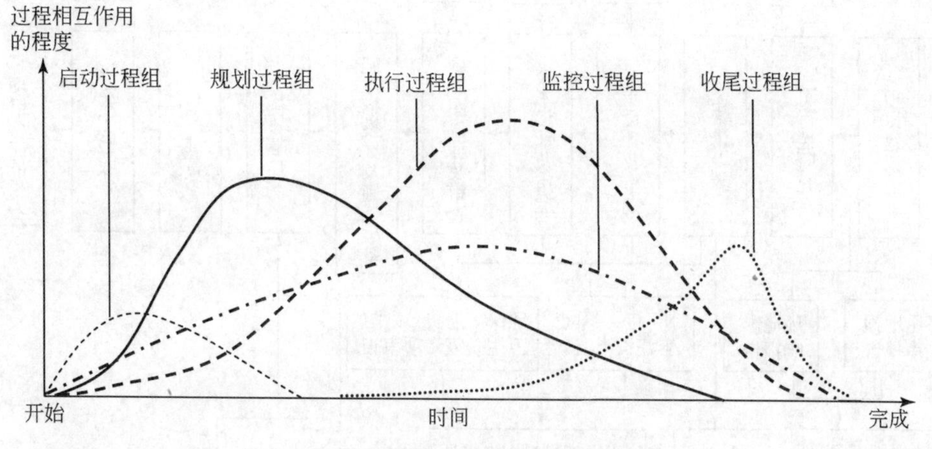

图 2-14　过程组在项目或阶段中的相互作用

三、工程项目管理的实施过程

工程项目在实施过程中，需要考虑工程项目的整体过程，各项工作必须遵循的先后顺序，如图 2-15 所示（闫文周和袁清泉，2006）。但需要讨论的是，笔者认为该图是由施工组织管理模式向项目管理过渡的状态。

1. 项目建议书阶段

项目建议书应根据国民经济发展规划、市场条件，结合矿藏、水利等资源条件和现有生产力布局状况，按照国家产业政策进行编制，主要论述建设的必要性、建设条件的可行性和获利的可能性，并按国家现行规定权限向主管部门申报审批。项目建议书被批准后，可开展下一阶段的工作，但项目建议书不是项目的最终决策。

2. 可行性研究阶段

项目建议书被批准后，可组织开展可行性研究工作。可行性研究是在投资决策之前，对拟建项目进行全面技术经济分析和论证，是投资前期工作的重要内容和基本建设程序的重要环节。经过批准的可行性研究报告，是项目最终决策立项的标志，是据此进行初步设计的重要文件。

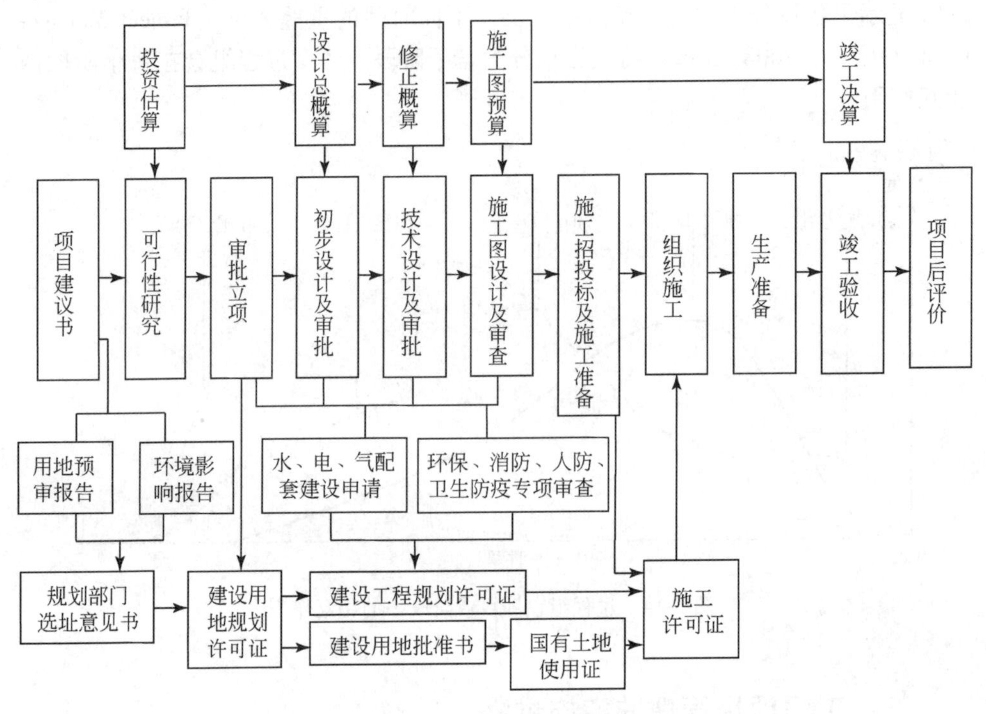

图 2-15 工程项目实施过程

3. 设计阶段

可行性研究报告批准后，工程建设进入设计阶段。我国大中型建设项目的设计阶段，一般采用两阶段设计，即初步设计和施工图设计。重大项目和特殊项目，根据各行业的特点，实行初步设计、技术设计、施工图设计三个阶段。民用项目一般采用方案设计、初步设计、施工图设计三个阶段。

4. 列入年度固定资产投资计划

一个建设项目在完成了上述各阶段的工作后，就可以报请国家有关部门列入国家年度固定资产投资计划。按国家现行政策规定，大中型建设项目申请列入国家年度固定资产投资计划，由国家计划委员会（现国家发展和改革委员会）批准；小型项目则按隶属关系，在国家批准的投资总额内，由国务院各部门、各省、自治区、直辖市自行安排；用自筹资金建设的项目，也要在国家确定的控制指标内安排。

5. 设备订货和施工准备

组织好设备订货和施工前的准备工作，是保证建设项目顺利实施的基础。

6. 施工阶段

施工是设计意图的实现，也是整个投资意图的实现阶段。在施工准备就绪之后，项目法人必须按审批权限，向主管部门提出工程开工申请报告，经批准后，方能正式开工。

7. 生产准备

生产准备是项目投产前所要进行的一项重要工作，是建设阶段转入生产经营的必要条件。建设单位在项目进入施工阶段以后，应加强施工管理，并适时做好有关生产准备工作，保证工程一旦竣工，即可投入生产。

8. 竣工验收、交付使用

竣工验收是投资成果转入生产或使用的标志，是全面考核基本建设成果、检验设计和工程质量好坏的重要环节。竣工验收合格的项目即从基本建设转入生产或使用。竣工验收对于促进建设项目及时投产、发挥投资效果、总结建设经验都有重要作用。

9. 项目后评价

建设项目竣工投产后，一般经过 1 ~2 年生产运营后，要进行一次系统的项目后评价，主要内容包括：影响评价、经济效益评价、过程评价。项目后评价一般按三个层次组织实施，即项目法人的自我评价、项目行业的评价、计划部门（或主要投资方）的评价。

为规范建设活动，国家通过监督、检查、审批等措施，加大工程项目建设程序的贯彻和执行力度。除了对项目建议书、可行性研究报告、初步设计等文件的审批外，对项目建设用地、工程规划等实行审批制度，对建筑抗震、环境保护、消防、绿化等实行专项审查制度。

第三章　工程项目控制

第一节　工程项目控制概述

一、项目控制的含义

1. 控制

1）控制的概念

控制是管理的基础（黄金枝，1995）。控制是管理过程不可分割的一部分（周三多等，1999）。控制是按照既定目标、计划和标准，对组织活动各方面的实际情况进行检查，发现偏差并采取措施予以纠正，以保证各项活动按原定计划进行，或根据客观情况的变化对计划进行适当的调整，使其更符合实际的组织活动过程。控制与计划密不可分，计划是控制的前提，控制是实现计划的手段（席西民，2007）。控制的首要目的是保证使作业活动的结果尽可能地接近原定的目标，次要目的是及时提供有关可能提示修订目标的情况（纽曼和小萨默，1995）。控制是控制主体对控制对象，即受控制系统的有目的的影响，其目的是保持事物状态的稳定性或促进事物由一种状态向另一种状态转换（黄金枝，1995）。

控制的要求有三个方面：预见性，即要在重大偏差出现之前能尽早发现并制定对策；全面性，即以整体利益为重，局部控制目标要协调一致；及时性，即要通过建立完善的信息管理系统，加快信息的收集、分析和反馈（席西民，2007）。

2）控制的类型

管理中的控制可以在活动开始之前、进行之中或结束之后进行。第一种称为前馈控制，第二种称为同期控制，第三种称为反馈控制，如图 3-1 所示（席西民，2007）。

（1）前馈控制。前馈控制（feed forward control）就是在实际问题发生之前进行的控制。它是未来导向的，是人们最渴望采取的控制类型，因为它可能避免预期问题的出现。前馈控制的出发点是防止问题发生而不是当出现问题后再去补救，因此这种控制需要及时和准确。但是这又常常是很难办到的，因此管理者总是不得不借助于另外两种类型的控制。

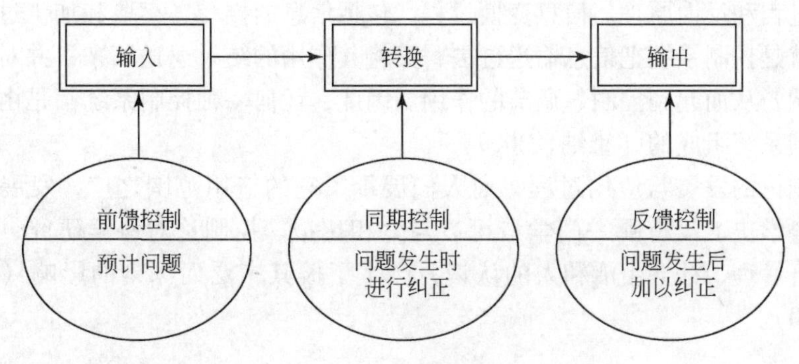

图 3-1 控制的类型

(2) 同期控制。同期控制（concurrent control）就是在活动实施过程中进行的控制。此种类型的控制，可以在重大问题出现时及时加以纠正。最常见的同期控制方式是直接观察与分析。在直接观察下属活动时，管理者可以监督雇员的实际工作情况，并且在发生问题时马上进行纠正。虽然在实际行动与管理者做出反应之间肯定会有一段延时，但这种延时通常较小，仍可做到较为及时的控制。

(3) 反馈控制。最常用的控制类型就是反馈控制（feedback control)。反馈控制发生在行动之后，当实施控制措施时，相应的损失已经发生了。这是反馈控制的主要缺陷。然而，在许多情况下，反馈控制是唯一可用的控制手段。与前馈控制和同期控制相比，反馈控制在两个方面要优于它们。首先，反馈控制为管理者提供了关于计划执行效果的真实信息。反馈显示标准与现实之间的偏差很小，说明计划的目标达到了；如果偏差很大，管理者就应该利用这一信息使新计划制订得更有效。其次，反馈控制可以增强员工的积极性。因为人们希望获得评价他们绩效的信息，而反馈正好提供了这样的信息。

2. 控制论

自第二次世界大战后，维纳首先创立了控制理论，简称为控制论，其发展速度之快已经涉及科学、工程、经济、生物等各个领域。控制论具有一般方法论的特点，主要研究各式各样的系统控制过程，且以运筹学、信息论、模糊理论、自组织及自学习理论和动态系统学等为基础，为定量描述各种控制系统行为特征及求解各种复杂动态控制问题提供了有效的工具。

控制论认为，现实世界是由能量、物质和信息三种基本要素组成的，使人们不仅在静态中考察控制系统，而且从动态中来考察控制系统成为可能。控制论研究的系统不只是孤立的系统，而是成组系统（即子系统）构成的复杂系统，且存在于一定的环境之中。控制论同时还认为，一切控制系统共同的基本特点是信息变换过程和反馈原理。信息变换过程，包括信息的接受、存取和加工过程。反馈原理就是控制系统把信息输送进去，又将其作用的结果返送回来，并对再输入产生影响，从而起到控制、调节的作用。因此，任何一种控制系统都是由信息系统和反馈系统组成的（维纳，2009）。

控制论的发展与应用过程，向人们展示了它的应用范围之广，发展速度之快，在科学史上没有哪一门学科可以与之相比拟。控制论对科学研究、劳动生产、经济管理、社会生活和人的认识，产生了极其广泛而深刻的影响（张文焕等，1990）。

3. 项目控制

很多项目管理的文章都把项目控制描述为实际项目数据和计划数据的比较。其实，监控成本和进度数据只是有效控制的第一步，项目控制必须有事先计划好的、行之有效的控制体系，通过这个体系对发生的显著偏差采取适当的纠正措施。项目控制的定义既包括事前控制又包括事后控制，设计和实施这样一个双向控制系统可以降低风险。项目控制是对流程的控制（凯文·福斯伯格等，2006）。没有控制的项目很难管好（黄金枝，1995）。

在项目执行过程中，项目经理必须检测诸多情况，必须采取措施以保证项目成功，如图3-2所示（贾森·查瓦特，2003）。

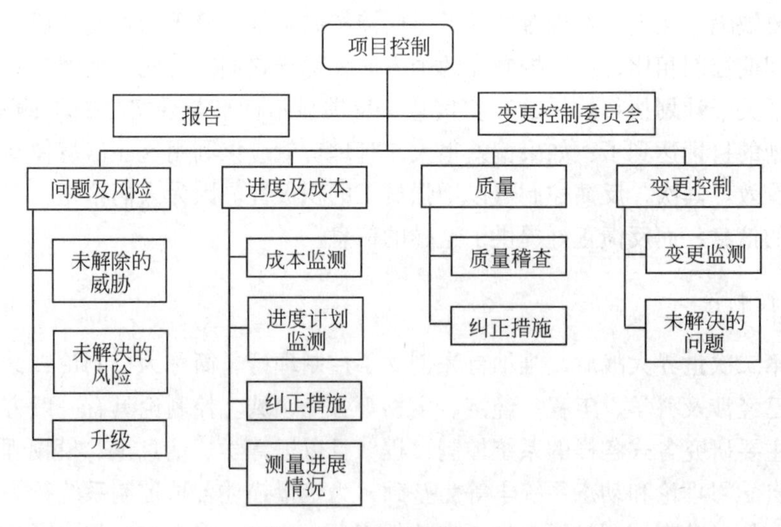

图3-2 项目控制的元素

项目控制是在实现项目目标的过程中，项目管理主体基于对未来行为状态的预测，按照事先拟定的计划、准则与措施，通过组织系统，运用各种管理手段，及时检查、收集项目实施状态的信息，并将它与原计划作比较，发现偏差，分析偏差形成的原因，采取措施纠正，保证项目计划正常实施，以实现预定目标的活动过程（张金锁，2000）。任何项目管理，在达到预期目标的过程中，由于存在着外部环境的干扰和内部不确定性的影响，往往会发生偏差，将这一偏差反馈回原计划或决策管理部门，进行调节和控制，从而使项目管理沿着预期目标进行，以达到优化结果，这就是项目控制过程。对于任何项目，即使事先有周密的计划，在实施过程中仍难免会出现一些意想不到的情况和各种困难，这就需要对项目进行适当的控制，以保证实现项目的预期目标。项目控制是以实现既定的计划和标准为依据，定期或不定期地对项目实施的所有环节进行调查、分析、建议和咨询，发现项目活动与标准之间的偏离，提出切实可行的实施方案，供项目管理层决策的过程（骆珣，2004）。

项目控制的内容不是简单的动力学上所说的控制，项目的控制对象是项目本身，它需要许多不同的变量表示项目不同的状态形式。而且每个项目运行总有这样的时候，即多项作业同时进行而展开，则它的状态是多维的，其变量较难测量和把握，所以说项目的控制过程比物理或化学的控制要复杂得多（卢向南，2009）。

因为系统的不确定性和系统外界干扰的存在，系统的运行状况和输出出现偏差是不可避免的。一个好的系统可以保证系统稳定，即可以及时地发现偏差、有效地缩小偏差并迅速调整偏差，使系统始终按预期轨道运行；相反，一个不完善的控制系统有可能导致系统不稳定甚至系统运行失败，如图 3-3 所示（卢向南，2009）。

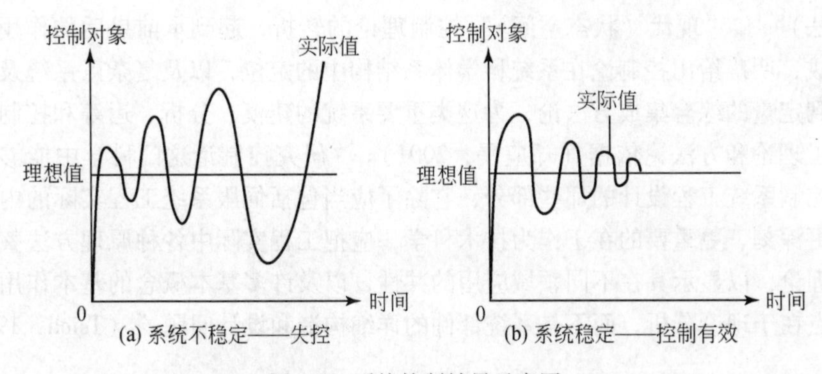

图 3-3　系统控制效果示意图

通过项目控制可以保证相应的项目责任人明晰项目的发展方向，特别是可以了解项目规划的实施和项目监督的情况（狄海德，2006）。有效地实现项目目标是控制的最根本目的和最基本的特征。项目控制，一方面是施控系统向受控系统发出的物质流和能量流，信息携带着目的；另一方面，物质、能量则是提供控制的基础（张文焕等，1990）。有了管理目标和实施手段，才能有效地实现项目的目标，如图3-4所示。

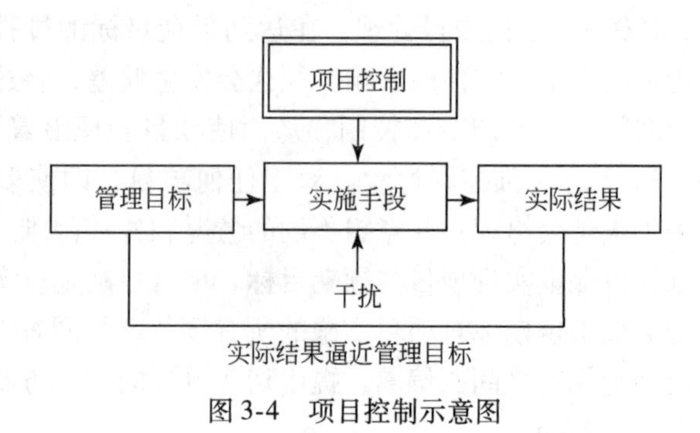

图3-4 项目控制示意图

4. 工程控制

维纳的《控制论》较多地讨论思想和方法论，而如何将它们用于解决工程实际问题已成为人们关注的焦点（郑应平，2001）。钱学森的《工程控制论》（英文版）在1954年应运而生，《工程控制论》是将《控制论》运用于工程技术方面而形成的自动控制理论。工程控制论是一门为工程技术服务的理论科学。它的研究对象是自动控制和自动调节系统中具有一般性的原则，所以它是一门基础学科，而不是一门工程技术（钱学森，1957）。

《工程控制论》是面向工程应用的理论，“作为技术科学，工程控制论使我们以更广阔的眼界、更系统的方法来观察有关问题”；处于“古典（传递函数、频域法）”和“现代（状态空间）”控制理论的转折，起到承前启后的作用；综合集成，明确给出控制论在系统科学体系结构中的定位，以及复杂巨系统及其从定性到定量的综合集成方法论，为这类重要系统的建模、分析、运筹和控制问题提供了理论和方法论依据（郑应平，2001）。“研究控制论这门科学中能够直接用于控制系统工程设计的那些部分，它除了应当包括伺服系统工程实际的内容之外，更深刻、更重要的在于作为技术科学，应把工程实际中各种原理方法整理总结成理论，以显示其在不同领域应用的共性，以及许多基本概念的基本作用，它的重点在于理论分析，而不是系统部件的详细构造和设计问题。”（Tsien，1954）

5. 工程项目控制

以上的定义、看法和分析对工程项目控制同样具有重要的借鉴意义。项目实施过程中主客观的变化是绝对的，不变是相对的；平衡状态是暂时的，不平衡是永恒的；有干扰是必然的，没有干扰是偶然的。因此，在项目实施过程中必须对目标进行有效的规划和控制（丁士昭，2006）。项目管理者要学会处理变化并掌握对变化进行控制的方法（任宏和张巍，2005）。

工程项目实施是一个动态的、复杂的随机过程，为实现项目建设的目标，参与项目建设的有关各方，必须在一个科学安排的系统中，围绕工程建设的质量、成本和工期，对建设项目的实施状态进行周密的、全面的监控（张金锁，2000；钱明辉和凤陶，2001；王长峰等，2007；梁世连和惠恩才，2008）。在项目实施阶段，因为技术设计、计划、合同等已经全部定义，控制的目标十分明确，所以人们十分强调这个阶段的控制工作，这对项目的成败具有举足轻重的作用，将它作为项目管理的一个独特过程。它是项目管理工作最为活跃的阶段（成虎和陈群，2009）。

二、工程项目控制的内容与任务

1. 内容

在管理学中，控制包括提出问题、计划、控制、监督、反馈等工作内容（哈罗德·孔茨和海因茨·韦里克，1998）。这实质上包含了一个完整的管理过程，是广义的控制（成虎和陈群，2009）。这里所讨论的控制指对项目实施阶段的控制工作，它与计划一起形成一个有机的项目管理过程。项目控制的主要内容包括分解目标、寻求并抑制相关的干扰因素、制定控制文件、确定控制模式、制定控制措施和进行控制评价等方面。

2. 任务

项目实施控制的总任务是保证按预定的计划实施项目，保证项目总目标的圆满实现（成虎和陈群，2009）。项目控制的任务与项目目标、计划是一致的，根据项目背景和总目标要求，可归纳为质量、成本和进度三项主要指标，具体地说，质量好、成本低、进度快是工程项目控制的根本任务。

三、工程项目控制的特点

工程建设项目本身及其技术经济的特殊性，使得工程建设项目控制除具有信息变换过程和信息反馈的基本特点外，还具有如下特点。

1. 过程控制

工程项目建设程序具有明显的阶段性，因此工程项目控制具有过程控制的特点，工程项目控制可分为建设前期控制、设计阶段控制、施工阶段控制和保修阶段的控制。施工阶段是项目实施阶段的重点所在。

2. 多目标控制

工程项目控制目标最主要的是质量控制目标、成本控制目标和工期控制目标。这三者相互作用、相互联系，使得工程项目控制具有较高的复杂性。

3. 控制对象具有可分解性

按传统的施工组织方式，工程项目按其组成或结构可划分为若干单位工程，各单位工程又可划分为若干分部、分项工程，按项目管理模式与方法，可分解为若干子项目。工程项目质量、成本、工期等控制目标也可以按项目划分为子项目或分部、分项工程等若干个分目标。

4. 前馈和反馈控制

工程项目目标控制可以采用事前控制、事中控制和事后控制的基本模式。事前控制建立在以计划为标志、以预测为基础的前馈控制原理之上，事中控制和事后控制则应用了控制论中的反馈控制原理。

5. 相对性

工程项目建设的复杂性，加之影响建设目标的诸多因素又具有复杂的可变性，导致目标值与实际值之间总会在多方面存在偏差，控制的过程在于不断地对比和分析，工程项目控制的目的是保证实际值与计划值之间的偏差在允许范围内（尤孩明和王祖和，1994）。

四、工程项目控制的依据

工程项目控制的依据从总体上来说是定义工程项目目标的各种文件，包括可行性研究报告、项目任务书、设计文件、合同文件、资源清单、变更文件等，此外还应包括对工程适用的法律、法规文件（钱明辉和凤陶，2001；易志云和高民杰，2002）。工程的一切活动都必须符合这些要求，它们构成项目实施的边界条件。工程项目的控制内容、目的、目标和依据如表3-1所示（成虎和陈群，2009）。

表3-1 工程项目的控制内容、目的、目标、依据

序号	控制内容	控制目的	控制目标	控制依据
1	质量控制	保证按任务书规定的数量和质量完成工程，通过验收，交付使用，实现使用功能	规定的质量标准	各种技术标准、规范、工程说明、图纸、工程项目定义、任务书、批准文件等

续表

序号	控制内容	控制目的	控制目标	控制依据
2	成本控制	保证按计划完成工程，防止成本超支和费用增加，达到盈利目的	计划、合同规定成本	各分项工程、分部工程、总工程计划成本、人力、材料、资金计划、计划成本曲线等
3	进度控制	按预定进度计划实施工程，按期交付工程，防止工程延误	任务书、合同规定工期	工期定额规定的总工期计划、批准的详细施工进度计划、网络图、横道图等
4	合同控制	按合同规定全面完成自己的义务，防止违约	合同规定各项义务、责任	合同范围内的各种文件、合同分析资料

五、工程项目控制的约束条件

三大目标本身就是总体的约束条件，进行分解后有五个方面。一是技术约束条件，它反映项目的活动及工序间技术约束的情况，有四种相关情况：自由决定的约束条件、最佳实践约束条件、逻辑的约束条件和特别要求。技术约束也包括质量约束，即一项工程要有预期的生产能力、技术水平、产品质量和工程使用效益的要求。二是管理约束条件，进行网络图分析、进度决策的时候，会遇到管理约束条件。管理约束也包括资源约束，即一项工程要在一定的投资额度、物力、人力条件下完成建设任务。三是相互间约束条件，包括项目间的约束条件，大的项目分解为更小、更易于管理的小项目时产生的约束条件。四是时间约束条件，即一项工程要有合理的建设工期时限，同时包括日期约束条件，表现在项目或活动受社会各方面的影响，产生日期驱动现象，表现为“不早于”、“不晚于”或某“特殊纪念日”等对项目和活动的计划与实施的影响。五是空间约束条件，即工程要在一定的施工空间范围内通过科学合理的方法来组织完成（张月娴和田以堂，1998）。

第二节 工程项目控制技术

一、工程项目控制的方法

1. “黑箱”方法

“黑箱”是指人们一时无需或无法直接观测其内部结构，只能从外部的输入和相应的输出去认识的现实系统。现实的系统作为认识的客体之所以被称为“黑箱”，是因为人类的认识和精力不可能穷尽事物的一切本质。如果对一个确定的考察对象一无所知，那么它就是“黑箱”；如果既不是一无所知，又不是无所不知，那么它就是“灰箱”；如果认识达到了无所不知，那么它就是“白箱”（张文焕等，1990）。

控制论的“黑箱”方法是研究结构复杂巨型系统的有效工具，为研究项目管理、项目控制提供了一种很好的思想和方法。专业人员对工程项目进行结构分解，使项目结构层次化、透明化，项目的各方面情况和组成明确、清晰，这对于专业人员来说就接近于“白箱”。对于众多的项目参与者及利益相关者，了解工程的概况，但对工程设计、施工技术、管理过程等又非全部了解，这就呈现出“灰箱”的特点。对于非专业人士的项目业主、投资者和客户等，投入资金，得到和享受项目的最终成果，这基本上就是“黑箱”。

“黑箱”方法的控制步骤：第一步是建立主体和客体的耦合系统，第二步是建立模型辨识“黑箱”，通过输入和相应的输出主动考察“黑箱”。项目控制应用“黑箱”方法是一种崭新的认识，也是一个具体的方法，美国项目管理中的模块化管理思想以及相关的管理软件正是借鉴了这种控制体系。但目前对这方面作专题研究的人不多。应用“黑箱”方法还有利于从整体的角度，综合全局来考察问题，它使项目管理者，甚至不懂项目管理的业主、投资者也能把握整个项目，方便地观察、了解和控制整个项目过程，同时可以分析可能存在的项目目标的不明确性。

项目是一个转换过程（Smith，2008），这种转换过程其实就是应用了“黑箱”方法，图3-5运用了一个广为流行的思想来定义运作管理及转换过程模型。图3-6利用这一输入、输出、转换的思想来定义项目，图中没有将人们的时间、金钱或其他资源定义为输入，而是需求或者需要。

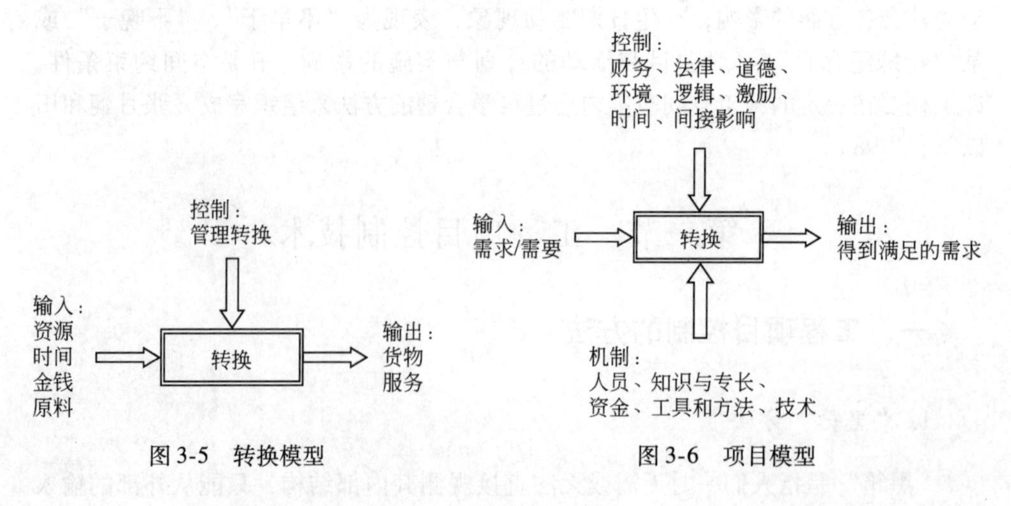

图3-5　转换模型

图3-6　项目模型

应用“黑箱”原理来把握项目控制，一个需要讨论的问题是项目的可见性。项目的可见性是一种很有帮助的手段，通过这种手段可以使项目成员和其他项目关系人了解项目活动的内容，从而对项目进行适时有效的调整，以保持最佳的运行状态。良好的可见性还可以确保各种控制系统到位并有效，从而起到事先主动管理的作用。项目保持可见性的目标包括：明察活动情况，沟通、验证状况，明察团队士气及团队协作精神的情况。项目可见性也包含了一些信息收集和分发的方法，主要有会议、巡视管理、报告、项目信息中心、问题清单等。这些方法的选用受到时间、地理位置、要求数据等因素的制约，而且应根据项目的进展选择合适的方法（凯文·福斯伯格等，2006）。

2. *反馈方法*

反馈是控制论的一种方法，即将系统以往操作结果再送入系统中去。根据过去的操作情况去调整未来的行为（维纳，2009）。这种以系统活动的结果来调整系统活动的方法称为反馈方法（张文焕等，1990）。项目管理中的反馈就是项目组成员把项目中各项工作的情况提供给项目经理的过程（格雷厄姆，1988）。反馈既是控制论的一个基本原理，同样也是控制论的一种重要方法。反馈方法是项目控制的又一思想基础和基本方法，它是对“三论”思想的综合，将人类的管理活动，特别是将控制论活动向前推进了一大步，为项目控制的组织体系、控制过程的系统实施提供理论支持和方法手段。

我们对控制过程比较熟悉的是反馈环，如图3-7所示（Smith，2008）。

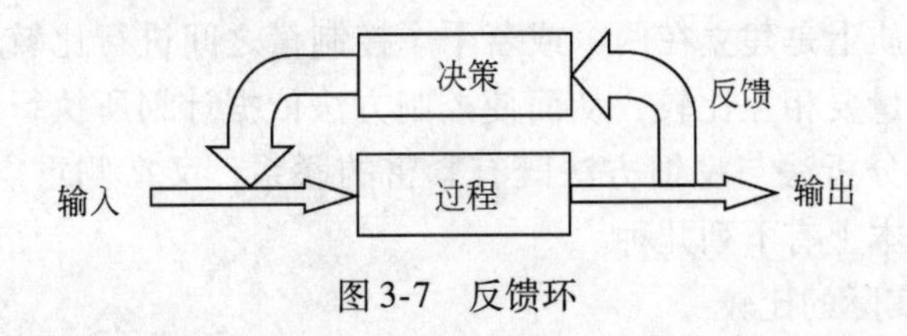

图3-7 反馈环

对输出进行分析、判断，然后再将相关信息与措施反馈到项目控制系统中去，这样的过程同样是可以控制的。将这个简单的图应用到项目中，可得到图3-8（Smith，2008）。

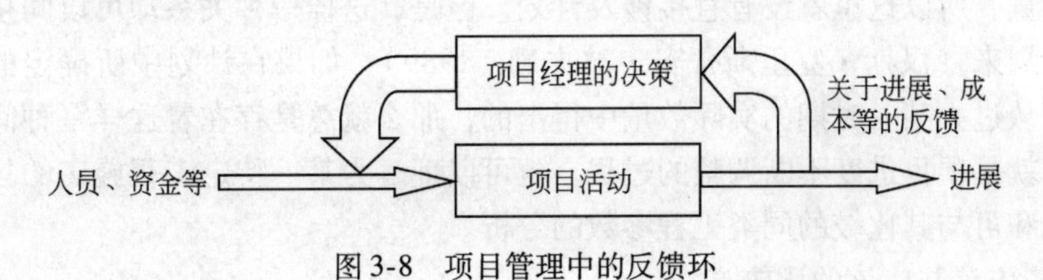

图3-8 项目管理中的反馈环

项目控制系统和控制过程，由于具体实施过程的变化和环境变化形成的干扰作用，总会使受控系统的输出偏离给定状态。反馈控制的依据，就是受控系统运行的现实状态与给定状态之间的偏差信息。反馈控制也就是根据这种系统偏差信息，调整和改变受控系统的输入信息。反馈控制的作用是减少和消除系统偏差，以使受控系统的运行状态维持在一个给定的偏差范围内，提高受控系统运行过程中的稳定性，实现受控系统的行为、功能和结果的最优化，达到对系统进行控制和管理的目的。运用反馈控制方法检查目标决策，其过程如图 3-9 所示（张文焕等，1990）。

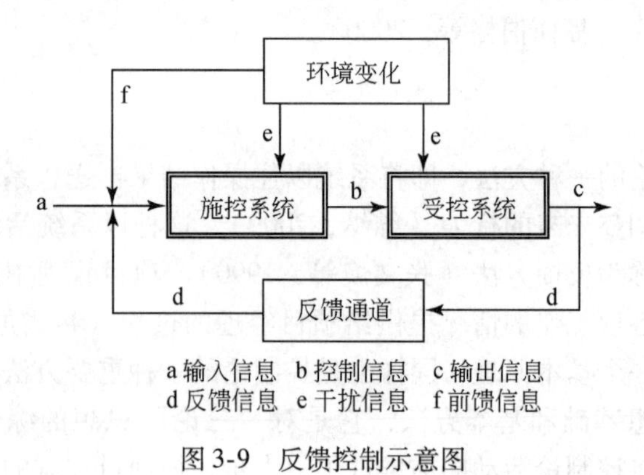

图 3-9 反馈控制示意图

3. 偏差比较分析法

项目控制本质上是建立在两个或若干个控制量之间进行比较的基础之上的。控制取决于哪些量要相互比较，从而使控制方法依据计划所执行的职能系统化。显然，偏差比较分析法与反馈方法既有紧密的联系，又在侧重点上有一定的区别。控制方法基本上有下列几种。

1）实际与实际的比较

实际与实际的比较过程是在事后相互进行的。例如，人们把一个企业在过去某个时期中销售额的增长与那一时期部门平均销售额的增长相比较（列尔涅尔，1980）。因为在这种比较中涉及的只是已实现了的数量，而不是计划所确定了的预测数量，所以这里就没有直接涉及计划。但是，这样一种关系却可以间接的产生出计划来（汉斯·克里斯蒂安·波夫勒，1989）。如果在计划中所确定的应该数量是从过去某一时期的实际数量中得出的，那么就总是存在着这样一种间接的关系，就是项目进度不断调整的过程。也可以理解为某一特定工程施工的技术经济指标和可与其比较的同类工程参数的分析。

2）应该与应该的比较

应该与应该的比较又可以称为指标与指标之间的比较，是在事先进行的。这种方法主要是一种平衡企业各种生产经营目标，并使其保持一致性的控制方法。典型的如企业生产能力平衡、产销平衡、资金平衡、物资平衡等（列尔涅尔，1980）。这些平衡关系不仅要事先通过企业的计划以各种指标形式确定下来，而且还要在计划的实际执行过程中，通过对各类指标实际完成结果差异的比较，来调整企业各种生产经营活动之间的协调关系，以使企业计划能够在动态过程中始终保持较高的平衡性和一致性。项目成本预控就是不断地进行应该与应该的比较分析过程。

3）将来与将来的比较

与前两种比较方法不同，将来与将来的比较直接涉及企业决策的前提。决策需要在预测的基础上做出，预测是对企业未来生产经营活动内外环境状态的描述和认识，因此，企业的决策是否正确、企业的决策在实际执行过程中是否需要根据环境的变化进行相应的修正和调整，都需要随着时间的推移，不断地对企业未来的环境做出预测，并将其与原来决策所依据的预测相比较，分析两者之间的差异。显然，这种差异分析对企业的决策具有十分重要的意义。

在进行这些比较的时候，我们也可以对上述不同的比较方法重新进行组合，或者是已实现的数量，或者是所确定的数量，或者还有所预测的数量，都可以相互之间进行比较，这就又产生出下面三种比较方法（汉斯·克里斯蒂安·波夫勒，1989）。

4）应该与实际的比较

提到控制首先想到的就是应该与实际比较的控制方法。在这种比较中，相互比较的是一个已确定了的数量和一个已实现了的数量。通过这样的比较可以知道计划所规定的应该数量已经在多大程度上实现了。这种检查本质上是反馈原则的组成部分，是项目实施过程中三大目标控制的基本方法。

5）应该与将来的比较

应该与将来的比较在本质上是前馈原则的组成部分。在应该与将来比较的情况下，不是等到在某一时刻已表现出来的实际数量作为既成事实的时候才来控制，而是在此期间就把所确定的应该数量与预测数量加以比较。这个将来的数量是对今后计划实现的预测。

6）将来与实际的比较

在将来与实际的比较中，人们要检查作为计划前提而预测的将来数量是否与现实的实际数量相吻合。与计划进度控制相似的是在进行这种“前提控制”的时候，要确定实际计划的进程和检查制订计划的基础是否依然存在。这样的控制是必需的，因为如果计划的出发点在时间的进程中变成了过时的话，那么计划也是徒劳。所有应该数量实现的本身就不会总是只有一个结果，因为在某些情况下，计划也许能够取得更多的结果。

以上六种偏差分析方法以时间观念为限，总体上可以分为两大类，即以过去为中心的分析方法和以将来为中心的分析方法（王元，1999）。在控制论原理看来，前三种方法是以反馈原理为基础的，后三种方法则是以前馈原理为基础的，这两个原理应当在项目决策的制订、贯彻和保证整个过程中，有机地结合在一个系统中。

二、工程项目控制的系统

1. 控制系统的构成

1）控制系统的概念

项目控制系统就是以控制为中心的管理系统，一般由人、财、物、设备、管理技术与方法五个要素组成（吴守荣和王连国，1994）。项目控制活动直观地说，就是施控者对受控对象的一种能动作用。这种作用能够使得受控对象根据施控者的预定目标而行动，并最终达到这一目的。项目控制作为一种作用，至少要有作用者，即施控主体，要有被作用对象，即受控客体，还应有作用的传递者这样三个要素（张文焕等，1990）。由这三个部分组成一个整体，相对于环境而言，才能具有控制的功能和行为。我们把施控者、受控者和控制作用的传递者三个部分所组成的，相对于某种环境而言具有控制功能与行为的系统称为控制系统。如图3-10所示。

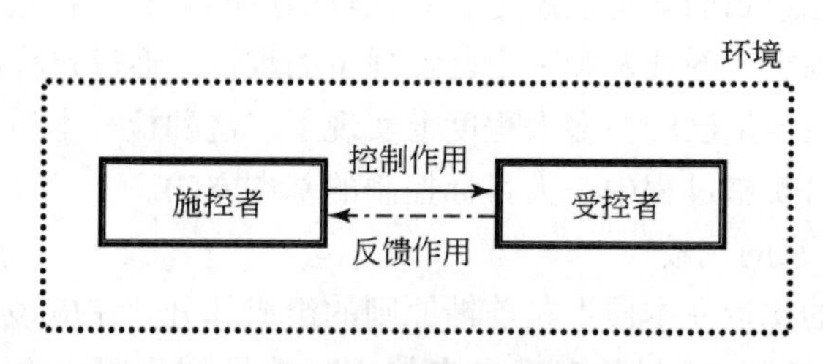

图3-10　控制系统内部的相互作用

从图3-10中可以看出，在控制系统内，不仅施控者作用于受控者，受控者也同时反作用于施控者。前一种作用是控制作用，后一种作用存在时则是反馈作用。作为一个特定的控制系统，总是处于一定的环境之中，控制系统与环境之间也是相互作用的。控制论着眼于从控制系统与特定环境的关系来考虑系统的控制功能。也就是说，控制系统的控制功能是在系统与环境之间的相互作用中实现的。控制系统必然是一个动态系统，控制过程必然是一个动态过程。当控制所要达到的目的是某种稳态时，这种稳态不过是一种动态平衡。所以，控制系统具有动态特性，每个具体的控制过程都是一个过渡过程。

完善的项目控制系统是由施控系统和受控系统两个子系统构成的，其反馈控制过程是：施控系统将输入信息变化成控制信息，控制信息作用于受控系统后产生的结果再被反送到原输入端，并对信息的再输出产生影响，起到控制作用，达到预定目的。项目控制系统的控制过程反馈，就形成闭合回路。没有反馈信息的非闭合回路，不可能实现控制。控制部分正是根据反馈信息才能比较、纠正和调整它发出的控制信息，从而实现控制的，如图 3-11 所示（张文焕等，1990）。

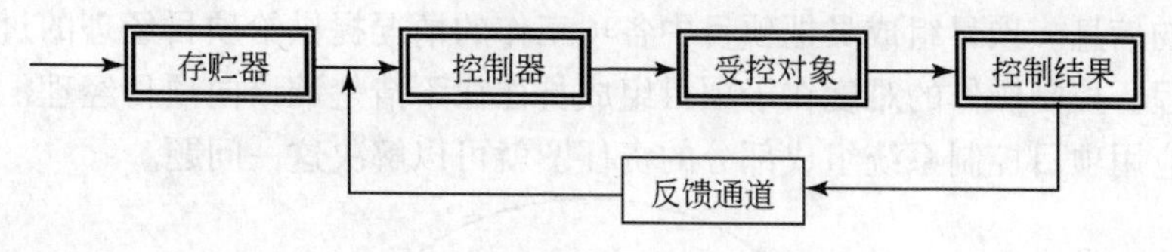

图 3-11 反馈控制系统示意图

2）控制过程

典型的项目控制过程，包括测量所要控制参数的量，与期望值对比，当存在差异时采取适当纠偏行动。项目控制在某种程度上类似于图 3-12 所示的过程（迈克·非尔德和劳里·凯勒，2000）。

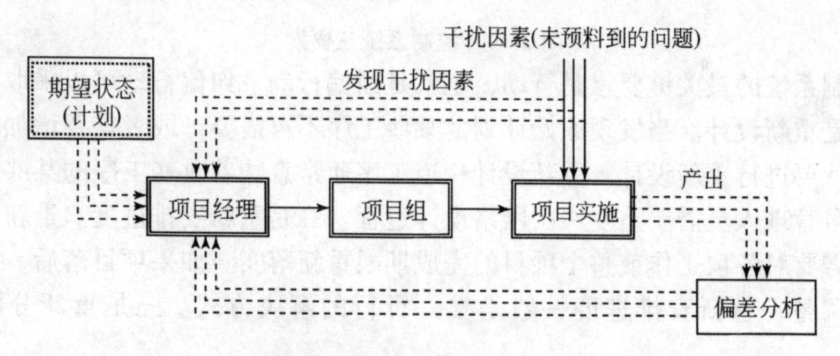

图 3-12 项目控制过程示意图

3）控制系统的元素

项目控制系统应该有四个元素：建立控制标准；实际绩效观察；实际绩效和标准对比；采取纠偏措施，如图 3-13 所示（张金锁，2000）。在项目实施过程中，应根据控制论的思想建立起项目控制系统，如信息反馈系统、监控系统、组

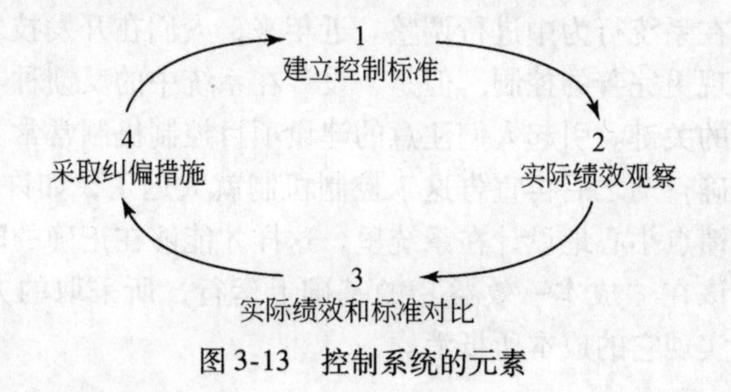

图 3-13 控制系统的元素

织实施系统等，在变化的环境条件下，保持一种平衡状态或稳定状态，整个控制过程应由相应的组织系统实现，这个组织系统应具有权威性，以确保控制过程的实现。

关于控制系统的元素，另一个观点是三要素说。项目控制系统的三个要素是行动、信息和反馈。这些要素具有循环关系，如图3-14所示（格雷厄姆，1988）。从行动开始就会产生信息，当采取某种行动时，该行动的结果产生关于其效用的信息。项目组成员把项目中各项工作的情况提供给项目经理的过程就是反馈过程。控制操作的难度在于项目组成员往往不清楚谁该向项目经理汇报哪些问题，应用项目控制系统组成部分的责任图就可以解决这一问题。

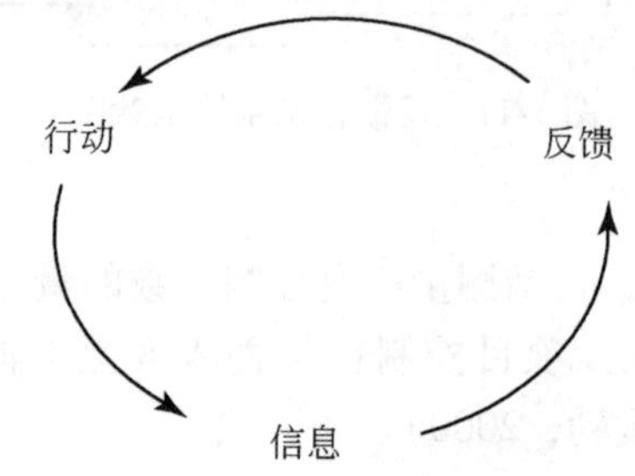

图3-14　控制系统三要素

控制系统的最关键要素是行动，也就是纠偏行动。纠偏行动可以采取三种情况：一是重新设计。当发现原始计划的某些工序不再需要，或者需要增加新的工序时，就要进行重新设计。重新设计一道工序通常意味着改变工序的某些原始目标，项目管理人员需要重复一次网络设计过程。二是重新安排进度。重新安排进度通常需要对各项工作或整个项目的完成期限重新落实。如果项目落后，而任务又不能调整，重新安排进度一般是唯一可行的解决方式。三是重新分配工作任务。

2. 反馈

反馈的概念和原理对理解系统如何维持和如何继续存在及实现其目的非常重要。反馈是系统控制功能的基础。没有反馈或反馈功能不能很好地完成，一切控制都将无法完成。同时正是通过反馈和后续行动，把获得的结果与期望结果比较，这样就能够在系统行为中进行调整。近年来，人们在开发技术中花费的大部分精力是为了实现更完善的控制。但是，设计在系统中的反馈种类与数量是系统稳定性和经济性的关键。引起人们注意的建设项目控制机制常常不是更多的控制策略，在采取正确行动之后再宣告这个控制机制就太迟了，如许多“造价控制”程序。应该将反馈点小心地设计在系统里，这样才能够在正确的时间内采取合适的行动。反馈应该在“成本—效益”的基础上运行，所采取的方式是要使获得的控制价值不被实现它的成本所抵消。

反馈环的运作需要在系统运行的特定设计点上取样，与系统目标对照。对于建设项目来说，需要根据实际项目及其环境的性质选择样本点。就稳定环境中的简单项目而言，预期只需要较少量的样本点，而且对于不确定环境中的复杂项目来说，需要频繁取样。这意味着应该合适地、精确地和清楚地定义系统目标，以便使控制机制执行其功能。问题在于建筑业通用的许多业主大纲是否足够清楚地允许这种实施完成。有效地控制系统重要的是在反馈信息的基础上采取行动的能力。现在项目的上层管理者要么是开会听取汇报，下级反映情况，要么下级报上来一大堆统计报表，核心“反馈要素”的缺失是一个严重的错误（安东尼·沃克，2007）。

同时，建设过程的常规组织结构常常并不拥有这种能力，因为参与者与过程之间关系的安排是这样一种方式，即就相对目标的项目现状提出报告的人员并不在一种足够权威的位置，以保证项目返回到所计划的过程。系统方法在组织设计中的应用，应该自动建立各种关系，使具有合适的反馈机制的控制功能能够克服损失，有效运作。

最简单的是负反馈，它使得控制功能可以校正系统与其过程的偏差，即它促使系统及其过程向初始目标回归。建设项目使用的绝大多数控制功能是这样运行的，它们试图纠正费用、时间或项目设计的偏差，并使其返回到“业主大纲”所计划的目标。

另外，由于系统目标的重新定义，正反馈进一步放大了系统及其过程的偏差。虽然这可能是建设项目的非正常反应，但也不应该忽视它。控制功能应该在系统内部或在系统及其环境之间运作。

工程项目建设过程的性质具有一系列“瓶颈点”的特征。如果想有进展，就必须通过它们。在每一个瓶颈点，必须做出决定。可以把决策点看做一种体制，包括高层业主采用的决策、下一层项目经理采取的决策和最底层操作人员采取的决定。用项目的决策结构可以提供其控制的范围。在每一个决策点可能发生反馈，可用来检测建议的决策是否有助于实现总系统的目标。在许多项目上，所作的决策并不明确，所以不能以这种方式使用。通过参与决策点和要采取的决策性质，可以建立一个控制范围，并可以利用系统原则设计每一个参与者要做出的贡献（安东尼·沃克，2007）。

3. 控制系统的分类

控制系统根据有无反馈回路，可分为开环控制系统和闭环控制系统两大类。如图 3-15 所示是开环控制系统，这种控制系统的输入直接控制着它的输出。它虽然结构简单、成本低，但对环境的适应能力差，只有当外界干扰较小或干扰恒定时，这种控制系统才能正常发挥作用。

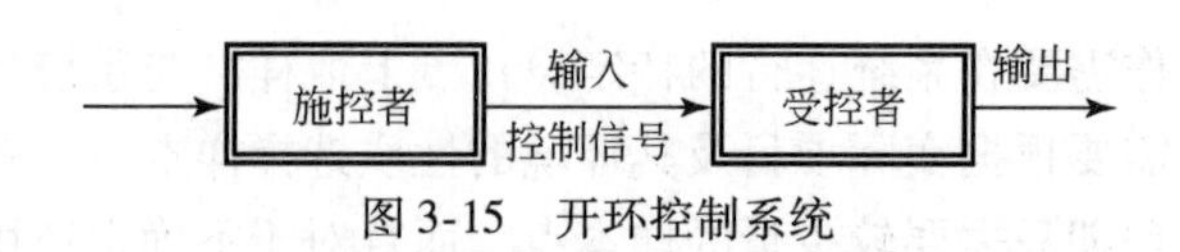

图 3-15　开环控制系统

如图 3-16 所示是闭环控制系统，这种控制系统由于带有反馈回路，所以它的输出是由输入和输出的回输共同控制的。当施控者把控制目标转换成控制信号作用于受控者之后，受控者又把自身的状态（输出）回输到原系统中去，通过输出值和目标值相比较所得到的偏差，来自动调节系统的未来行为，直至实现控制目标。因此，闭环控制系统对环境有较大的适应性。

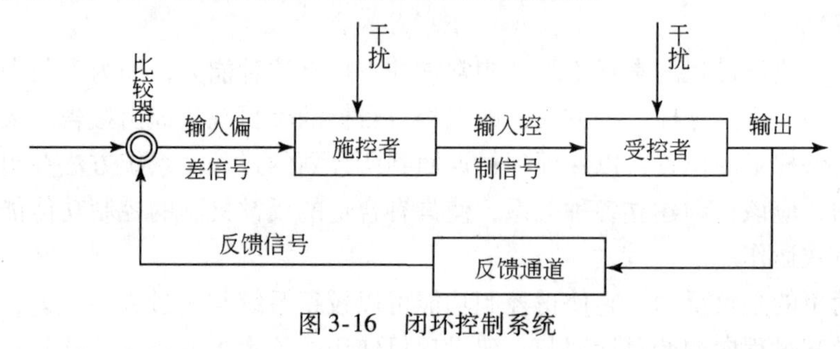

图 3-16　闭环控制系统

4. 控制系统特性

工程项目控制系统有能控性、能观测性和稳定性等三个主要特性（黄金枝，1995）。系统的能控性是指系统的外部输入对系统的状态以及整个系统作用的程度。系统的能观测性是指通过系统输出的观测数据了解系统状态的程度。系统的稳定性是指一个处于平衡状态的系统在受到外界干扰的作用，偏离这个平衡状态以后的运动情况。项目控制系统的稳定性表现为非稳定平衡，系统在环境干扰下偏离平衡位置后，通过纠正返回平衡位置。项目控制系统的稳定性，可表征控制的质量，是描述控制系统特征的最重要特性之一。

5. 项目控制模式

项目控制是个不确定、时变、多级的动态控制系统，要使中间结果达到或逼近预定目标，按照一般的管理方法是难以奏效的，必须研究科学的控制模式才能实现有效的控制。工程项目的控制模式可分为动态控制模式、被动控制模式、主动控制模式、主动控制与被动控制相结合模式、全过程控制与全方位控制模式、四步控制模式和递阶控制模式等（黄金枝，1995；肖维品，2001）。

1）动态控制模式

工程建设项目建设周期长，环境影响因素复杂，因此，对工程建设项目的控制过程是一个动态控制过程。工程控制人员对输入与输出、变换过程及评价标准进行分析、比较，从而确定建设目标与实现目标的偏差，通过制定纠偏措施来保证建设目标的最终实现。这种控制过程是随着建设过程的进度而开展的，工程控制可以采用动态控制的基本模式，如图 3-17 所示（黄金枝，1995）。

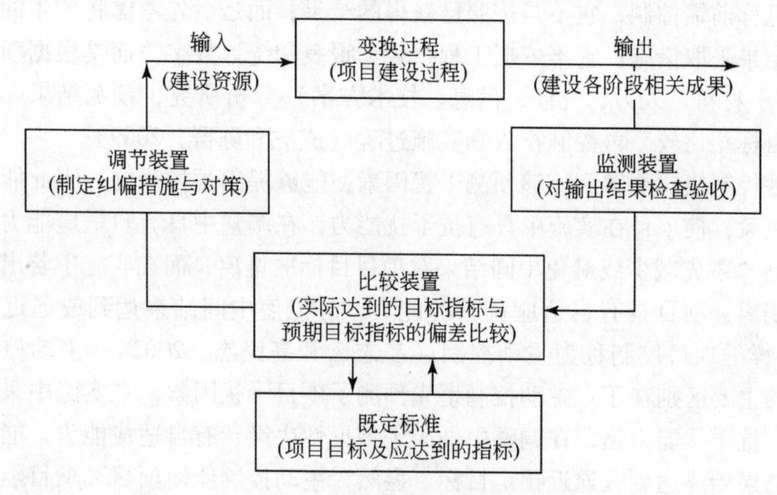

图 3-17 工程项目动态控制基本模式

2）被动控制模式

没有预测干扰因素，没有提出预控措施，因此未能做出预见性决策，使项目在实施中缺乏抗干扰能力，在调整中缺乏自适应能力，其控制行为是“出现偏差—纠偏—再出现偏差—再纠偏……”，这样的项目控制称为被动控制（黄金枝，1995）。由于存在干扰因素，实施结果可能偏离预定目标，因此需要通过监控收集实施结果信息，进行比较，确定实施结果与预定目标的偏离程度，做出调整决策。要根据实施的偏离程度，决定调整决策的方案。由于被动控制中无预控措施，抗干扰能力差，无预见性决策，自适应调整能力差，因此调整幅度大。一般有三种方案：一是在原计划范围内对项目实施进行调整；二是在原项目目标内对项目计划进行调整；三是对项目目标进行调整。显然，被动控制效果差，常使项目和项目经理处于被动状态。

当系统在实现目标过程中受到环境干扰或自身发生变化而产生偏差时，被动控制通过改变系统内部或释放自身潜能来调整偏差，它不需控制代价，只能够被动控制偏差值，控制效果是有限的，是满意解而不是最优解，因此抗干扰能力差，控制精度低。

3）主动控制模式

传统的管理和控制工作主要集中在制定目标以及实施过程中的纠偏上。但是这种管理毕竟比较被动并带有某种经验管理的色彩，现代管理更强调主动管理、积极控制，即事先采取主动措施，更多地抓住事件的源头（张明等，2001）。从 20 世纪 70 年代开始，系统论和控制论的研究成果被应用于项目管理，使项目过程控制立足于事先主动采取决策措施，尽可能地减少甚至避免实际值和计划值发生偏差，这种项目过程控制称为主动控制（王长峰等，2007）。主动控制模式在工程上也称前馈控制，它不是按照已获得的结果，而是事先考虑将产生的或可能产生的结果采取措施；它不依据工程报告、报表和统计数字，而是根据项目投入（如工艺、材料、人力、气候、信息、技术方案）分析研究，预测结果，将这种结果与目标相比较，再控制投入和实施过程（成虎和陈群，2009）。

这种控制模式要做到能够预测干扰因素，能够提出预控措施，因此能够做出预见性决策，使项目在实施中具有抗干扰能力，在调整中具有自适应能力，其控制行为是“事先减少或避免中间结果对项目目标的偏离；而在实施中若出现不可避免的偏离，项目具有自适应调整的能力，且能使中间结果达到或逼近预定目标”，这样的项目控制称为主动控制（易志云和高民杰，2002）。主动控制与被动控制的主要区别在于：主动控制事先预测了项目干扰因素，在实施中采取了预控措施，抗干扰能力强，在调整中做出了预见性决策，有自适应能力，能自动地使中间结果始终达到或逼近预定目标。显然，主动控制能使项目和项目经理处于主动状态。

主动控制主要体现在：预测和估计潜在的危险，在问题发生之前采取有效的防范措施；评价项目的现状和进展，分析其影响，提出建设性意见；对项目状态持续不断地追踪、监测，有效而经济地预防意外事故（易志云和高民杰，2002）。

4）主动控制与被动控制相结合模式

工程项目建设目标控制也可采取以主动控制为主、被动控制为辅，两者相结合的控制模式。对于工程建设项目而言，在每个阶段都有可能产生偏差，因此在对工程项目建设目标进行控制时，一旦发生目标偏离，要积极地采取措施纠偏，同时要对干扰因素进行影响分析和预测，制定相应的预防措施。

5）全过程控制与全方位控制模式

工程项目全过程中各阶段主体不同，阶段控制的目标也不相同。全过程控制是通过对各阶段的目标控制来实现对建设总目标的控制；进行全方位的控制是因为工程项目建设活动涉及参与建设的各方主体，而且所投入的资源数量巨大，并需要从事各类复杂的技术经济活动，因此，建设主体行为都会使建设目标产生偏离。建设目标的控制有全过程控制的特点，又由于各阶段控制对象不同，有了全方位控制的特点。因此，工程控制是全过程控制与全方位控制相结合的一种模式。

一般来说，项目阶段过程控制要实施里程碑控制，项目工序过程控制要实施小型里程碑控制（许成绩，2003；王长峰等，2007）。

6）四步模式

项目计划是进行项目管理的战略蓝图，它预设了期望目标，项目控制的工作就是让这些期望目标一一得以实现。项目控制的四步模式如图 3-18 所示（钱明辉和凤陶，2001）。

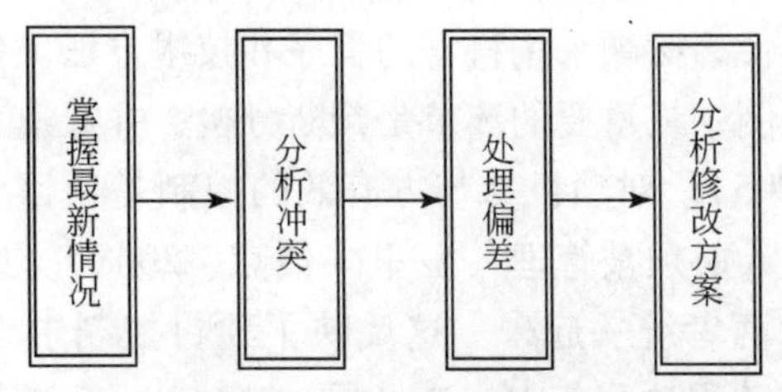

图 3-18　项目控制的四步模式

7）递阶控制模式

对于大型复杂系统，可以采取递阶控制模式，即将大型复杂系统按层次逐层分解成相对独立、相对简单的子系统的控制方法，如图 3-19 所示。在子系统内部，系统结构相对简单，在上层组织，忽略子系统的内部细节，也可使上层系统简化。对于大型、复杂的项目，项目的工作分解结构为项目的递阶控制提供了方法根据（卢向南，2009）。

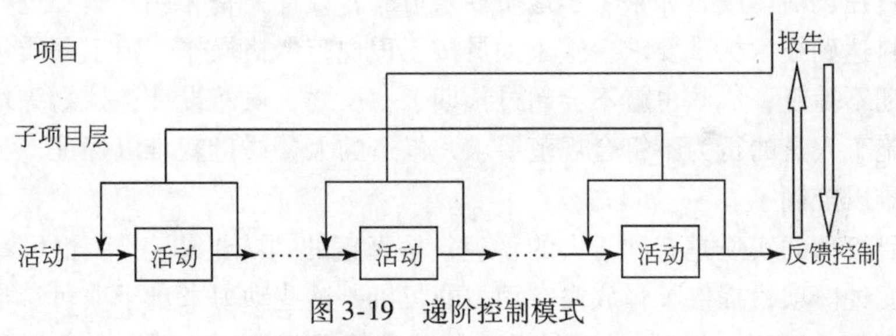

图 3-19　递阶控制模式

三、工程项目控制的理论

1. 工程项目控制的理论分析

前面我们分析了工程项目控制的特点、基本控制方法和控制系统，认为工程项目在其实施过程中从技术的层面是可控的，可以保质、保量并按时完成项目的任务。但设计、操作、评价并完善控制系统均是由人，即项目管理者完成的，故而应从更宽阔的视角来分析项目控制，以期在理论等多个方面来强化控制工作。

项目参与者属于生物系统，其各种活动和功能实现是有目的性的，而项目的技术系统属于物理系统的结构，其运动和功能实现没有目的性，而服从因果决定性（金铭，1988）。项目控制的基本任务，是要实现生物系统与技术系统之间的统一。在项目实施过程中，控制系统中无论是人还是机器设备，都是由项目组织的控制操纵机构、受控对象、偏差识别过程和反馈通道这四个基本要素构成的。技术系统的动作用输入和输出来体现，生物系统的动作则用刺激和反应来表示，二者都可以用一个更一般的概念来描述，这就是“行为”（张文焕等，1990）。为了保证控制的有效性，必须采用科学的程序和技术方法。但是，控制管理中人是决定因素，因为控制中最重要的环节是判断分析，并快速对存在的问题做出反应（任宏和张巍，2005）。对项目参与方有效的控制是项目成功的关键，项目是由人来执行的，因此人必须被管理（罗里·伯克，2008）。这样，就必须把项目控制中的人员和技术两者统一起来。这反映了项目控制中人员与技术的作用机理，也使我们认识到工程项目控制，首先要“控制”参与者，即规范参与者的行为，其次才是技术控制，即工程项目实施中各项工作、各种活动的标准性、规范性。工程项目控制决定性的因素是参与者，这就是工程项目控制的核心机理，也是项目控制的思想和哲学基础。

笔者之所以在2005年的博士论文中提出工程项目控制首先要控制参与者，是基于工程项目是由参与者通过双手干出来的，项目成果是由参与者行为形成的。而如何来具体控制参与者行为，其本质就是要规范参与者行为。这是因为在工程项目建设活动中，如果工程地质勘察可靠，设计完备无误，施工过程中所采用的材料达到技术标准要求，施工人员按工程规范严格操作，则工程质量就有保证，工期不拖延，成本也就不会超过预期了。反之，虽然设计、计划等均规划好了，但施工人员的行为不符合规范要求，修造的大楼质量就难以保证，工期和造价也就难以控制了。

项目管理的实质是有利于人的管理，是真正的“人的事务”，也可看成人事管理的变种。项目提供了释放内在动力的契机，这些动力来自于项目参与人员自身（狄海德，2006）。控制是项目经理最困难的任务之一，不可避免地要遇到机制和人为因素方面的问题。有时在人为因素方面，采取一些行为或者不采取任何行为，会造成一连串的事件，结果导致实际与计划之间的偏差。有时事件的发生会对人们产生负面影响，从而导致大家所不期望的偏差。在一个正常的项目过程中会产生生气、沮丧、愤怒、无助、冷漠、绝望以及其他许多情感问题，会影响到产生情感问题的项目团队成员的工作。项目经理就是在这种情况下实施控制的（小塞缪尔·J. 曼特尔，2007）。难以控制有多个原因，首要的是因为它牵扯到人类的行为。项目经理要解决人为因素方面的问题必然要涉及项目团队。然而，要批评团队成员是很难的，但是，这恰恰是控制要做的事情。控制就是在某个人正在做的活动中进行调节并且“纠正”（小塞缪尔·J. 曼特尔，2007）。

2. 工程项目控制的应用理论

经过归纳与分析，项目控制实施中主要运用下述基本理论（张金锁，2000；钱明辉和凤陶，2001；王长峰等，2007）：

（1）项目控制是主体为实现特定的项目目标而采取的一种行为。要实现控制，必须首先满足两个条件，一是要有合格的控制主体；二是要有明确的控制目标。

（2）项目控制是按事先拟订的标准和计划进行的。控制活动就是要检查实际发生的情况与标准的偏差并加以纠正。

（3）项目控制的方法是检查、分析、监督、引导和纠正。

（4）项目控制是针对被控制系统而言的，既要对被控制的项目实施系统进行全过程控制，又要对其所有要素进行全面控制。全过程控制有事前控制、事中控制和事后控制；要素控制包括人力、物力、财力、时间、信息、技术、组织等。

（5）项目控制是与项目实施过程相关联的，是动态的。

（6）项目实施中应提倡主动控制，即在偏离发生之前预先分析偏离的可能性，采取预防措施，防止发生偏离。

（7）项目控制是一个大系统，与各子系统相关。

3. 工程项目控制的理念

1）项目控制的观念

项目控制措施的实现程度首先取决于经济要素，超规模的项目控制，成本高昂，而不足的项目控制又难以保证项目的成果。项目的复杂性相应地要求控制的复杂性，两者之间不应出现重大的偏差（狄海德，2006）。项目控制就是为了防止项目实施过程中各种风险的产生。这里的风险是指在项目实施过程中任何可能发生的对项目的质量、成本、时间等产生消极影响的事件（詹姆斯·刘易斯，2002）。有三个因素决定着风险的重要程度：一是风险发生的概率；二是风险如果发生对项目的影响程度；三是是否可以在风险发生之前监测到它。

在可能达到的控制程度与发生不测的失控局面及由此造成的不利风险事件的影响之间，存在一个平衡。项目控制的观念体现在：一是高控制－低风险。增加控制力度，就可以降低风险。二是低控制－高风险。不采取任何控制措施，只是简单地认为项目会按进度顺利进行，这样，潜在的风险就有可能发生。三是控制系统的平衡。项目管理者很容易陶醉于控制和报告。施加越多的控制，项目风险就会越低，项目陷入麻烦的可能性也就越小。然而，如图3-20所示，这里有个转换点（罗伯特·K. 威索基和拉德·麦加里，2006）。不单单是成本，还需要考虑很多别的因素。为了实施项目控制，项目团队成员需要花时间准备和维护进展报告，这将占用一定的项目工作时间，花费一定的代价。项目经理需要在控制系统的规模和可能发生的风险之间取得平衡，对应可能发生损失的费用策略要进行权衡。理论上，对于已经选定的某种控制水平，应该有一个使总成本最小的平衡点。

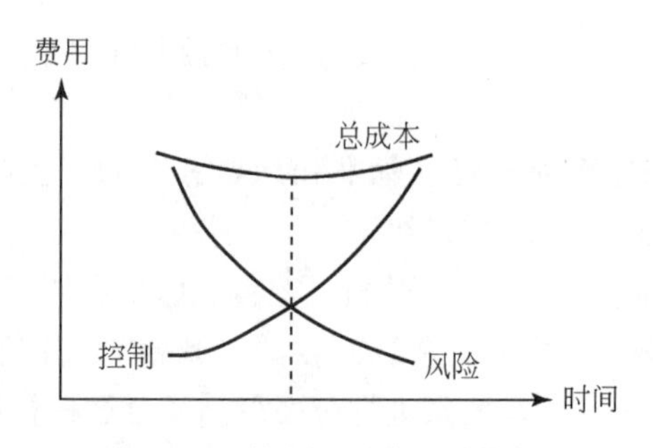

图 3-20　控制和风险的总成本

2）项目控制的理念

（1）控制系统。在设计一个控制系统时，要牢记一些非常有益的指导方针。控制系统的首要目的就是要纠正错误，而不是识别出错误去惩罚谁。项目经理必须要认识过去的事或已经发生的事是不能改变的。控制的成本会增长得越来越快，而控制的程度以及它的价值，增长得越来越慢。控制系统包括继续或停止控制和后控制。继续或停止控制以测试的形式来确定是否已经满足了某些前提条件，然后再发出继续进行的指令，这种类型的控制几乎可以用于项目的各个方面；后控制，也称为后执行情况评审，是在项目完成之后进行的，目的不是为了控制已经完成的项目，而是为了让以后的项目从过去的项目经验中学习和受益（小塞缪尔 · J. 曼特尔等，2007）。

（2）控制系统设计应能缓解外部干预。项目实施过程侧重内部的控制，重点是三大目标控制；侧重外部的控制重点在外部的干预。三大目标控制在任何项目组织中自然都是重要的，但是，不断地、公开地注重成本可能限制创造潜力的发挥。如果项目实施过程的确需要创新，控制系统就应该设法鼓励这种能力，对于承担风险的人应该给予奖励而不是惩罚。在设计促进创造力发挥的控制系统时，需要具有创新思想。

（3）控制机制。它主要包括三种机制：过程评审、人员分配和资源分配。从本质上讲，过程评审是针对完成项目目标过程的评审，而不是针对结果。因为结果在很大程度上是依赖于完成这些结果的过程，结果不能控制，过程却是可以进行控制的（小塞缪尔 · J. 曼特尔等，2007）。

（4）防止控制系统被绕过。这种想法是控制系统应该反映实施过程。大多数控制系统的问题是，它们似乎只适用于平稳的成本消耗流程（格雷厄姆，1988）。这种成本开支明显地容易控制。常有这种情况，控制系统给定各种期望，从而预期一种平稳的开支和成果。这种状况不适用于创造性的集体，人们不应该让控制系统提出各种期望。设计一种反映创新过程的控制系统是不切实际的，人们总能对付任何控制系统。因此，应该研究人们对付控制系统的方式，以便制定某种可供选择的设计原则。具有自身能动性的项目参与者总能找到适当方法绕过任何令他们感到压抑的控制系统。因此，控制系统的设计应该充分考虑到人员的特点，注重参与者与控制系统的相互作用。

（5）项目控制是学习型组织的重要因素。从项目控制中得到的知识有助于进一步完善项目过程管理，通过项目控制来提供故障目录及学习型组织中项目的优点和缺点，采取检验清单或其他合适的方法来实现（狄海德，2006）。

3）项目控制的深度与广度

项目控制的深度和广度可用机动裕量、监控费用等来体现（格雷厄姆，1988）。一项工程可用的机动裕量或时差越小，用来控制它的监督就必须越严。项目经理不希望出现由于剩下的时间和资源不足而无法实行必要的调整。机动裕量非常小时，工程计划与监控方案必须对较小的工作增量提供信息，这样才能保证把偏差局限在足够小的范围内，不至于发展到超过裕量时，才加以调整的地步。反之，机动裕量十分充裕的时候，计划与监控方案可以把提供信息的时间间隔放长些，允许的工作增量也可放宽些，控制的压力也随之减小。

（1）允许或要求的监控水平是一个随机动裕量而变化的函数（格雷厄姆，1988）。监控与机动裕量之间存在着一种最佳配合。假使所给机动裕量是无限的，就可以完全取消控制。这种方法在监控方面非常便宜，但在机动裕量方面则是极其昂贵的。

（2）极限情形是监控的深度和广度都增加，与计划不相符合的偏差刚一出现，就要被发现并立即得到修正。采用这种方法，差不多不需要机动裕量。然而，虽然在机动裕量方面十分便宜，但是从监控方面来看，费用却很高。再者，这种高昂的费用要素，可能大大超出预算。

（3）监控与裕量两相折中，可能避免上述两种极端情形的高昂费用，而达到比较令人满意的效果。这种效果由图 3-21 来说明（阿诺德·M. 罗金斯和 W. 尤金·埃斯特斯，1987）。图 3-21 中曲线显示了符合工程目标、预算和进度条件下，在给定置信水平下的监控费用、机动费用和总费用。从图 3-21 中还可以看出总费用的最小值。在这一点，其数值比监控或裕量的单项费用为零时的费用都要小。

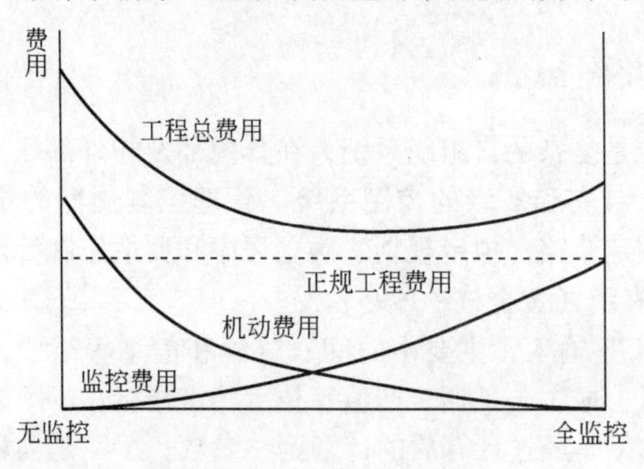

图 3-21　工程费用与监控水平及机动程度的函数关系

第三节 工程项目管理控制

一、工程项目管理控制概述

1. 管理控制的含义

项目管理是以目标为导向的管理过程，工程项目独特的目的需转化为明确的目标，目标确定之后，需分解成各个层次的任务，任务确定后，需制订详细的项目计划，这些过程中，传统科学管理的原理、方法和措施发挥着重要的作用，概括地说有计划、组织、指挥、控制和协调等。没有目标、计划、组织、指挥及协调，也就不能控制，同时，其他管理职能的履行和发挥也离不开控制。控制论的原理和方法，在各种管理中得到了广泛的运用，工程项目管理自然也不例外。

管理控制是项目控制的重要表现形式，根据控制系统输入的不同，有两种最基本的管理控制，即目标控制和计划控制。同时，其他管理职能也直接或间接地影响着控制工作。这种控制既表现在项目的内部，也表现在项目的外部，它可采取多种形式，产生多种结果。正确的管理控制对于大多数项目人员有效地完成工作是很重要的（哈罗德·克兹诺和汉斯·塞姆海恩，1988）。

项目管理过程中，控制是管理者为保证实施过程能与目标和计划相一致而采取的管理活动。一般是通过监督和检查组织活动的进展情况，实际成效是否与原定的计划、目标和标准相符合，及时发现偏差，找出原因，采取措施，加以纠正，以保证目标和计划实现的过程。项目控制在每件事、每个人、每个行动上都起作用（张文焕等，1990）。管理控制是工程项目控制不可或缺的一个主要方面。管理控制的基本步骤与前述各种控制一致，即包括制定控制标准、衡量执行情况和采取纠正措施三个方面。

2. 项目管理控制系统

管理控制系统是复杂的自组织系统，在其内部及与外部联系上，存在着随机性，也是个动态、时变和多级的控制系统。管理控制周期的主要环节为科学预测、确定目标、制定策略、拟定规划、确立程序和反馈控制等。管理控制系统的模型可由图3-22表示（黄金枝，1995）。

图3-22中，X是输入，主要由时间、资源和信息等组成；Y是输出，主要是工程施工的质量、成本、工期、产值等技术经济指标；ΔX_1 是施工信息及各终端的原始信息；ΔX_2 是经过计算后的计划调整参数；ΔX_3 是项目管理部门的自适应能力；ΔX_4 是项目高管层根据 ΔX_2 提出的时间、资源和信息的重分布。由

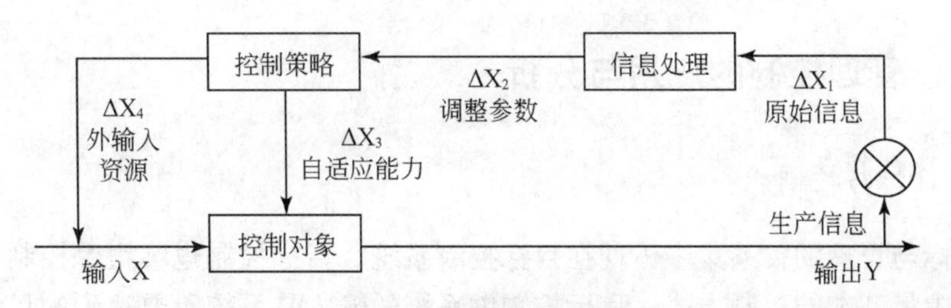

图 3-22 管理控制系统模型

图 3-22可以看出：第一个环节是控制对象根据输出信息的反馈来及时调整和控制项目计划。第二个环节是项目施工信息。项目能否正常施工，与施工信息有密切关系。第三个环节是信息处理系统。第四个环节是控制策略，是控制系统中的执行机构。合理的控制策略有可能形成一个自适应的负反馈闭路系统，从而使项目持续、稳定、快速地施工。

3. 管理控制的方法与原则

项目的管理控制方法有现场观察法、专题报告分析法、统计资料分析法、程序控制法、计划评审法、信息控制法等（菲力普·克劳士比，2002；阮来民，2002）。管理控制过程还应注意以下原则：

（1）标准原则。管理控制是通过人来实现的，各种工程项目控制系统都是“人工控制”，同时借用信息管理等辅助手段，而非工业生产中的自动化控制，即“机器控制”。因而管理中由人的主观因素造成的偏差是不可避免的，有时是难以发现甚至难以纠正的。因此必须凭借客观的、精确的、具有可考核性的标准，以标准衡量目标或计划执行情况，从而补偿人的主观因素的局限。管理层如不提供清楚的工作标准或质量定义，每个参与者就会各行其是。

（2）适时性原则。一个完善的控制系统实施有效的控制，必须在一旦发生偏差时能够迅速发现，及时纠正，甚至在未出现偏差之前，就能预测出偏差的产生，防患于未然。控制可以使管理人员尽早发现乃至预测到偏差的产生，及时纠正，从而将各方面的损失降到最低程度。

（3）关键点原则。实施控制不可能面面俱到，应该通过控制关键点，即将主要精力集中于系统过程中的一些突出因素，掌握系统状态，了解执行情况。关键点的选择体现了抓主要矛盾的思想，能收到牵一发而动全身的效果。

（4）灵活性原则。如果要使控制工作在计划执行中遇到意外情况时仍然保持有效，那么在设计控制系统和实施控制时，就要具有灵活性。如果控制不具有灵活性，在执行过程中就难免陷于被动。管理控制比起技术性很强的控制技术，其灵活性应得到充分发挥。

二、管理控制的应用与分析

1. 目标与控制

目标与管理的关系集中体现在目标控制系统，目标控制也称跟踪控制，是管理活动中最基本的控制方式。目标控制中系统的输入是系统所要达到的目标。它是用受控系统运行时的目标状态，相对于输入目标的偏差，来指导和纠正系统未来的行为（张文焕等，1990）。

1）目标控制内涵

项目管理从根本上说是控制，即将质量、成本和进度控制在预期目标内。项目控制的主要目标与项目目标是一致的，如图3-23所示，质量、成本与工期目标组成的铁三角模型（丁荣贵，2004）。工程项目目标控制就是对工程项目的质量、成本、进度三大目标组成的项目目标系统实施控制。项目管理的基本方式是目标管理，是一种多层次的目标管理方式，其四个要素为明确目标、参与决策、规定期限和反馈绩效（赵丁，2002）。不是有了工作才有目标，而是有了目标才能确定每个人的工作。在整个项目生命周期内，项目目标可能有很大的变化，“没有一个项目100%地按照计划进行”（Randolph and Posner，1994）。项目管理的三大目标必须分解落实到具体的各个项目单元和项目组织单元上，目标分解的越明确、越具体，控制与协调的功效才能越容易实现，才能保证总目标的实现。

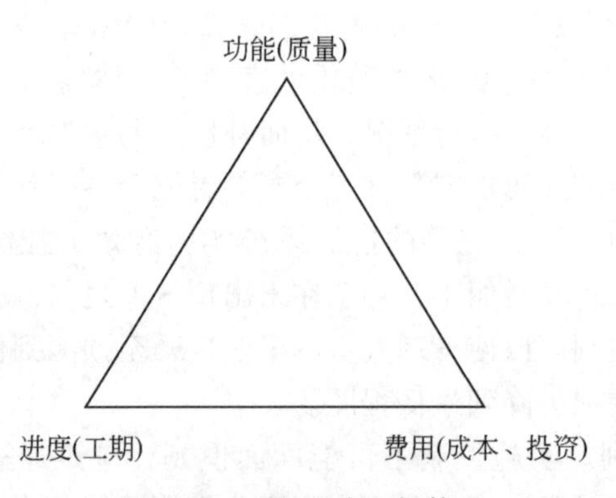

图3-23　项目基本目标体系

2）目标控制特点

目标管理有一套科学的、完整的体系，具有明显的科学性和完整性；目标实施中进行反馈控制，是自我控制过程；目标成果和评价方法规定得具体、明确，有利于执行、评价。目标管理注重人性，强调人人参与和上下共同协商，着重于整体管理和成果管理，实施分层负责和权责合一，要求个人意愿和团体利益结为一体。从以上过程看，目标控制有以下几个特点：

一是受控系统自行调节。目标控制并不是不要计划，不仅目标需要根据上级计划来制订，而且计划作为达到目标的过渡环节，也是必不可少的。只不过这里的计划是受控系统自行决定的，根据自我的调节能力自己决定达到目标的行动方案，并根据执行中的情况自行加以调整。

二是施控系统只管“两头”。目标管理的施控系统主要抓目标输入和目标考评，而对受控系统的运行过程，除了提供必要的人、财、物等保障条件和咨询指导外，一般不作过多的干预。控制的效果，主要取决于目标是否正确，以及系统的自我控制能力。因此，施控系统要尽量减少指令信息，把工作的重点放在宏观控制方面。

三是应变能力强。在目标控制中，受控系统的行动方案并不完全依赖于对未来预测的准确程度，而是根据系统当前的状态自行调节未来的行为。也就是说，受控系统在运行过程中，不必通过施控系统的反馈调节来影响自己的行为，只有当通过自己的努力无法实现目标时，才将执行信息反馈到施控系统，以获得必要的支援。这比起计划控制只能通过上级施控系统改变程序与调整行为来说，目标控制对干扰反映的灵活性要强得多。在这方面，目标控制体现了系统的适应能力和控制水平。在现代管理中，目标管理就是以目标控制为基本形式的管理方法（张文焕等，1990）。

3）目标控制过程

目标管理的过程是：确定目标反映的各项指标，形成目标管理体系；制订实现目标的具体实施方案，实现自我控制过程；比较实施状态与目标方向，如有偏差立即调整，使实施状态总是与目标方向保持一致。目标控制的基本过程如图3-24所示（张文焕等，1990）。施控系统向受控系统发出指令，经过上下级协商，将上级指令转化为下级的目标，以目标输入受控系统。受控系统根据输入的

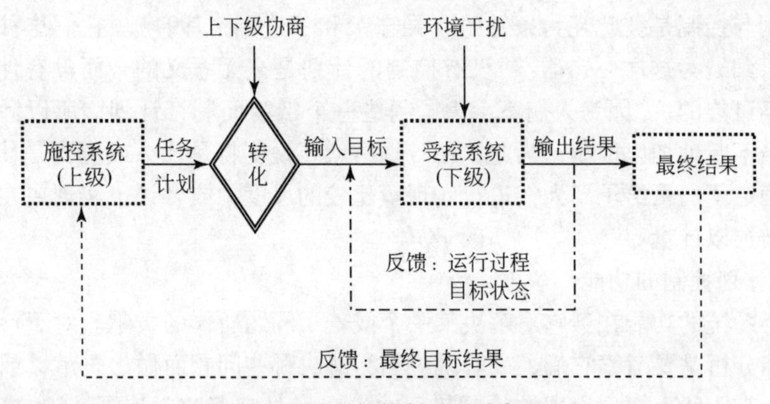

图3-24 目标控制过程示意图

目标，自行决定达到目标的行动方案。由于环境干扰的作用，运行过程中的目标状态会偏离计划状态，因而需要反馈调节。受控系统通过反馈调节，把运行过程中的目标状态与输入的目标状态进行比较，发现偏差后，自行调整行动方案，使其恢复到正常的目标状态上来。按输入的目标计划期，受控系统运行完毕以后，将最终的目标结果反馈到施控系统。

2. 计划与控制

计划与控制又称程序控制，也是管理控制的基本方式之一（张文焕等，1990）。计划与控制的关系体现在计划控制中。项目计划是一种未来行动的设想，项目控制则是为了这一设想的实施。在计划控制中，系统输入是预先编制好的，常用于干扰作用较稳定的系统。受控系统按计划指令运行，以保证系统状态不偏离计划轨线。

1）计划控制的特点

在项目实施过程中，计划是中间决策的依据。人们把对个别计划实现的控制理解为在一个时间的进程之中。除了在时间进程中个别计划的实现可能会有差异外，人们也能够预测计划的实际情况，运用应该与将来的比较方法。这样的控制在计划预见不到的、连续的结果变化时是十分重要的。应该与将来的比较当然也要在对选择方案进行评价的时候运用，因为在进行这种评价的时候，事先预测某一个措施的效果要与所确定的应该数量加以比较。

计划与控制之间存在着一种非常紧密的关系。目标要符合实际的表达、提出，它的实现也要能够加以控制。由计划部门所确定的目标、措施和资源必须是可靠的，以使所计划的内容在实际中能够实现。计划实现的保障应由控制来承担，它的核心内容就是进行比较，即进行作为期望价值所确定的量与实际所实现的量之间的比较。

计划与控制是彼此互为条件的（吴守荣和王连国，1994）。它们这种结合性的特点可归纳为这样一句话："没有控制的计划是毫无意义的，而没有计划的控制则是不可能的。"因为人们不会为了制造一个纸篓而制订计划，所以计划的执行就应当不断地加以控制。为此，在计划中就要说明将是什么或应当是什么。所预测和确定了的量给予了人们进行实现量比较的尺度，或者说，实现要在计划的量度内被加以计量。

2）计划控制的功能

一个系统的功能在于它对解决某一个或若干问题所作的贡献。对于计划与控制的功能分析是要考察它们，或者说应当为解决哪些问题而做出贡献，或者怎样对防止、克服所不期望出现的状况起到的作用（吴守荣和王连国，1994）。计划与控制解决这个问题的作用体现在对变化的预测以及有关目标、措施或资源计划指标的制定中。

3）计划控制的程序

在实际的管理工作中，计划程序的编制可分三步进行：一是在决策目标确定的前提下，进一步拟定反映总目标的各项具体指标。二是预测在实现总目标的过程中可能出现的影响因素，其中包括内部因素和外部因素、有利因素和不利因素。三是根据现有条件和未来可能受到的影响，制定出达到目标的具体措施和步骤。

切实可行的计划，为以后实施中的控制确立了标准，提供了依据。控制正是按着计划提供的标准来纠正偏差的活动，使管理朝着既定的目标方向发展（张文焕等，1990）。

4）计划控制的种类

计划控制分为两种：一种是开环计划控制，另一种是闭环计划控制。开环计划控制也叫硬性控制。在闭环计划控制中，计划建立的前提是：假设外部环境与受控系统的未来行为大部分是确定的，一部分是未知的因素，会使系统偏离计划轨线。因此，采用反馈，把系统当前的状态与计划状态相比较，如果发现偏差，就改变输入使系统自行回到计划轨线上来。

在项目管理中，计划控制是以计划指标为依据，检查监督各项工作的落实情况，发现与计划不符合时，即采取措施进行调整，使工作按计划进行。这种控制方式的有效性，取决于计划的可行性以及前提假设与实际吻合的程度。吻合程度越高，有效性就越高。但是，当形势的变化需要修订目标、改变计划时，常常会出现系统运行的滞后性，表现出对情况变化的不适应。因此，计划控制一般适用于干扰作用较稳定的系统。

3. 组织与控制

项目控制的层次性、多级性从本质上讲体现在项目的组织结构控制中。层级化控制建立起了项目组织的规则，且以非个人化的力量作为项目控制的基础。从非正式权力到正式权力、从权力到权威的转化过程中，引入了更多非个人化的支持，权威和权力通常被视为个人或个人之间的控制系统（W. 理查德·斯格特，2002）。在项目施工过程中，控制工作深入在项目施工生产系统内，而更精细的控制必须深入到组织结构本身，深入到机构设置与功能、章程和政策之中。多级控制的力量就在于其表面上非个人化的特征。层次关系从人与人之间的关系转变为职位占有者之间或者是职位本身之间的关系，当项目组织成功地实施层次控制的时候，对形态各异的参与者施加的管理无论就其方法、程度还是强度而言，都由项目组织章程作了详细规定。组织与控制的关系从广义上讲是控制的“机体”，组织控制应是无处不在的，也是“无形”的，控制的系统、实施与效果评价等都在项目的组织中。

项目组织的益处在于具有持续性、可靠性和可控性。项目组织为了生存并完成项目任务，首要的工作就是控制（Caparelli，1991）。将组织视为控制系统载体就是强调运作、控制和决策中心及其相互间流程的重要性（W. 理查德·斯格特，2002）。项目组织结构的形成就是准确、清晰、系统地阐释控制行为规范和描述在该结构中参与者之间的关系与个人特质。标准化、规范化、形式化能使组织行为变得更为确定。形式化使团体的每个成员能稳定地预期其他成员在特定条件下的行为。形式化还有使结构客观化的功用，即使角色和关系的定义对参与者而言更客观、更外在。因此，对参与者行为的系统控制更为有效。

4. 决策与控制

控制不仅和事物发展变化的可能性空间有关系，而且与选择有关。选择不是一种偶然的随意性活动，而是一种有意识、有目的的主动行为。没有目的就谈不上选择，没有选择也谈不上控制（张文焕等，1990）。在控制论中，目的是广义的。它不仅表现为同人的思维有关的愿望，而且表现为生物机体、机器装置、人类群体通过调节所维持的某种属性和功能。在一般意义上，目的可以理解为人们预期的结果，这种预期结果作为控制目标，又必须是事物可能性空间中的某种状态。如果事物的现状不符合我们的需要和愿望，在给定的条件下，我们选择事物可能性空间中的某一种状态作为理想的状态，通过某种手段和采取一系列措施，把这种理想状态变成现实状态，也就完成了选择，从而实现了控制。控制活动在本质上就是保持事物的稳定状态和促使事物由一种状态向另一种状态转换。从本质上讲，人类就是通过选择来实现对事物的控制，并通过控制达到认识和改造事物的目的。

5. 指挥与控制

与决策相类似，项目指挥也是实施控制的最关键因素，项目控制是由人来完成的，而不是控制系统自动完成的。由人，即项目参与者来完成各项工作，就要有人分派任务，有人指挥。指挥的重心应是以参与者行为控制为主线，兼顾人员与技术两个方面。项目管理中，成功的指挥取决于指挥者、项目参与者和指挥模式三个方面。指挥者如果试图获得成功的指挥模式，就必须深入了解下级人员以下几种主要情况：下级人员要求独立性的强弱程度，如果下级人员对独立性的要求较强，则指挥者必须采取较为民主的指挥行为方式；下级人员参与决策的愿望和兴趣，如果下级人员对参与决策缺乏愿望和兴趣，则过于民主的指挥行为方式不会收到良好的效果；下级人员对机构目标的理解程度，下级人员对机构目标有清楚而确切的理解，他们参与指挥决策才会产生积极作用；下级人员参与决策的素质水平，下级人员有关方面的知识和经验越丰富，他们参与决策就越有可能带来好处（黄金枝，1995）。

而指挥者的素质与水平、被指挥者的成熟程度以及指挥者根据不同情况所采取的指挥方式，是获取项目控制成功的三大有机组成部分，如图 3-25 所示（黄金枝，1995）。

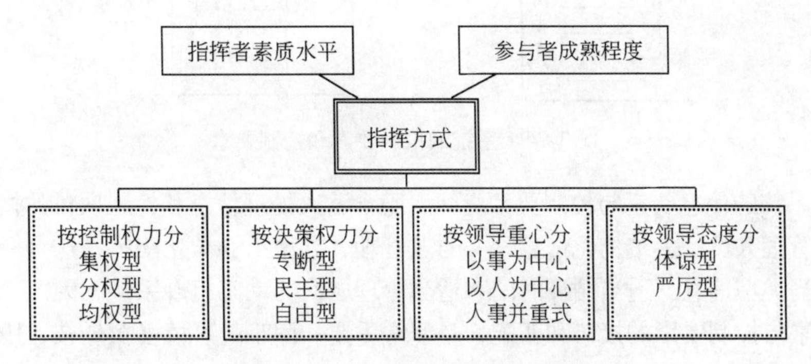

图 3-25　项目控制的指挥方式

6. 信息与控制

信息是控制管理过程的依据和手段，随着信息时代的到来，人们在这方面的理解会越来越强烈和深刻。计划确定之后，就要通过组织实施，使之变成管理系统有序、合乎目的的行动。在实施过程中，组织、指挥、控制和协调等管理职能的履行，一刻也离不开信息。整个项目管理过程在一定意义上说，是一种以信息为中心的工作，管理过程就是信息的获取、处理、传输和使用过程。管理机构实际上是一种“信息调节器”，通过信息这个特殊的工具和手段，履行管理职能，控制整个管理系统做合乎目的的运动，从而实现预期的管理目标（张文焕等，1990）。

系统的控制要素主要涉及利用所提供的信息形成决策，并给出与项目质量、费用、进度在实施中所产生的偏差趋向和应采用纠偏行动有关的指令，除非将信息要素和控制要素组合成彼此兼容和相互依存的，否则起不到综合系统的有效作用。

系统的信息要素与控制要素有机组合，如图 3-26 所示（黄金枝，1995）。系统的信息要素，包括数据输入、项目质量、费用和进度的计划数据，实施的实际数据，以及计划与实际的比较数据；这些数据经过加工处理后，输出及时、准确的结构化信息。系统的控制要素，包括输入信息、目标设置、比较分析、偏差分析、纠偏行动以及控制阈值。这些控制程序符合控制阈值后，输出项目管理的决策和指令。

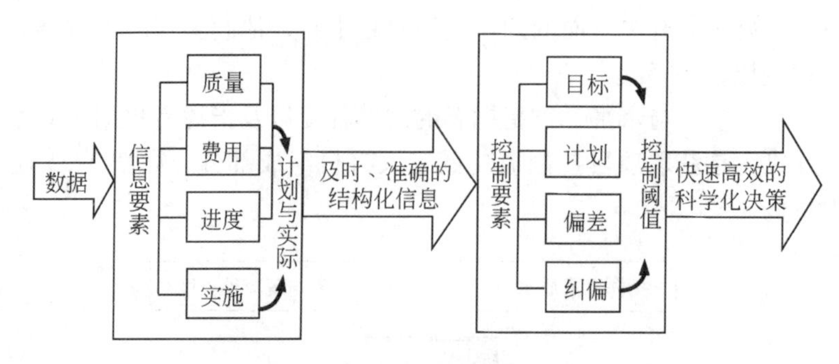

图 3-26　系统的信息要素和控制要素

在系统的信息要素与控制要素之间，隐含着人处理信息和控制项目的概念，系统通过管理人员产生结构化信息，又通过管理领导做出科学化决策，这是一个必须具备适当类型信息、适当循环时间和适当管理层次的动态组合系统，因此，系统的信息要素与控制要素的接口和匹配，是非常重要和困难的事情（黄金枝，1995）。

三、管理控制应注意的基本问题

前面几节谈到的控制，技术层面较多，并从人员、信息、技术、设备等角度进行了分析，而本节是从传统管理学科，也可理解为大管理或者广义的管理角度，分析项目实施过程中如何发挥好管理职能，为项目控制服务，为项目顺利进展服务。

在实际的项目管理活动中，要善于把目标控制和计划控制的其他控制方式有机地结合起来（张文焕等，1990）。例如，在系统实现具有战略意义的长远目标时，可以运用计划控制，通过合理的计划，使执行的各个阶段前后衔接，各个方面相互协调，从而确保宏观不失控。对于其中一些较具体、较直接的管理活动，则可以运用目标控制，让其目标责任者自行决定行动方案，以适应环境的变化，从而确保微观上不至于统得过死。“控而不死，活而不乱”，正是现代管理的基本要求。

实施管理控制时应注意以下问题：控制必须能高瞻远瞩，多作预测和估计；控制必须能反映出行动的性质和要素；控制要能对差异的发生迅速觉察出来，才能做出有效的预防；控制应把握其重点；控制要有适当的标准；控制要有适当的弹性，即控制要能设法把握计划的变更、环境的改变；控制必须合乎经济原则；控制要能表现出组织的效能；控制方法与技术要易于了解；控制应能指出改正的行动（张文焕等，1990）。

第四章　工程项目协调

第一节　工程项目协调概述

一、工程项目中的冲突

研究项目管理理论和实践过程都不能回避的一个共同而重要的问题，就是冲突。讨论项目协调时，这一问题更为突出。在一般情况下讨论项目环境时，我们有意回避了可能是最重要的一个属性：冲突。冲突是项目结构中的一种存在形式，它可能在组织的任何一个层次上产生，通常为相互矛盾的事物产生的一种结果（哈罗德·科兹纳，2010）。项目经理一般用20%的时间来解决冲突（杰弗里·K. 宾图，2010）。项目始终存在于冲突的环境中，冲突是项目的存在方式，冲突左右着项目的进程及其结果。试图避免冲突、压制冲突的想法是错误的，这只能进一步恶化冲突、激发矛盾，最终导致更大的不利（王长峰等，2007）。管理专家福列特提出“建设性冲突”的观点：“冲突与差异是客观存在的，既然这一点不能避免，那么，我想我们应该对其加以利用，让它为我们工作，而非对它进行批判。”“冲突正意味着差异。”她对于冲突的这一看法具有非凡的洞察力。对于在中国文化背景下成长起来的管理者来说，最大的挑战就是如何面对冲突，因为长期以来我们不愿意直接面对冲突，结果导致大部分的组织没有活力。我们不知道冲突本身是一个保持差异的现象，正是因为存在冲突，差异才得以保存，进而保存了组织的活力（玛丽·福列特，2007）。分析项目管理中的协调问题，首先要从项目实施中的冲突着手。

1. 项目冲突的含义

由于在项目的实施过程中存在许多不确定性，各种各样的冲突是不可避免的。完成一个项目规定的时间要求、关键资源的可获取性、技术问题的解决程度、多种宏观经济变量与资金运作、客户的反复无常、竞争对手所采取的行动等，所有这些都是项目管理中不确定性的例子（小塞缪尔·J. 曼特尔等，2007）。项目冲突通常作为一种冲突性目标的结果在项目组织的任何层次都会发生，团队成员在实施个人和集体角色时，就要面对争议、争论、反对和智力斗争的环境（戴维·I. 克利兰，2002）。

项目冲突是两个或两个以上的决策者在某个争端问题上的纠纷（席相霖，2002；骆珣，2004）。冲突就是抵触、争执、对抗，是项目实施过程中各种矛盾的表现形式，它既包括参与者的内部心理矛盾，也包括人际间的冲突，是指两种目标的互不相容和相互排斥（胡宇辰，2002）。冲突是一个能动的、互相影响的过程。项目冲突就是组织、团队或成员为了限制或阻止另一部分组织、团队或成员达到其预期目的而采取的行为和措施（骆珣，2004）。所有的冲突都存在着赢和输的潜在结局，冲突各方为了实现各自的目标，总会千方百计地阻碍对方实现其目标。冲突理论认为，任何一种形式的合作活动都会伴随着冲突。冲突总是以当事人各方相互依存的关系来满足各方的需求，即冲突与合作是可以并存的，合作和冲突是群体工作互补的特征（席相霖，2002）。项目冲突就是项目在实施过程中，项目组织内部，包括各参与组织与人员，项目组织与外部环境之间发生的各种争议、争执、争端、分歧、抵触、对抗的总称。项目经理要管好项目就需要很好地理解冲突的动态变化过程。

2. 项目冲突的起因

应付冲突，就需要了解它们产生的原因（哈罗德·科兹纳，2010）。冲突是在个体与群体的关系结构中产生的，而不是由于组织内部个体参与者天生的挑衅性所导致的（W. 理查德·斯格特，2002）。项目冲突产生的原因是多种多样的，大多数情况下，总是因人，即项目参与者而起。如果事件冲突不及时处理或处理方式不当，都将发展成为人员冲突。项目管理中常见的冲突原因包括以下几个方面。

1）项目目标方面

每个项目都至少具有一项明确的目标。必须让项目组织中各个层次的参与者知道项目目标。如果这些信息没有被准确地传递，就可能使上层管理人员、项目经理和职能经理对项目的最终目标产生各自不同的解释，从而导致冲突的产生（哈罗德·科兹纳，2010）。项目实施过程中，总是围绕质量、成本和进度三大目标的实现而展开的。由于在项目组织中所处的位置不同，项目经理和团队成员对从项目目标的理解到项目的实际产出都会产生分歧。项目经理希望按计划安排，正确地实施并完成项目目标，得到项目的成就感，而团队成员考虑的却是完成额定的任务，拿到既定的报酬。

质量冲突总是发生在各级管理者与实施者之间，同时也发生在项目建设方和实施方之间。成本方面往往在费用如何分配上产生冲突。这种冲突多发生在客户和项目团队之间、管理决策层和执行队员之间。围绕项目工作任务的先后安排和进度计划会产生冲突。冲突可能来源于对完成工作的先后次序及完成工作所需时间长短的不同意见。所有项目都在和时间赛跑。项目一旦开始，时间总比想象的过得快。进度方面的冲突与质量方面相似，项目部内部各工作之间进度的不平衡是产生冲突的主要方面。

2）项目计划与工作内容方面

项目计划几乎是产生冲突的最主要因素。许多项目团队总是认为他们没有足够的时间来规划出一份完善的项目计划，这不可避免地会导致决策时的争议和冲突。制订项目实施计划时，项目经理不可能仔细地论证每项工作活动所需要的时间和成本，工作展开后冲突就会不断产生。工作内容方面包括关于技术方法的冲突、工作量的冲突、工作质量标准的冲突等。

3）项目组织方面

项目组织内部的冲突伴随着项目的整个实施过程。各种不同的组织问题会导致冲突，特别是在团队发展的初期阶段。项目组成员一般是抽调或临时招聘而来，由多种专业人员组成，他们之间既有分工又有协作，但是由于专业背景不同，工作经历不同，各个成员会在认识上产生分歧；由于项目负责人在奖惩等方面权力有限而引起矛盾；项目组成员对各自在项目中的职责和作用不明确而引起矛盾；大多数来自职能部门的成员感觉到项目管理系统会取代他原来传统的部门工作系统而引起矛盾；组织要完成多个项目，各项目独立性的增加，使职能部门难以发挥协调作用而引起矛盾；项目与职能部门的负责人往往从各自利益出发而产生矛盾。

4）项目成员及团队方面

项目参与者由于偏见、伦理、道德、价值观等方面的因素而不好相处，这是不断产生冲突的一个基础性因素（戴维·I. 克利兰，2002）。项目成员及团队方面的冲突往往起源于团队成员的“以自我为中心”，表现为以下五个方面：项目参与者个性的冲突；个人专业、知识、伦理观念等方面的冲突；人际关系冲突；团队之间的冲突；团队内部的冲突（席相霖，2002）。这些冲突经常集中于个人的价值观、判断事物的标准等个性差别上，这并非技术上的问题。

5）技术问题方面

工程项目实施过程中，在技术工作的内容、技术性能要求、技术方案权衡以及实现手段上都会发生冲突（李慧民，2002）。当项目采用新的施工技术或需要技术创新时，冲突便随技术的不确定性相伴而来。采用哪种技术、如何进行创新和操作才能使项目完成得更好、新技术或进行创新最终能否获得成功、失败了意味着会给项目带来什么样的后果等问题，在队员间会有不同的见解，而决策层也会有不同的考虑。

6）资源分配方面

冲突可能会由于分配某些成员从事某项具体工作任务或因为某项具体任务分配的资源数量而产生（杰克·吉多和詹姆斯·P. 克莱门斯，2007）。当人员同时被分配在几个不同的项目中工作，或当不同人员需要同时使用某种有限资源时，可能会产生冲突。人员是关键，这会引起很大的冲突。如果把既定的人力资源分给几个项目团队，那便会发生冲突。一个团队的得到必然以另一个团队的失去为代价，类似的情况还会发生在其他资源的分配上。

7）优先权问题

优先顺序的确定常常意味着重要程度和项目组织对其关注程度，这常常会引起冲突（席相霖，2002）。项目参与者经常对实现项目目标应该执行的工作活动和任务的次序关系有不同的看法。优先权冲突不仅发生在项目班子与其他合作队伍之间，在项目班子内部也会经常发生。优先权问题带来的冲突主要表现在两个方面：其一是工作活动的优先顺序；其二是资源分配的先后顺序。

确立优先权的责任在于上层管理人员，有时即使建立优先的顺序，冲突仍旧会发生。原因如下：项目团队成员的专业技能差异越大，其间发生冲突的可能性越大；项目决策人员对项目目标的理解越不一致，冲突越易发生；项目经理的管理权力越小、威信越低，项目越容易发生冲突；项目经理班子对上级目标越趋一致，项目中有害冲突的可能性越小；在项目组织中，管理层次越高，由于某些积怨而产生冲突的可能性越大。

8）管理程序方面

许多冲突来源于项目应如何管理，也就是项目管理系统中各种关系定义、责任定义、界面关系、项目工作范围、运行要求、实施计划与其他组织协商的工作协议，以及管理支持程序等。在项目管理中，项目报告的数量、种类以及信息管理渠道等管理程序也会引发冲突。项目实施过程中，项目成员常常会因信息的获得产生冲突，对于某些敏感或需要分类发送的信息，高层管理人员希望信息能保密地、准确无误地发送到需要的项目成员手中，而底层的项目队员则会抱怨信息量少，获取渠道不畅等。

3. 冲突对项目实施的影响

冲突是一个过程，对待冲突，有以下几种观点：传统的观点，冲突对组织有负面的影响；行为观点，冲突的产生是自然而然的，解决的办法是有效地管理冲突，而不是去消灭或抑制它的发生；相互作用的观点，鼓励冲突发生，冲突可以避免组织变得停滞不前和缺乏激情。相互作用主义者就是找到冲突的最佳水平——太小会导致组织的惰性，太大会引起混乱（杰弗里·K. 宾图，2010）。传统的观念是害怕冲突，力争避免冲突，消灭冲突；现代的观念认为冲突是不可避免的，只要有人群的地方，就可能存在着冲突（席相霖，2002）。冲突中有破坏性的因素，它阻碍群体目标的达成，起消极作用；也有建设性的因素，它有助于群体目标的达成，起积极作用（胡宇辰，2002）。“冲突在建设和破坏的平衡中上下浮动。”（W. 理查德·斯格特，2002）项目组织在项目实施中经历了许多困难和挫折之后，逐渐变得更加成熟和稳定。项目组织应被建设成一个允许自由争执的社会系统，这会有效地刺激对问题的解决，利于人和组织的发展（汉斯·克里斯蒂安·波夫勒，1989）。在项目团队管理中固有的冲突也可以转化为一种优势，通过解决引起冲突的争议、讨论和辩论进行微妙推动（戴维·I. 克利兰，2002）。冲突的益处还包括发展团队文化，包括更好地理解项目团队和其他干系人在组织中的角色。冲突是客观的，冲突有弊还是有利取决于是否具有一个合适的冲突管理机制。冲突的解决能使人们适应项目实施过程的动态特性，推动项目前行。

冲突若得不到及时处理，就会对项目实施产生影响。每个群体均把与之冲突的群体视为对立的一方，敌意会逐渐增加；认识上产生偏见，只看到本群体的优点和力量而看不到缺点，对另一群体则只看到缺点和薄弱之处，而看不到优点；由于对另一群体的敌意逐渐增加，交流和信息沟通减少，结果使偏见难于纠正；在处理问题时，双方都会指责对方的发言，而只注意听支持自己意见的发言（胡宇辰，2002）。总体上讲，根据现代行为学家的观点，冲突对组织运行的影响有正反两个方面，正面的影响是冲突可以提高组织的运行效率，反面的影响则是阻碍工作进程，如表 4-1 所示（戴维·I. 克利兰，2002）。

表 4-1　冲突的影响

有益的影响	有害的影响
改进组织项目决策	增加压力、引起工作混乱
改进沟通（表达各自的立场）	阻碍沟通（因观点不同的争议）
改进集体讨论	不信任和猜疑
对公共问题协作解决	降低工作的满意度
刺激改革和创造	增强了变化的阻力
促进人员和组织的表现	降低组织约束力和对组织的忠诚度

二、工程项目协调的含义

1. 项目协调

在项目实施过程中会涉及很多方面的关系，为了处理好这些关系，就需要协调。协调是项目管理的重要职能。施工项目实施周期长，只有处理好项目内外的大量复杂关系，才能保证项目目标的实现（张金锁，2000）。协调就是按照活动的重要程度使之顺利实施，并使其冲突最小化（哈罗德·科兹纳，2010）。项目协调不仅涉及要处理好人与人之间的关系，而且还要处理人与事、人与组织及组织之间等多方面的关系。作为项目的管理者，一个非常重要的任务就是使项目组织内的人际关系处于平衡状态；否则，就会产生不和谐的气氛，影响成员之间的协调，最终导致项目组织效率的下降（胡宇辰，2002）。项目领导不再被视为主席一类的人物，而是协调人和敦促人（狄海德，2006）。

在项目实施过程中，仅仅对参与者行为进行控制是不够的，还应协调各个成员之间的关系，化解实施过程中的冲突（赵文明和程堂建，2000）。项目协调是指项目管理者为实现项目的特定目标，对项目内外各有关组织、人员和活动进行调节，调动相关组织的力量，使之密切配合、步调一致，形成最大的合力，以提高其组织效率的综合管理过程。它与工程项目控制是功能和手段的关系，即项目控制要发挥其工程管理的功能，经常需要运用协调这一手段来实现（梁世连和惠恩才，2008）。项目协调是指以一定的组织形式、管理手段和方法，对项目实施过程中的各种关系进行疏通与调节，对产生的干扰和障碍予以不断排除的过程。项目协调过程如图 4-1 所示。

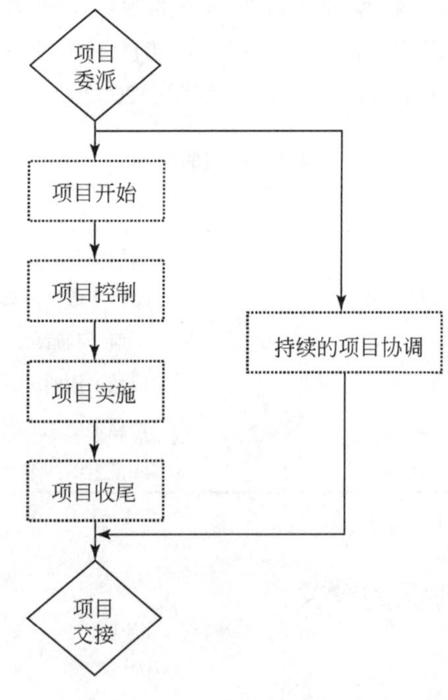

图 4-1 项目协调示意图

2. 项目协调的范围和内容

项目协调的范围和内容有项目内部关系协调、项目外部的协调和项目实施过程中的协调等多个方面。

1）项目内部关系协调

内部关系协调包括人际关系的协调、组织关系的协调、供求关系的协调、相关配合关系的协调等四个方面。

人际关系是一种最复杂的关系，管理者要协调好人际关系，主要解决人员之间在工作中的矛盾，应该做到：平等待人，这是协调人际关系的前提，管理者没有平等观念，就不可能协调好人际关系；诚实守信，是指讲信用，守信用，这是协调人际关系的关键；利益平衡，利益不仅包括物质利益，而且包括精神方面，这是协调人际关系的基础；注意形象，形象是一种威信，一种吸引力、号召力，可以产生集体向心力（胡宇辰，2002）。一个领导者的自我形象，会直接影响他对人际关系的处理。项目经理人际关系协调最重要的五种沟通技能是：人际关系沟通、陈述（如公开演讲）、冲突管理、协调和协作（戴维·I. 克利兰，2002）。

组织关系主要解决项目组织内部的分工与协作问题，有纵向关系和横向关系。纵向关系，又分为对上级组织的关系和对下级组织的关系。横向关系，是指同级组织之间的关系（胡宇辰，2002）。组织关系的协调应主要从以下几个方面进行：设置组织机构要以职能划分为基础；要明确每个机构的职责；通过制度明确各机构在工作中的相互关系；要建立信息沟通制度，制定工作流程图；要根据矛盾冲突的具体情况及时灵活地加以解决，避免冲突扩大化。

供求关系的协调，包括项目实施过程中所需人力、技术、资金、设备、材料、信息等的配置与供应，通过协调解决供求平衡问题。

相关配合关系的协调，包括取得建设单位、设计单位、施工单位、分包单位、供应单位、监理单位等在项目实施中的配合，达到同心协力的目的。

2）项目外部的协调

外部的协调包括两个方面：一是项目与近外层关系的协调，主要包括业主与施工单位、设计单位、供应单位、公共事业单位等参与单位关系的协调。这些关系都是合同关系或买卖关系，应在平等的基础上进行协调。二是项目与远外层关系的协调，包括与政府部门、金融组织、现场周边单位的关系。这些关系的处理没有定式，协调更加困难，应按有关法规、公共关系准则和经济联系等方式处理（成虎，2004）。

3）项目实施过程中的协调

实施阶段有着各式各样的协调工作，如项目目标因素之间的协调；项目各子系统内部、子系统之间、系统与环境之间的协调；技术因素及各专业工种之间的协调；各种职能管理方法和管理过程，如质量、成本、工期、合同等之间的协调；项目参与者之间，以及项目经理部内部的组织协调；技术协调，工程设计与施工之间，施工技术应用与技术措施等带来的不协调问题；与环境的协调；管理协调，实施过程中的协调要建立一整套健全的管理制度，通过管理以增强施工中各专业的配合问题等（陈宗光和何伟荣，2002；成虎，2004）。

3. 项目协调的影响因素

影响协调的因素是多方面的，与项目参与者有关的主要表现在外在因素和内在因素两个方面。

（1）外在因素。这主要包括：协调双方参与者的修养，这左右着人际关系的建立与发展；能力和知识水平，能力强、知识水平高的人很容易博得他人的敬仰，有利于建立良好的信誉，在处理问题时易于和解；距离的远近与交往的频率，人们间的距离越近，交往的频率越高，易于形成较为友好的关系；熟悉、了解的程度，人们越是互相熟悉、了解，其相互间的关系就会越友善。

（2）内在因素。这主要包括：一是态度、价值观、社会文化背景等方面的相似性。人们总是喜欢和那些与自己态度、价值观相近的人进行交流。这样，彼此易于沟通，情感上容易共鸣，矛盾、冲突减少；观点得到同事的赞同会增强自信心，满足自尊的需要。二是情感的相悦性。相悦性包括两层意思，容纳和赞许。容纳即彼此接受对方意见、观念、处事方式等；赞许即表露出对对方意见、观念、处事方式的认可、欣赏和赞扬。三是人格特性的互补性。人与人之间的互补性关系能否维持与发展，不仅彼此具有共同特征的会友好相处，彼此特征不同的人只要其人格特征具有互补性，亦会互相吸引（胡宇辰，2002）。

三、工程项目协调的理论分析

1. 协调的作用

项目实施过程中的各种冲突，项目组织及参与者个体非理性的行为需要协调。冲突是项目不和谐、不协调的根本原因，要解决冲突，处理好这些关系，就需要协调。协调是管理的重要职能，其目的就是通过协商和沟通，取得一致，齐心协力，保证项目目标的实现。无论内部或外部的协调，都是非常重要的，有学者称协调为管理的本质（李景平，2001）。协调可使矛盾着的各个方面居于统一体中，解决它们的界面问题，解决它们之间的不一致和矛盾，使系统结构均衡，使项目实施和运行过程顺利（胡振华，2001；陈宗光和何伟荣，2002）。施工项目协调管理对项目目标的实现具有以下作用：调动工作人员的积极性；提高项目组织的运转效率；打开项目实施道路上的绿灯（张金锁，2000）。协调作为一种管理方法已贯穿于整个项目和项目管理过程中（胡振华，2001）。

协调的作用体现在正确处理项目组织内外各种关系，为组织正常运转创造良好的条件和环境，促进目标的实现，具体表现在：一是促使参与者个人目标与组织目标趋于一致，从而促进组织目标的实现。二是解决冲突，促进协作。人与人之间、人与组织之间、组织与组织之间的矛盾冲突是不可避免的，并且这种矛盾和冲突如果积累下去就会由缓和变到激烈、由一般形式发展到极端形式。通过协调，可以很好地处理和利用冲突，发挥冲突的积极作用，使部门之间、人与人之间能够相互协作与配合。三是提高项目组织管理效率。协调使组织各部门、各成员都能对自己在完成组织总目标中所需承担的角色、职责以及应提供的配合有明确的认识，使组织内所有力量都集中到实现组织目标上来，各个环节紧密衔接，各项活动有序进行，从而极大地提高组织的效率。

2. 协调的原则

进行协调一般应符合以下原则：一是目标一致原则，协调的目的是使组织成员充分理解组织的目标和任务，并使个人目标与组织目标相一致，从而促进组织总目标的实现。二是效率原则，协调的目的不是掩盖、抹杀问题，也不是“和稀泥”，而是通过发现问题、解决问题，使部门之间、人与人之间更好地分工、合作。三是责任明确原则，规定各部门、各岗位在完成组织总目标方面所应承担的工作和职责范围，还要明确互相协作的责任，制止或减少相互扯皮。四是加强沟通原则，沟通是协调的杠杆，信息沟通越有效，发生误会、扯皮的可能性就越小，组织的协调性就越强；反之，组织的协调性也将越低（成虎，2004）。

3. 项目协调系统的基本模型

从理论上讲，协调工作并不复杂，只要我们在施工中能严格按照规章和规范要求做好每一项工作，就有可能不会出现上面所说的矛盾，至少会大大减少冲突发生的概率（张金锁，2000）。但在实际工作中，由于上述人为的、技术上、管理上的因素，各专业之间存在的问题和矛盾是非常突出的。特别是在具体施工过程中的协调工作，牵涉面广且又十分繁杂。人们普遍认为协调与控制相比是柔性的，有些项目管理人员因工作安排或时间的限制，认为协调是可有可无的。而实际上，只有加强对各个层次、各任务组、各参与单位、全体参与者关系的协调，加强对各方面工作的协调，才有可能把各种冲突、隐患消灭在萌芽状态。

项目的协调系统是以项目组织为依托的一个“无形”的系统，协调工作表面上看是管理者的“本职工作”，实际上应该是全面地、有目的地、系统化地进行。我们可以勾勒出协调系统的基本模型，如图 4-2 所示。项目协调系统由协调的主体、项目协调技术和被协调对象（协调的内容）等组成，并通过一定的组织形式和项目指挥方式实现。协调系统的目的与功能就在于建立起一个广泛而整体的协作体系，保证项目顺利实施。

协调技术主要包括通报技术、沟通技术、协商技术、谈判技术和冲突处理

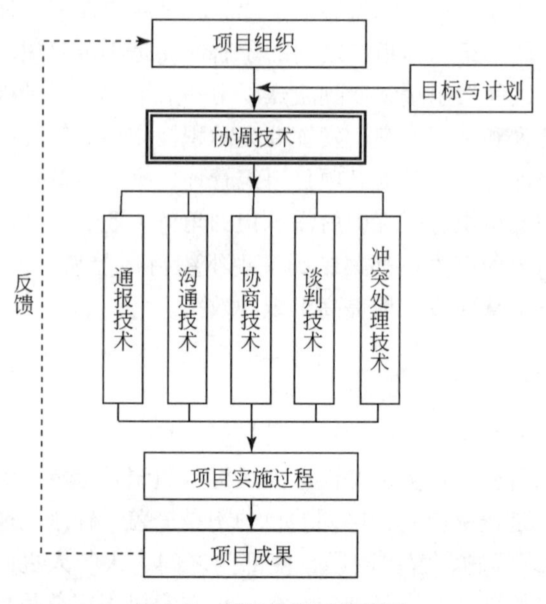

图 4-2　项目协调系统模型

技术五个方面，也包含激励等相关措施。在项目实施过程中，出现争端、冲突，我们可以先通报，使冲突双方知晓争议、争端的发生及主要内容，再逐步进行各方面的沟通，然后坐在一起进行磋商、协商，若仍未果，便可以进行正式的谈判，如果依然不能解决问题，则可以进行最后的冲突处理。之所以对这五个方面都以技术的表述出现，主要是表明协调是项目实施过程中的重要管理内容，而非可有可无的、随意的工作。术有其道，协调这一职能有其本质的特点，有规律可循。

第二节　工程项目协调技术

一、工程项目通报技术

1. 概述

项目实施过程中各参与单位之间、参与单位与其组织之间、组织与项目相关组织之间都要不断地通知、汇报、请示并报告项目的进展情况，这些活动可以统称为通报（阿诺德·M. 罗金斯和 W. 尤金·埃斯特斯，1987）。承包商与业主之间通常要形成定期报告制度，及时通报工程的进展状况。对工程实施中的各种特殊情况及其处理，应提出报告，对一些重大的事件，特别的困难或自己无法解决的问题，应呈具书面报告，使各方面了解并使问题得到解决。

项目实施中如何把工程情况通报给项目上层组织、相关组织及个人，是项目协调的重要内容，也是确保项目相关利益组织和个人满意的一项重要工作。每一个与项目相关的组织和个人需要得到有关工作进展的适当信息。缺乏信息，使得相关的组织和个人不能有效沟通，担心不能合理地使用有限的资源；信息过量，使相关的组织和个人淹没在大量不必要的资料之中，浪费时间。工程所需最低限度的通报，可以在合同或工作范围内确定。编制工程施工计划时就应当考虑到需要的各种通报及其性质、范围和频次（阿诺德·M. 罗金斯和 W. 尤金·埃斯特斯，1987）。

2. 通报方法

对于一项工程，通报工作基本上有六种方法：正式书面报告、非正式书面报告及信件、介绍、指导性的巡视、非正式会议和交谈等（阿诺德·M. 罗金斯和 W. 尤金·埃斯特斯，1987）。

（1）正式书面报告。正式书面报告是独立和完整的，便于长期保存，能提供工程的永久记录。同时，它能提供背景情况说明、相关评论以及了解工程各方面情况的重要附件。但准备正式书面报告时花费的时间较长，使其难于及时发送，同时，潜在的阅读者可能是多种多样的，难于完全满足所有阅读者的需要。

（2）非正式书面报告及信件。这种通报方式用以让客户了解最近的工程进度完成情况、存在的困难及近期计划，通常编成日报、周报、双周报、月报或季报等。异常的重要情况发生时，提交补充的报告。它与正式报告的区别在于服务的对象以及保存的必要性和保存时间的长短。正式书面报告是独立的，甚至对那些事先没有与工程接触的人也有意义；而非正式报告是向阅读者对原来的正式报告补充最新情况用的。非正式报告有时候可以省略掉项目进展的来龙去脉、背景材料等。非正式书面报告可以迅速编写，及时传送，比较简短。

（3）介绍。一次介绍相当于一次口头的正式书面报告，形式是开一次讨论项目进展情况的会议。介绍的目的是传达项目近期主要工作，取得当面交谈的机会。介绍的优点在于恰当地取得沟通。介绍是“活的”，不像书面报告那样“固定”，它可以提供一个机会，选择传递信息和见解的方式。介绍较之书面报告，可以使听众更好地理解图表和全面的信息。

（4）指导性的巡视。这是指让客户到工程现场了解项目实施的相关工作。有时候，没有其他更好的办法来代替这种第一手检验工程情况的方法。许多客户从未参观过他们的工程现场，因而，不太理会项目实施者的状况。项目经理组织一次现场参观，对于项目管理者和客户两方面都有好处。现场参观或指导性巡视的优点是加深了客户的了解，可以使得参与者相互沟通，增强相互信任。

（5）非正式会议。它是给客户通报的最有效方法。它可能不符合合同的规定，但能产生一个双向的报告，即客户作的报告和向客户作的报告。非正式会议既可以在一次介绍以后接着开，也可以单独召开。其优点是会议事实上是非正式的，所以通常免去了一次介绍的俗套。参加者可能只是能参加一次介绍的一部分人，因此讨论可以局限于部分人的需要。非正式会议通常比一次介绍更吸引人，原因在于参与面广泛，而不只是少数关键人物。

（6）交谈。交谈在向客户通报中具有与项目组织内部交谈同样的作用。交谈具有非正式的特点，但这并不意味着不能或不应当采用交谈的方式。事实上，应当在工程实施者及客户之间不断采用交谈与交流，建立相互理解基础，一旦达到相互理解，可进一步采用正式报告的方式。

3. 通报方法选择

选择通报方法时应当考虑通报对象的性质及其需要，考虑可以使用的时间和资源、听众的特性等，可以从四个方面来考虑：听众的多样性、听众的经验、听众的熟悉程度和听众的需要。很难用一次介绍来满足需求不同的听众，谈到其中一部分人的需要，可能使另一部分人感到厌烦。带有双向对话的口头方法通常比非正式书面报告更加有效。有经验的听众可能愿意听取一个更正式的报告或介绍及相应的讨论。通报对象如果熟悉工程项目情况，也熟悉工程现场，那么，书面和口头报告及介绍可能都有效。不熟悉工程现场，一次指导性的巡视则是非常必要的。

通报表现方式要得体。通报时要做好筹划，准备好报告或介绍交流的内容及目的，听众已经知道些什么、不知道什么、想进一步知道什么，如何在听众现有的理解水平上达到通报的目的。通报的主题要吸引听众，一开始就引起听众的兴趣，然后将主题展开。文字表达要得当，准备的书面报告文字表达、插图、表格要清晰。介绍情况要具备良好的演讲技巧，确定和宣布介绍的目的，并告知听众为什么重要，不要以为听众对目的和重要性都很清楚；告知听众介绍的顺序或要点，听众将顺序地接受演讲的各组成部分，要不持偏见和直接地介绍来取得信任，要总结介绍要点，使听众理解透彻。

4. 通报反馈

项目经理要从那些接受他们报告和介绍的人们那里得到反馈。反馈能让项目经理知道，他们讲的内容是否为人们所理解，并在发现被人们误解时，提供一个改正和补救的机会。反馈通常包含有益于未来行动的信息和加强工程经理满足他们客户的能力。反馈还能帮助项目经理弄明白听众是否理解。反馈可以用访问、调查或两者兼用的方式进行。采用调查表，可使项目经理得到更多的听众反馈。

调查工作要细心准备，且不能使被调查的人感到厌烦，使得调查工作明确、有效和有益。

二、工程项目沟通技术

1. 沟通的含义

对项目参与者协调的关键在于不断沟通（拉里·康斯坦丁，2002）。沟通是项目管理系统所进行的信息、意见、观点、思想、情感与愿望的传递和交换，并借以取得系统内部组织之间、上下级之间的相互了解和信任，从而形成良好的人际关系，产生强大的凝聚力，完成项目计划目标的活动（李景平，2001）。长期以来，在我国的工程建设活动中，人们由于认识上的问题，不重视项目的沟通问题，忽视了使各项目相关者满意以及如何使他们满意的问题。人们仅将沟通看做一个信息过程，而忽视了它也是心理的和组织行为的过程。项目沟通中信息过程是表面的，而心理过程是内在的、实质性的。可喜的是，随着改革开放的深化、管理模式的变革，人们的管理思想和意识也在发生着深刻的变化，关注和研究沟通问题的学者多了，现场的应用也多了。沟通的内容和范围涵盖通报，或者说通报是沟通的初级阶段，沟通是在通报的基础之上进行的。

2. 沟通的目的与意义

沟通是达到组织运转协调的最重要手段，是解决组织成员间障碍的基本方法，是项目管理的生命线（千高原，2000）。项目协调的程度和效果常常依赖于项目参与者之间沟通的程度。沟通不但可以解决各种不协调的问题，如在目标、技术、过程、管理方法和程序中间的矛盾、困难和不一致，而且还可以解决各参与者心理的和行为的障碍和争执（Clarke，1999）。通过沟通可达到以下目的：

（1）对项目总目标达成共识。项目各参与单位负责人研究项目的总目标、战略、期望、项目成功的准则，作系统分析、计划及预控措施，把总目标及其分解指标通报给项目组织成员，作为项目行动指南。项目参与者对项目的总目标达成共识，化解矛盾和争执，行动上协调一致，共同完成项目的总目标（苏伟伦，2000）。

（2）建立良好的团队精神，构建良好的工作关系。高效的组织结构需要鼓励员工与员工、员工与工作建立紧密的关系，而正确畅通的沟通渠道有助于构建并维系积极向上的员工与员工、员工与工作的良好关系（王长峰等，2007）。项目组织成员来源渠道多，参与建设的目的不相同，容易产生各种矛盾和障碍，沟通使各有关人员、各方面互相理解，相互支持，协同作战，积极地为项目工作，培养和保持良好的团队精神。

(3) 满足项目参与者对信息的需要，解决认识和行为上的问题。员工对信息的需求只有通过组织内发达畅通的沟通渠道来实现，如果得不到满足，必然会通过非正式渠道加以满足（王长峰等，2007）。没有人愿意做不明不白的事。思想立场和认识决定观念，观念左右行为。沟通使人们认识一致，行为一致，减少摩擦、对抗，化解矛盾，形成高效率的工作氛围和工作环境，提高项目执行效率。

(4) 增进项目实施的透明度，降低项目实施过程中的不确定性。太多因素会诱发组织内部模糊和不确定性的产生，这可能造成项目经理在一个极其模糊的状况下做出决策（王长峰等，2007）。强化沟通可保持项目的目标、任务、计划和实施状况的透明度，当项目出现困难时，通过沟通使大家有信心、有准备，齐心协力。

(5) 保证项目高效管理。有效沟通能力是项目成功实施的关键，所有重要管理职能的履行完全依赖于管理者和下属间进行的有效沟通（王长峰等，2007）。沟通是项目决策、计划、组织、指挥、控制和协调等管理职能的基础和有效性的保证，是建立和改善人际关系必不可少的条件和重要手段。项目管理工作中产生的误解、摩擦、低效率等问题很大部分可以归因于沟通的失败。

3. 沟通范围

沟通是协调工作最基础、最重要、应用最广泛的一种方法。典型的沟通职能和工作范围包括提供项目指导、决策、授予工作、指导行动、参加会议、市场状况、公共关系、备忘录、信件、简讯、报告、说明书、合同文件等。如图4-3所示，项目需要有效的沟通以确保在适当的时间、以较低的代价使正确的信息被适当的人所获得（毕星和翟丽，2000）。有效沟通包括信息的交换、传送信息的行为、有效地表达想法的技巧、相互之间通过简单明了的符号系统交换意见的过程等内容。

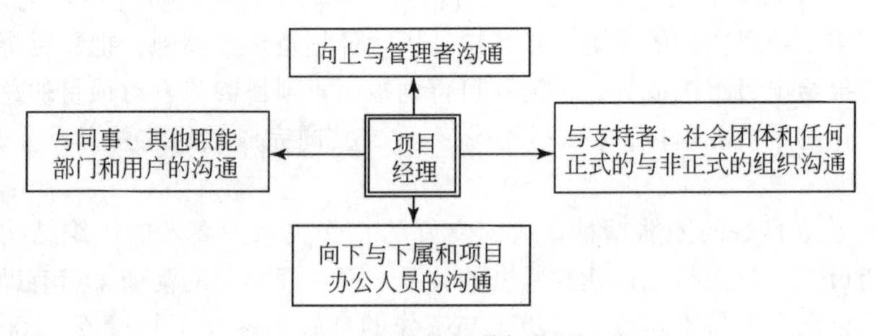

图4-3 沟通渠道与范围

4. 沟通的程序

1）沟通步骤

恰当的沟通使参与者投入并努力工作，因为他们需要理解信息。沟通必须既传递信息又传达激励。下面是六个简单的步骤：通盘考虑你所期望实现的东西；决定你沟通的方式；唤起那些受影响的兴趣；在其他人与你沟通的道路上给予大力支持和鼓励；在你所沟通的事情上获得支持；通过依靠他人实施你的指导测试效果（毕星和翟丽，2000）。

2）沟通过程

沟通是一个在发送者和接收者之间进行的双向过程。接收者不应被看做是一个被动的接收器，而是一个目的地，它在接收信息时可能会有自己的意图，而且会受到发送和接收信息人的领悟能力和信念的影响。具体的指导如下：有兴趣和动力去主动和仔细倾听信息；对发送者敏感，包括谁发送了信息以及信息发送的可能原因；影响信息传达的可能方法，是口头的、书面的还是其他方法；为适合的和及时的信息反馈作计划并进行这种反馈，包括信息的及时接收，以及对于提供了所需信息和行动反应或什么时候会对信息做出反应提供一个进度表；如果在理解信息和其可能性的意图方面有任何问题，要请求进一步说明。

3）沟通模型

常用的沟通模型如图 4-4 所示，其要点包括：信息源——沟通的发起者，编码——用于传送信息的口头或书面符号，信息——信息源希望沟通的内容，通道——用于传送信息的媒介，解码——用于确认信息真实性的信息，噪声——扭曲、分散、误解或同沟通过程相干扰的东西（戴维·I. 克利兰，2002）。这个模型表明了沟通过程中包含的要点。项目经理应当认识到沟通是计划、组织、激励、领导和控制这些管理职能的最高点。没有有效的沟通，这些管理职能不可能被充分地计划和实行。在沟通模型中，沟通滤网或障碍来自于个人的洞察理解力、个性、态度、情感及偏好。

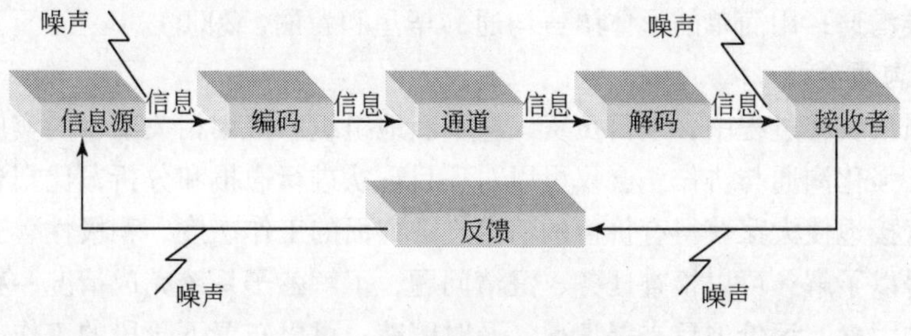

图 4-4 沟通模型示意图

5. 沟通理论分析

1）沟通所面临的问题

项目管理中的沟通需要解决的问题在于沟通的渠道是什么，什么信息是真正重要的。在一个项目环境中，沟通经常被滤除，向上的沟通被滤除有下面六个原因：与信息发送者不和；接收者不能从任何其他渠道获得信息；使上级为难；信息发送者缺乏灵活性和地位；不安全；不信任。向下的沟通则与项目负责人的个人因素有关，有时出现认识问题，可能认为在自己的管辖之内交流不交流问题不大，大而化之，不注重沟通；有的是从事业务工作出身，对管理工作陌生，不会或不善于与下属沟通；有的是项目开始后工作千头万绪，大事多、难事多，顾不上与下属沟通。

2）项目经理的沟通角色

项目经理应该考虑沟通中的相关问题：是否容易与项目组成员交谈，对他们的问题是否有共鸣，是否努力改进人际关系等。沟通是倾听，好的项目经理必须在业务上和个人方面都愿意倾听成员们的讲述。耐心倾听的好处是下属知道你是真心地感兴趣，可以得到反馈，可以鼓舞人心（毕星和翟丽，2000）。项目负责人必须努力通过分析项目参与者的内心世界看出问题。

3）沟通风格

项目经理的沟通技巧和个性滤网经常支配着沟通风格，典型的沟通风格包括：专制的，给出期望和特别的指导；奖励的，培养班子精神；促进的，当需要时给予指导，不干预；调和的，即友好的、一致的，建立能共处的班子；判断的，使用声音判断；民主的，诚实、公平、按常规；秘密的，不公开的或直接与特定的成员沟通（王明远，1993）。

4）沟通技巧

沟通实施中的技巧包括：建立多种沟通渠道；注重反馈；面对面的沟通；判断接受者对于你的沟通是否敏感；了解如人的面部表情之类的符号的意义；在适当的时候沟通；用简单的形体语言沟通（毕星和翟丽，2000）。

5）沟通会议

在项目实施过程中，项目负责人应不断地组织和策划相关项目的实施情况分析会议，强化沟通与协作。会议可以对项目现状进行通报和分析，比报告文件更快、更直接地使大家获得有价值的信息，各方面的工作态度、积极性、工作秩序等也会得以了解；可以检查任务、澄清问题，了解各子系统完成情况、存在的问题及影响因素，评价项目进展情况，及时跟踪；可以布置下阶段的工作，调整计划，研究问题的解决措施；可以集思广益，听取各方面的意见，同时又可以贯彻自己的计划和思路；可以进行新的动员，鼓励各参加者努力工作。

6）沟通的网络

不论项目大小，其沟通总是涉及多个人。项目经理应有意识地形成沟通网络，确立日常的沟通范围，处理沟通者之间需要交换的信息。图4-5表示涉及6个参与者的圆形沟通网络（Heldman，2002）。

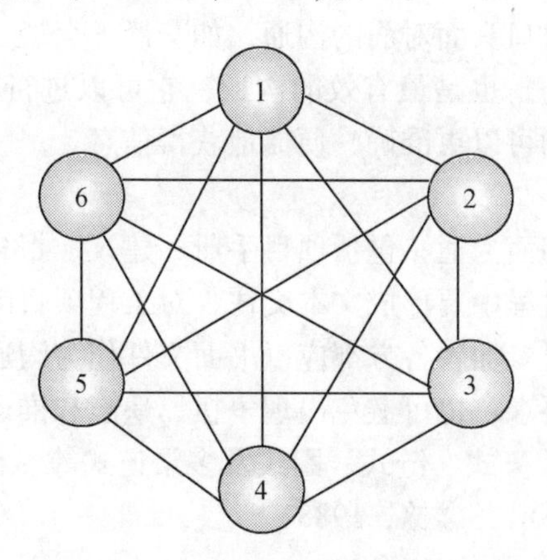

图4-5 圆形沟通网络

6. 沟通方式

一般情况下，项目沟通方式，按工作需要分为正式沟通和非正式沟通；按表现方式可分为语言沟通和非语言沟通；按沟通程式分为双向沟通和单向沟通；按组织层次分为垂直沟通、横向沟通、网络状沟通（成虎，2004）。现代项目管理的沟通方式还包括电话、传真、电子邮件等（王晓辰，2002）。

1）正式沟通

正式沟通包含四个方面的内容：一是通过项目组织过程来实现。由项目组织结构图、项目工作流程、项目管理流程、信息流程和项目实施运行规则构成，并且采用正式的沟通方式（成虎，2004）。二是有固定的沟通方式、方法和过程。正式沟通方式和过程必须经过专门的设计，在合同中或项目手册中规定，作为大家的行为准则。三是大家一致认可，统一遵守，作为项目组织的规则，以保证行动一致。四是这种沟通结果常常有法律效力。沟通的文件，例如，会议纪要就可形成一个合同文件，具有法律约束力。

2）非正式沟通

正式沟通前通常进行非正式磋商，其形式可以多样：现场观察、巡视，与各种人员接触、座谈、旁听会议，小组会议或聊天、喝茶、吃饭等。通过大量非正式的横向交叉沟通，能加速信息的流动，促进理解和协调。非正式沟通一般以工作为纽带，通过非正式组织实现。非正式沟通更能反映人们的态度，了解参与者的真实思想和意图；能折射出项目的文化氛围，可以解决各种矛盾，协调好各方面的关系；能产生激励作用；能满足人们的感情和心理的需要，使人们的关系更加和谐、融洽，使弱势人员获得自豪感和组织的温暖；能促使人们建立起各种关系来获得信息、了解情况，影响人们的行为（成虎，2004）。

3）语言沟通

语言沟通是指通过口头面对面的沟通，如交谈、会谈、报告或演讲。面对面的语言沟通是最客观的，也是最有效的沟通，它可以进行即时讨论、澄清问题、理解和反馈信息，人们可以更准确、便捷地获得信息。

4）非语言沟通

非语言沟通即指书面沟通，包括项目手册、建议、报告、计划、信件、备忘录等形式。项目实施过程中要形成文本交往，对工程项目问题的各种磋商结果都应落实在文本上，项目参加者各方都应以书面文件作为沟通的最终依据，这是法律和工程管理的基本要求，也可避免出现争执、遗忘和推诿责任（成虎，2004）。

沟通的方式还包括Y式、链式、圈式及多渠道式等多种方式，不同沟通方式的效果比较如表4-2所示（金铭，1988）。

表4-2　不同沟通方式的效果比较

比较项	信息交流网络				
	轮式	Y式	链式	圈式	多渠道式
集中化程度	很高	高	中等	低	很低
可能采用的信息交流渠道	很少	少	中等	中等	很多
团体成员的平均满足程度	低	低	中等	中等	高
各个成员的平均满足程度	大	大	中等	小	很小
传递信息的速度	快	较快	快	慢	快

7. 沟通障碍及其原因分析

有效沟通依靠共同的文化背景、共同的期望和沟通动机（詹姆斯·刘易斯，2009）。由于项目组织行为的特殊性，在现代工程项目实施中沟通依然十分困难。信息化仍然不能解决人们心理上的障碍（苏伟伦，2000）。项目组织沟通的困难在于：工程项目的战略与目标方面，工程项目技术与专业化分工方面，项目实施中目标和利益多元化，项目组织临时性和任务的一次性，社会环境的影响与反对变革的态度，界面的划分与合同的执行方面，项目经理缺乏威信及项目管理技能和经验，缺乏对项目组织成员工作明确的结构划分和定义，协调会议主题不明，项目经理权威性不强，管理信息系统设计功能不全。

项目经理方面的障碍表现在以下几个方面：项目经理独裁，不允许提出不同意见和批评，使得内部信息不畅，上级部门人员或职能部门人员故弄玄虚或存在幕后问题；组织有强烈的人际关系冲突，项目经理和职能部门经理之间互不信任，使项目组织内的参与者无所适从，陷入矛盾中；项目经理不愿意向上级汇报坏消息，不愿意听那些与自己事先形成的观点不同的意见，采用封锁的办法处理争执和问题，以为问题会自行解决；项目组织成员兴趣转移，不愿承担义务；项目经理将项目管理看做是办公室的工作，工作计划和决策仅依靠报表和数据，不注重与实施者直接面对面的沟通；项目经理经常以领导者居高临下的姿态出现在成员面前，不愿多作说明和解释，喜欢强迫命令，对承包商经常动用合同处罚权或以合同处罚相威胁（成虎，2004）。

8. 项目实施过程中几种重要的沟通

项目实施过程中，围绕着项目经理和项目经理部有几种最重要的界面沟通。一是项目经理与业主的沟通。通过不断地交流，使业主理解项目实施过程，理解项目管理方法，让业主一起投入项目全过程，减少非程序的干预和越级指挥（胡振华，2001）。二是项目经理部内部的沟通。项目经理所领导的项目经理部是项目组织的领导核心。项目经理部的工作人员是项目的具体实施者，特别是在矩阵式项目组织中，项目经理和职能人员之间及各职能人员之间应有良好的工作关系。项目经理在项目经理部内部的沟通活动中起着核心作用（成虎，2004）。三是项目经理与职能部门的沟通。他们之间的沟通既十分重要，又十分复杂，特别是在矩阵式组织中，他们之间权力和利益的平衡存在着许多内在的冲突。项目的每个决策和行动都必须跨过此界面来协调，而项目的许多目标与职能管理目标差别很大。他们之间有高度的相互依存性，双方之间应有一个清楚、便捷的沟通渠道。项目经理必须依靠职能经理的合作和支持，在此界面上的协调是项目成功的关键。

三、工程项目协商技术

1. 协商的含义

协商、商量是中国传统文化中处理各种争议、争端和冲突的最有效、最文明的方法。协商是为了解决某些事情而与他人商量、商议（阿诺德·M. 罗金斯和W. 尤金·埃斯特斯，1987）。协商的基础是项目计划和有关文件（理查德·怀特黑德，2002）。项目经理为了解决工作范围、工作衡量标准、人员委派、三大目标协调实施等问题，必须经常与委托人、相关组织的负责人、职能经理、供货商和分包商以及内部人员等进行协商。在工程实施中，各方面的问题都需要协商，所以项目负责人必须懂得如何进行成功的协商（菲利普·霍尔登，1999）。通过协商实现职权控制，有一些基本准则：协商应该在最低层次的界面发生；问题的定义必须包括绝对优先权（问题、影响、备选的替代方案和建议）；当且仅当不能达成一致时，才能使用高一级的职权（哈罗德·科兹纳，2010）。协商是在广泛沟通之后更进一步的商谈与商议，是一种正式的、更高级别的沟通。

2. 协商的要素

1）合作

协商是一种合作的事业。通过双方的协商，使两人或者两方面寻求一种合理的安排，使双方在最后都比他们目前的状况更好。实质上，双方采用协商方式相互做出让步，目的是找出一个“得—得”的安排和实施，并避免“得—失”的结局。协商是一种合作，而不是一个竞争过程（阿诺德·M. 罗金斯和W. 尤金·埃斯特斯，1987）。成功的协商，双方都必须让对方赢得某些好处。如果一方带着彻底击败对方的想法来参与协商，那么就是心理上没有做好协商的准备。只要对方发现不能赢得某种好处，就会停止协商。如果得到与付出不相称，没有一方会愿意继续协商。

2）满足双方真正的需要

成功的协商应能满足双方真正的需要。如果希望协商成功，每一方必须寻找使另一方得益的回报性条款；否则，既不能促进协商，又不能促使对方做出任何让步（阿诺德·M. 罗金斯和W. 尤金·埃斯特斯，1987）。协商的本质在于满足对方的真正需要，解决各自面临的问题和共同希望解决的问题。协商要使双方达成共识，寻求共同的利益。双方需要一起弄清各方需要什么和可以放弃什么。这种指导思想有助于保持一种合作精神，直至取得一致为止。在协商过程中，适量的信息交换，有助于各方避免在没有得到对方让步的情况下，做出重大的让步。

3）有关行为的过程

协商是通过正式的途径，双方交换信息，讨论、商议各自的让步与回报（阿诺德·M. 罗金斯和W. 尤金·埃斯特斯，1987）。这种行为使双方能够估计某一时刻可以提供多少信息和让步，以及预期得到多少回报。每一方都这样认为，他们的交换与让步应该大致平衡，直至双方对整个情况满意为止。

3. 协商技巧

“协商技巧”包含两种意义：第一种意义是有助于协商者交换信息和做出让步的实践和方法，以及帮助他们如何避免做出不愿意的让步。第二种意义是为了得到让步，一方可能给对方施加心理上的压力。一般情况下，如果没有这种压力，不会做出让步。

1）确定问题

对于协商者来说，重要的是双方都应确定好自己要进行协商的内容及条款。双方应列举所关切的事，并建议研究这些问题的程序或议事日程（阿诺德·M.

罗金斯和 W. 尤金·埃斯特斯，1987）。正如前面所讨论的，把双方看来是困难的问题放在议事日程的结尾，通常是有益的。这样，各方将让对方推迟提出所要求的问题。如果这样做了，首先提出的只是双方认为是次要的或容易解决的问题。当容易的问题解决了，双方慢慢共同建立起良好的愿望，这有助于解决更为困难的问题。

2）给协商参加者授权

前面已述，协商是更进一步的沟通，具有相对的正式性，协商代表必须被授权。既然协商实质上包含了相互让步，则协商者具有与做出让步相称的权力对双方都很重要。否则，具有较大权力的一方会发现，自己要承诺做出重要让步，而另一方则只是承诺较不重要的让步。为了避免做出的让步大于得到的回报，每一方应该知道另一方的授权。

3）建立良好的愿望

良好的愿望有助于协商过程（菲利普·霍尔登，1999）。在某些关键性问题上，至少有一方必须提供让步，并讨论使另一方做出相应的回报。然而，并不能保证提供的让步不会遭到拒绝，拒绝可能会妨碍先提出一方的让步。不过，当有一个良好愿望的感觉时，这种妨碍就显著减少。良好的愿望，使得拒绝的可能性降低。良好的愿望，是由双方互相小心对待而发展起来的，也可以通过解决几个较容易的问题而发展起来。

4）请求更高的权威

有时候，一方发现与另一方进行协商时很困难，就会要求与一个更高的权威打交道。如果对方请求与本方更高的权威交谈，那么，应当在进入协商以前，对更高的权威作简短而全面的介绍。而且，更高的权威不应当答应单独协商，而是始终由原来参加协商的某些人陪同，这将避免对方试图重新协商老问题（阿诺德·M. 罗金斯和 W. 尤金·埃斯特斯，1987）。

5）中止无休止的要求

有时候，一方需要避免讨论一个当前看来有利，但以后无法防御的问题。发生这种情况时，首席协商者应当向组员们示意中止这种不可能实现的要求（阿诺德·M. 罗金斯和 W. 尤金·埃斯特斯，1987）。中止的基本方法是：建议进行短暂的休息，或进行午餐休会，或者分散交谈等。再次恢复会议时，一方可以开始另外一个主题，这样就难于重新提出麻烦的问题。

6）保证诺言

协商结束时，双方需要用书面材料确定双方已同意的条款。如果是协商，也应是按每一次会议的结果来做出这种书面材料。这些书面协议能防止否认和争论早先已讨论的结果，促使协商向前进展。最后，双方可以用书面形式来确定他们的协议并进行正式的签订。

成功的协商者，其关键的能力和技术措施在于将对方的需要迅速而相当准确地判断出来。这样能避免当对方真正需要增加费用时，自己却提出延长进度方面的问题，影响协商成功率。

4. 协商的准备

项目负责人应为协商进行适当的准备，这样能够增加协商成功的机会（阿诺德·M. 罗金斯等，1987）。协商的准备有如下几个方面。

1）确定协商目标

项目负责人应当确定协商的目标，应明确期望结果的哪些方面是要确保的，哪些方面则只是争取的。对于想达到的各个目标的预期困难程度，也应当进行初步的估计。

2）确定可能意向

对于协商的条款，应分析对方的实际情况，应当确定各项条款的重要性，排出先后次序，以便“代价较低”的可以在“代价较高”的之前提供。这将使协商者能够为了取得让步而提供价值小的条款，并在协商的早期，建立良好的愿望，确定可以实现的意向。

3）确定对方的需要和制约条件

每一方应当了解对方的真正需要，以便予以尽量满足。每一方还应当了解对方的真正约束条件，以免提出不可能满足的要求。如果对方发觉所提要求违背他本身的实质性约束条件，就可能退出协商。

4）制定议事日程

议事日程应当从较次要的条款和容易赞同的问题，逐渐进展到主要问题和可能是难以达成共识的问题。每一方在尝试协商主要和困难问题以前，需要形成一种合作的气氛和向对方表示良好的愿望。在转入困难问题时，应有一种满足相互利益的气氛和氛围。这种经验和态度，有助于双方得到一个相互满意的结论。

5）知己知彼

协商的一方应尽力弄清对方对他的看法，有助于准备反对对方不适当的行为。如果一方认为面对着一个较弱的对手，可能会提出额外的要求。这使提出要求的一方力求保全面子，而可能使协商陷于困境。为了避免和打破这种僵局，可以提出多个可供选择的方案，而不是简单地拒绝让步的要求；有时候可以把相关要求分解成几个部分，从而放弃其中一部分。

如果对方认为碰到的是一位极其强硬的协商者，可能采取防范的态度，不愿交换对结束一次成功协商极端重要的信息。在这种情况下，应当热情对待对方，并在一方自身的理智指导下建立其信心。如果一方预期对方会不正确地评价对方，那么最好从一开始就尽力修正对方的印象，在安排协商和确定议事日程时，就可以这样来做。在次要问题上照顾对方，以表示通情达理，而在真正要坚持立场的地方，能够显示坚持原则的能力。

6）提供备选方案

进行协商的有关各方，对于商议难度较大的条款，要准备能够被接受的替代解决方案，以备在一种方案不能使对方接受时提出。由于要寻求共同的利益，在协商中对备选方案做出某些解释是必要的。如果双方事先了解能被接受和不能被接受的相关备选方案，协商就能够顺利进行。

7）确定协商人选及任务分配

对一次具体的协商，选择协商者包含两个方面：一方面是决定协商者应当是个人或是一个小组；另一方面是决定何人出面进行协商。如果选择协商小组的方式，那么就要给小组成员分配任务。单人协商者可以避免小组成员之间的不一致，而出现使对方可攻击的论据，也便于当场决策，以做出或得到必需的让步。小组协商则能提供互相补充的专门知识，来纠正说错的地方，提供关于所述的证据，有了更多的观察者，能够共同判断，并向对方表现出更大的对立面。

8）事先练习

协商需要的准备工作量取决于以下几个因素：一是协商者的技巧；二是协商内容的重要性及可提供备选方案的多少。在重要协商以前要进行练习，有助于发现协商中将遇到的困难，以便拟订并评价可供选择的方法，也便于对将要参加协商的人进行排练，并取得从事协商的技巧。

5. 协商安排

协商的安排包括协商的时间、地点和进度（阿诺德·M. 罗金斯和 W. 尤金·埃斯特斯，1987）。“时间”是指协商何时开始，应当注意到双方何时已准备好进行协商，并且为了使协商结果有益于工程，应当及时实施并完成协商。选择协商的地点，包括避免干扰，获得心理上的优势以及可以使用的人员、装备及服务等因素。“进度”是指协商的速度。即使协商的一方没有迫使对方接受一个限期，由于协商结果有时间性，工程项目需要按期结束协商。通常，时间较富裕的一方，可能拖延至限期。当限期接近时，更为焦急的一方可能失去耐性，不再想力争他提出的要求。最后他可能比原来设想的更加容易地做出让步，并要求较少的回报来结束协商。

四、工程项目谈判技术

谈判是重大争端问题处理的一种方法，也是沟通和协商之后最为正式的商谈方式。随着项目实施的进展，项目组织经常需要同组织以外的个人或集体谈判。谈判是为了实现双方均可以接受的局面而采取的行动，旨在就彼此均认为很重要的问题、可能引发冲突的问题、需要合作才能得以解决的问题达成协议（钱明辉和凤陶，2001）。在现代项目实施和管理中，每个项目的不同活动都需要成本费用，在成本经费固定的情况下，某个活动成本费用增加就必然意味着另外活动成本经费减少，双方必然发生矛盾，这种矛盾具有建设和破坏两种作用。如果项目管理者都具备良好的谈判协商能力，就能使双方都获得满足，工作也就可以顺利进行。美国谈判协会会长杰勒德·I. 尼尔伦伯格（1998）认为，谈判是人们改变相互关系而交换意见，为取得一致而相互磋商的一种行为，目的是直接影响人际关系，对参与各方产生持久利益的一种过程。双方由利益驱动，从而产生谈判行为（许成绩，2003；王长峰等，2007）。谈判代表着一种最高层次的影响力艺术。一个高效的项目经理经常以一种系统的方式进行谈判。在原则性谈判中，主要的目标是寻找一个双赢的办法使得双方能通过谈判达到各自的目标（杰弗里·K. 宾图，2010）。

谈判通常是项目管理过程解决冲突的一种手段。这是因为工程项目建设中建筑材料等产品要靠项目以外的人提供（格雷厄姆，1988）。谈判比协商的重要性或正式程度要高，或者说，谈判是更高一级的协商。由于谈判技术是大家熟悉的工作，本书只对工程项目有关的内容作简要说明。

1. 工程项目实施中谈判的内容

工程项目谈判与产品交易谈判有很大区别。如果用买方和卖方的观点来看，项目谈判的买方则是业主，卖方是承包商、供应商等，而在工程项目实施过程中，承包商又成为买方，供应商等又成为卖方。工程项目谈判是最复杂的谈判之一。这不仅仅是由于谈判的内容涉及广泛，还由于谈判常常是两方以上的人员参加，可能包括业主方、设计方、承包方等。承包方又可能有分包商、供应商等，而业主方可能还有投资方、管理方等（杰勒德·I. 尼尔伦伯格，1998）。

在工程项目谈判中，卖方即承包方是通过对其人工成本、分包商成本、所购入原材料和安装设备成本的计算，提高标价来获取利润的。因此，标价越高，获利也越大。但买方在多数情况下是通过招标的方式来选择自己的谈判对手。这样，在谈判开始之前，双方对标价就有一个大概的估价，在谈判中着重讨论的是项目预算的各项成本费用、项目质量标准、工期、保险等。同时，承包商的信誉、能力以及技术人员的经验，都是影响谈判双方的重要因素（杰勒德·I. 尼尔伦伯格，1998）。

工程项目的谈判分技术谈判与商务谈判两个阶段（陈光健，2004）。项目谈判任务通过谈判策略、谈判计划和实施谈判三个阶段完成（艾伦·埃斯克林，

2002)。工程项目谈判一般应包括以下内容：人工成本方面、材料成本方面、保险范围和责任范围、进度报告、承包商的服务范围、工程设计调整、价格变动、设备保证书、工程留置权，其他诸如不可抗力、执照和许可证、侵犯专利等都是双方谈判所涉及的内容，不可忽略（李品媛，1994）。

2. 项目谈判的原则

同其他类型的谈判相一致，项目谈判前需要遵循的原则有以下几个方面：①认同原则。就是在谈判中要体现出对对方组织文化价值观的认同，同时尽量让对方认同你的观点。②制造竞争原则。谈判中没有竞争，只有一个买家，或者只有一个卖家，是很危险的，再加上时间的限制，谈判就不容易成功。③截止期原则。谈判的截止期是自己拟订的，是灵活的，要注意超过截止期会产生什么后果、风险。永远不要暴露你的截止期，对方表现得再平静、再冷淡也是有截止期的，协议都是在截止期附近签订的，要有足够的耐心。④理解和尊重原则。必须体现出对对方的理解和尊重，不要无端猜疑，或者无端地指责对方，要建立良好的合作关系。谈判协议的达成，就意味着双方合作的开始。⑤让步原则。谈判中不可能从头至尾一直坚持你自己的观点，双方都要让步，不可能出现不让步的谈判（杰勒德·I. 尼尔伦伯格，1998；李颖和李炎，2002）。

3. 项目谈判应注意的问题

项目组应该给谈判者清楚地交代任务（格雷厄姆，1988）。一个集体派出的谈判人员常肩负着下列三种使命之一。第一，他们可能是没有任何实际权力的使者，他们的任务仅仅是听、看和带回信息。第二，他们代表本集体。这时，他们能够参与谈判的过程，但不经项目组织批准，他们不能最后决策。第三，完全自主的谈判者。此时，谈判者有充分的权力，无需与项目上级组织协商就可以做出最后的决策。对第一种情况，项目组织可不必担心，因为没进行任何实际谈判。第二种情况保留了监督谈判者的可能，保证他不致受到外部需要和现实的严重影响，却降低了他在谈判中的权力和灵活性。第三种情况，要求项目组织给谈判者高度信任、极大的灵活性和与其他集团谈判的权力。它要求项目组成员相信谈判者在各种条件下都能达成最佳协议，相信他在谈判期间完全代表本组的利益。第二和第三种情况，谈判者都必须回到项目组，说明他的谈判结果真正符合集体意志和利益。无论哪种解决方案，应考虑外部因素时的理想方案，这就是说，项目组织应该处理的问题是它能施加影响的问题。

五、工程项目冲突处理技术

大的分歧、争端，严重的冲突，在经历了通报、沟通、协商和谈判之后，仍不能彻底解决的，就需要进入冲突处理阶段。但在项目实施过程中并不是机械地等到最后再解决问题，而是各个协调阶段或过程都在寻求解决冲突。

1. 冲突处理的观念

冲突处理会影响项目组织的文化，影响项目实施。如果冲突能处理得当，它能极大地促进项目的工作。冲突能将问题及早暴露出来并引起团队成员的注意；冲突迫使项目团队寻求新的解决方法，培养队员的积极性和创造性，从而实现项目创新；它还能引发队员的讨论，形成一种民主氛围，从而促进项目团队的建设。正是在这样一个冲突的环境中，项目才能不断地发展和创新（席相霖，2002）。冲突必须在实施过程中及时解决，冲突产生与处理流程示意图如图4-6所示，如果处理不当，冲突会对项目团队产生不利影响。它能破坏沟通，人们不再相互讨论、交流信息；它会使成员不大愿意倾听或尊重别人的观点；它能破坏团队的团结，降低信任和开放度（杰克·吉多和詹姆斯·P. 克莱门斯，2007）。

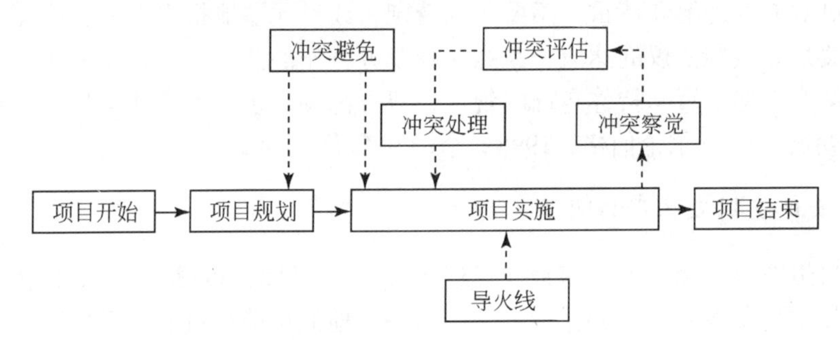

图4-6　冲突产生与处理流程示意图

2. 冲突处理的模式

福列特提出了“运用冲突”的观点。不要去追寻在冲突中谁对谁错，甚至不要去问什么是对的，而是先假设双方都是对的，对于存在的问题双方都可能给出自认为是正确的答案。对于冲突的正确运用就是在认同双方利益的基础上，使冲突的双方共同所有，使双方站在对方的立场上去相互理解问题，同时寻求双方都能认为是正确的满意答案，冲突管理的最终结果并不是“胜利”，也不是“协商”，而是利益的整合。福列特的“建设性冲突”的思想有着非常巨大的现实意义，在今天充满变化并需要不断发展的环境中，整合和协同是根本的解决之道。

“处理冲突的方式主要有三种：控制、妥协以及整合。控制是一方战胜了另一方，这是处理冲突最容易的方式，但其效果是短暂的，长期来看并不成功；妥协是我们解决大部分分歧的方式，每一方为了和平都退让一点，或者准确地讲，为了让被冲突妨碍的活动能够继续进行，没有人真正想去妥协，因为这意味着要放弃一些东西；整合是将双方的要求整合起来，它满足了双方的要求，没有任何一方需要牺牲，整合可能是处理冲突和差异最富成效的方式。”（玛丽·福列特，2007）

福列特处理冲突的思想与方法为我们提供了一个基本模式和框架。尽管引发冲突的因素多种多样，尽管不同的冲突源在项目的整个生命周期中呈现出不同的性质，但面对众多的冲突，这里分析五种基本的处理模式。

（1）撤出。撤出或回避的方法就是尽量避免直接冲突，让卷入冲突的项目成员从这一状态中撤离出来，从某个实际的或可能性的争执中退出，从而避免发生实质的或潜在的争端（毕星和翟丽，2000）。但是，这种方法并不是一种积极的解决途径。项目经理不能说“不”。真正意义上的工程项目经理，能够撤出或回避冲突是不多的，很多问题是不能绕道而走的，工程项目与其他类型的项目有明显区别。

（2）面对。大多数相关著作都提到该模式。这种方法的精神实质就是正视冲突（席相霖，2002），认为解决冲突或在冲突中获胜要比“勉强”保持人际关系更为重要。项目负责人遇到冲突，不想面对也要面对，后退就面临项目受损或失败。面对这种模式，必须用玛丽·福列特（2007）提出的“整合”思想来处理，项目负责人必须是整合问题的专家。直接面对冲突是克服分歧、解决冲突的有效途径。团队成员直接正视问题、正视冲突，经过整合得到一种明确的结局。这种方法既正视问题的结局，也重视团队成员之间的关系。每位队员都必须以积极的态度对待冲突，并愿意就面临的问题、面临的冲突广泛地交换意见。特别是内部冲突，必须直面，越早解决，越有利于项目进展。暴露冲突和分歧，才能寻求最好的、最全面的解决方案。

（3）缓和。“求同存异”是这种方法的精神实质。淡化或避开不一致的领域，强调一致的部分（毕星和翟丽，2000）。这种方法通常的做法是忽视差异，在冲突中找出一致的方面。这种方法认为，团队队员之间的关系比解决问题更为重要，通过寻求不同的意见来解决问题会伤害队员之间的感情，从而降低团队的凝聚力。尽管这一方式能缓和冲突，避免某些矛盾，但它并不利于问题的彻底解决。

（4）妥协。协商并寻求争论双方在一定程度上都满意的方法是这一方式的实质（席相霖，2002）。这一冲突解决模式的主要特征是“妥协”，并寻求一个调和的折中方案。冲突的双方各自做出相应的让步。有时，当两个方案势均力敌、难分优劣之时，妥协也许是较为恰当的解决方式。

（5）强制。肯定一方，否定另一方，通常用在有竞争且“非赢即输”的情形下（毕星和翟丽，2000）。强制的实质就是玛丽·福列特（2007）提出的“控制”。直接解决冲突也是克服分歧、解决问题的一种途径，这是一种积极的冲突解决方式。当然，有时也会看到这种解决方式的另一种极端情形，用权力进行强制处理。

通过对众多项目经理处理冲突方式的考察，项目管理专家总结出如图 4-7 所示的冲突处理模式（毕星和翟丽，2000；席相霖，2002）。项目经理处理冲突的风格决定了他处理冲突的模式。从图 4-7 中可以看出，面对是项目经理最常用的处理模式，有 70% 的经理喜欢这种冲突处理模式。排在第二位的是以权衡和相互让步为特征的妥协模式，然后是缓和（调停）模式，最后是强制和撤出模式。

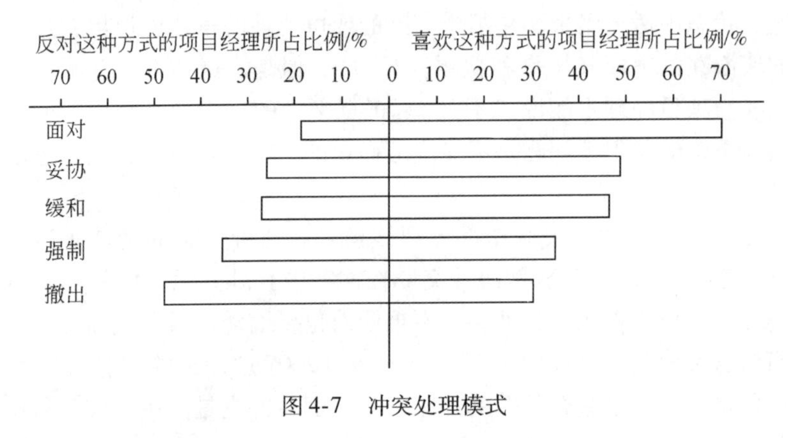

图 4-7　冲突处理模式

3. 冲突处理的方法

冲突的处理最终是要平息分歧与争端，冲突处理的模式为冲突处理提供了思路，但还得有具体的解决办法。由于冲突的种类和性质不同，其处理和解决的方法也不相同。按冲突发生的背景和程度的不同，这里主要讨论以下三种处理方法。

1）权威解决法

权威解决法指由上级主管部门做出裁决，通过组织程序迫使冲突双方接受上级提出的解决方案。这种方法主要是采取强制手段解决冲突，因此，这种方法往往不能从根本上解决问题。一般情况下，不宜采取这种方法，但在特殊情况下，为了不失时机地完成某项任务，领导者必须当机立断，及时地解决冲突。组织之间、人员之间的事务性冲突，进度方面的问题等，大多可由上级部门及领导来解决。

2）仲裁解决法

仲裁解决法指双方当事人依据争议发生前或争议发生后所达成的仲裁协议，自愿将争议交付给独立的第三方（仲裁委员会），由其按照一定的程序进行审理并做出对争议双方都有约束力裁决的一种非司法程序。仲裁裁决尽管不是国家裁判行为，但是同法院的终审裁判一样有效（池仁勇，2009）。第三方或较高层的专家、领导出面，通过仲裁，使冲突得到解决。一般来说，出任仲裁者必须具有一定的权威性，且冲突双方都有解决问题的诚意，否则仲裁解决法就可能无效。在仲裁过程中，仲裁者要充分听取双方的陈述和意见，拿出有理有据的解决方案和办法，使冲突解决的结果公平合理，双方满意。工程技术方面的争端与冲突，权威专家仲裁是最有效的。技术层面，如质量纠纷、小额费用争议等，可由相关政府部门的分析、鉴定、判断来解决。

3）诉讼解决法

诉讼解决法是通过人民法院判决来解决冲突，是强制解决冲突的一种方式。关于费用方面的争端，法律效果是最终也是解决问题最彻底的方法。重大质量事故，进度严重拖延影响项目效益发挥，大额费用争端等，可采用这一方法解决。仲裁和诉讼的结果均具有法律效力，但只能采用一种方式。

通报技术、沟通技术、协商技术、谈判技术和冲突处理技术，这五大协调技术是一个往复循环、螺旋递进的过程，直至解决冲突、矛盾或争端，实现协调的目的，顺利实现项目的目标。

第三节 工程项目管理协调

通过前面的分析我们知道，项目实施过程中冲突处理本身就是管理协调，但它还包括计划、组织、决策与指挥及合同关系方面的协调等其他管理职能，现进行简要分析。

1. 计划方面的协调

计划是“活着的文件”，计划工作本身既是项目协调的基础，又是协调的重要手段，同时也是被协调的对象。计划是项目相关者通报工程情况和协商各项工作的渠道。不协商，就不能制订计划；没有计划安排，也就不能进行协调工作。计划增进了相互的理解，使所有项目参与者更好地了解项目的目的和目标，让项目参与者正确理解自己工作的意义，帮助大家了解何时达到目标。没有人乐于接受不明不白的任务（格雷厄姆，1988）。同时，项目的质量计划、成本计划、进度计划、财务计划、采购计划等，常常都由不同的项目任务组编制和实施，其协调工作自然很繁重。计划逐渐细化、深入，并由上层向下层发展，就要形成一个上下协调的过程，既要保证上层计划对下层计划的控制，下层计划又要保证上层计划的落实。大型工程项目还存在长期计划和短期计划的协调，同样必须在长期计划的控制与协调之下编制短期计划。

2. 组织方面的协调

项目组织是项目所有协调工作的基本载体。现代项目中参加单位非常多，形成了非常复杂的项目组织系统。项目中组织利益的冲突比企业中各部门的利益冲突更为激烈和难以调和，项目组织是项目协调的载体，组织协调是项目协调最为重要的方面和形式。只有通过积极的组织协调才能实现项目各个系统全面协调的目的（成虎，2004）。项目的成功需要各方面的支持、努力与合作。但由于各参与单位有不同的任务、目标和利益，它们都不断地影响着项目实施的过程。

项目组织与其上层组织之间存在着复杂的协调关系：一是上层组织是长期的、稳定的，项目组的人员由其提供，项目组织必须适应上层组织的战略、运行方式、组织文化、责任体系、运行和管理机制、分配形式等。二是两者之间存在的责权利关系决定着项目的独立程度。项目实施常常受到上层组织的干预，项目组织既要保证对项目的全面管理，使项目实施符合上层组织的战略和总计划，又要保证项目组的自主权，使项目组织有活力和积极性。三是组织资源有限，在多项目之间存在十分复杂的资源配置问题。四是组织管理系统和项目管理系统之间存在着十分复杂的信息交流。五是项目参与者通常还有原部门的工作任务，甚至同时承担多个项目任务。不仅存在项目和原工作之间资源分配的优先次序问题，而且工作中常常要改变思维方式（成虎，2004）。

3. 决策与指挥方面的协调

项目组织目标的确定以及为达到此目标所采取的行动，都是靠一系列的决策行为来完成的。决策水平与质量的高低以及实现的可能性，往往关系到项目组织的协调成果。决策与指挥的任务主要是处理好任务完成过程中不同矛盾和存在的意见分歧，决策失误或者是长时间议而不决，让项目中的冲突长期存在，将会使管理的职能作用难以发挥，给项目协调带来障碍。项目指挥中的协调工作内容在于：为项目实施制定出愿景，并把这种愿景推销给项目团队和所有参与者；处理项目实施过程中的变化；同干系人建立利益网络，确保他们支持项目；为项目工作制定领导体系；保证良好的项目环境；观察对于可能影响项目的因素，并通过协调消除这些影响；成为项目和其目的的象征；在所有参与者和其他既得利益者之间为项目建立政治支持（戴维·I. 克利兰，2002）。

4. 合同关系的协调

项目实施过程中各种各样的合同文本，是具体的、形式化了的控制与协调的基准。项目的合同管理包括合同的订立、履行、变更、索赔、解除、终止、解决争议等过程，业主的主要合同关系如图 4-8 所示（成虎，2005）。同样，承包商的合同关系也是非常复杂的。项目合同应明确各相关方的责、权、利，包括工程质量、进度及相应的关键控制点，成本控制及相关的费用变更管理，明确的工作界面及关键施工项目，合同中的风险管理等。合同关系的协调管理内容具体、面宽、工作量大。

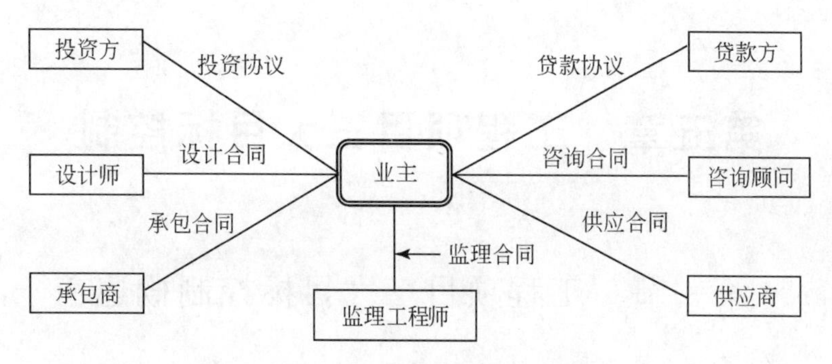

图 4-8 项目参与各方的合同关系

项目合同具有经济法律关系多元性、内容庞杂条款多、履约周期长等特性(田振郁，2007)。项目合同关系建立在项目实施之前，确立了项目参与各方在项目实施过程中的相互关系。项目的特点决定了合同有不同程度的预测性和不完备性，项目的技术难度越高、规模越大，合同的完备性就越差。项目中的分歧和争议通常由合同文件不完备、类型不恰当、合同中某一方破产、技术规范要求不明确等引起，99%的此类争议可以通过谈判解决（罗吉·弗兰根和乔治·诺曼，2000)。项目合同的不完备性，为合同变更和承包商的索赔提供了条件。各参与单位会从自身的利益出发来行动，不可能在任何情况下都是合作的。据统计，我国现阶段合同约定的质量、成本、工期三大目标最终能同时实现的仅占30%左右（李启明，2001)。建设环境复杂，在合同履行过程中业主方与承包方的认识和行为存在着差异和缺陷，这种缺陷可能导致工期延长，成本增加。所以，在进行项目三大目标协调时，合同关系既是非常重要的依据，同时也伴随着许许多多的冲突，必须通过合同明确各方的权利、责任和义务。在项目施工中，应始终从项目整体目标出发，使控制的范围、协调的视野包含所有的参与单位和个体，并且使参与各方形成良好的双向信息交流，形成完整的控制体系和网状的协调体系。合同当事人之间发生纠纷应及时协商，取得一致意见。协商不成，任何一方均可向合同管理机关申请调解或仲裁，也可进行法律诉讼。

第五章　工程项目三大目标控制

第一节　工程项目三大目标控制概述

一、工程项目质量控制的任务和内容

1. 项目质量控制的含义

质量是反映产品或服务满足明确或隐含需要能力的特征和特性的总和。工程项目质量是指坚固、耐久、经济、适用、美观等这些能够满足社会和人们需要的自然属性和技术性能。质量是项目的保证。如果没有质量的保证，项目管理与项目控制就无从谈起。

1）质量控制

工程项目质量控制，按国际标准化组织的定义，是指满足质量要求所采取的作业技术和活动。按项目所要求的质量标准所采取的控制措施、手段和方法，即项目质量控制是指采取有效措施，确保实现合同约定的质量要求和质量标准，达到预期目标（张金锁，2000）。

2）质量控制的特点

项目质量比一般产品更难以控制。由于工程建设周期长、涉及面广，因此项目质量控制是一个极其复杂的综合过程。它具有比一般产品质量更难以控制的特点：影响质量的因素多、易产生质量波动、易产生系统因素变异、易产生判断错误、质量检查时不能解体和拆卸（黄金枝，1995）。同时，在项目实施的过程中，各阶段具有连续性和相关性，各个阶段的质量相互影响，如果前一个阶段或前一道工序质量不合格，要影响到后一道工序的质量。

3）质量目标与其他目标的关系

质量是成本、工期和项目规模等相关各种参数的函数，这些变量之间的关系可以用下面的公式来概括性地表示：

$$Q = F(C,T,S,P,E) \tag{5-1}$$

式中，Q 为质量要求；C 为成本；T 为工期要求；S 为项目的规模；P 为项目参加单位及参与者；E 为环境。

没有质量，也就没有数量和效益，项目质量是项目三大目标控制的重点，项目质量永远是考察和评价项目成功与否的首要方面（张良成，1999；毕星和翟丽，2000）。在项目三要素中，工程项目质量是第一位的，没有质量就谈不上其他两个要素的管理，质量好坏必然影响进度和成本，质量出现问题会引起返工，浪费大量的人力、物力、财力，甚至出现罚款赔偿，造成重大经济损失。

2. 项目质量管理与控制的任务

项目质量控制是通过质量管理实现的。质量管理的任务是确立质量方针、目标和职责，核心是建立有效的质量管理体系，通过具体的质量策划、质量控制、质量保证和质量改进来确保质量方针、目标的实现（纪燕萍等，2002）。

质量控制的任务主要有：对影响质量的各种作业技术和活动制订质量计划和施工组织设计，即确立质量控制计划和质量控制标准；严格按照已确立的质量计划和施工组织设计实施，并在实施过程中进行连续的检验和评定；处理不符合质量计划和施工组织设计的情况，及时采取有效的纠正措施。可用三维坐标表示工程项目质量控制，如图5-1所示（梁世连和惠恩才，2008）。

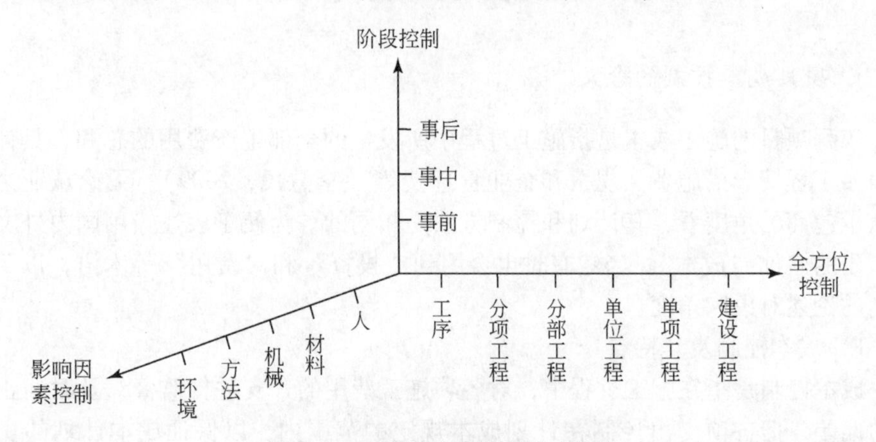

图5-1 工程项目质量控制示意图

3. 项目质量控制的内容

质量控制的内容包括确定控制对象，规定控制标准，制定具体的控制方法，明确所采用的检验方法，分析实际状况与标准之间的差异，为解决差异而采取的行动等（纪燕萍等，2002）。具体来说，工程项目质量管理与控制主要包括以下内容：认真贯彻国家与地方颁发的技术标准、规范、规程和各项质量管理制度，并结合本工程项目的具体情况制订质量计划和工艺标准；编制并组织实施工程项目质量计划；运用全面质量管理的思想和方法，实行工程质量控制；认真进行工程质量检查；组织工程质量的检验评定工作；做好工程质量的回访，听取用户意见，并检查工程质量的变化情况（张金锁，2000）。

项目的质量管理是综合性的工作。项目质量管理目标和过程围绕项目目标和范围，适用于所有项目管理职能和过程，包括项目决策的质量、项目计划的质量、项目控制的质量，以及战略策划、综合性管理、范围管理、成本管理、工期管理、人力资源管理、组织管理、沟通管理、风险管理、采购管理等过程（成虎，2004）。凡是构成工程项目实体、功能和使用价值的各方面都应列入项目质量目标范畴，对参与工程建设的单位和人员的资历、素质、能力和水平，特别是对他们工作质量的要求也是质量目标不可缺少的组成部分。

人既是工程建设项目质量控制的主体，又是工程建设项目质量控制的客体。人对工程建设项目质量的影响主要反映在以下几个方面：领导者的素质；人的理论、技术水平；人的生理缺陷和心理素质；人的错误行为和违纪违章行为。本着因才使用、扬长避短的原则，合理使用各方面的人才，充分调动人的主观能动性、创造性、自觉性、积极性（肖维品，2001）。

二、工程项目成本控制的任务和内容

1. 项目成本控制的含义

工程项目的施工成本是指施工过程中所发生的全部生产费用的总和，具体包括直接工程费、措施费、规费和企业管理费等（李慧民，2009）。无论从业主还是从承包商的角度看，其计划和控制方法是相同的。为便于表述，用国内外文献中常用的名称“成本”。当然有时也会用到“投资”和“费用”等术语，以区别不同的论述对象和角度。

1）成本控制及其特点

成本控制是指在施工过程中，对各项施工费用的开支进行监督，及时纠正发生的偏差，把各项支出控制在计划成本规定的范围内，以保证成本计划的实现（张金锁，2000）。成本控制具有以下特点：一是成本控制的综合性，成本目标不是孤立的，它只有与工程范围、质量目标、进度目标、效率、消耗等相结合才有它的价值，必须追求它们之间的综合平衡；二是工程建设周期长，但成本控制的周期不可太长，通常应按月进行核算、对比、分析，而实施中的控制以近期成本为主（李慧民，2002）；三是成本控制需要及时、准确的信息反馈，包括工程消耗、工程完成程度、质量资料等。

2）成本控制的依据和原则

成本控制的依据有工程项目的成本管理计划、进度报告、工程变更、索赔文件。此外，工程承包合同、相关法律法规等也是成本控制的依据。成本管理有成本最低化原则、节约原则、全面控制原则、动态控制原则、目标管理原则、责权利相结合的原则和例外管理原则（成虎，2004）。

3）成本目标与其他目标的关系

同样，成本是质量、工期和项目规模等的函数，这些变量之间的关系可以用下面的公式来表示：

$$C = F(Q,T,S,P,E) \tag{5-2}$$

式中，C 为成本；Q 为质量要求；T 为工期要求；S 为项目的规模；P 为项目参加单位及参与者；E 为环境。

成本控制必须与质量控制、进度控制、合同控制，包括索赔和反索赔等同步进行（成虎，2004）。在项目实施过程中，对成本分析必须同时分析进度、效率、质量状况，才能得到实际的信息，才有指导意义和作用。成本变更可能导致质量、进度方面的问题，或者引起新的项目风险。不能片面强调成本目标，否则容易造成误导。为降低成本，特别是建设期成本而使用劣质材料、廉价的设备，结果会拖延工期，损害工程的整体功能和效益。在实际工程中，成本超支是很难弥补的，通常都以牺牲项目其他目标为代价，对此管理者应有充分的认识。

2. 项目成本控制的主要任务

施工阶段成本控制的主要任务是通过工程施工、设计变更与新增工程费控制及索赔处理等手段，努力实现实际发生的费用不超过计划投资，包括编制成本计划、审核成本支出、分析成本变化情况、研究成本减少途径和采取成本控制措施等五个方面的任务（黄金枝，1995）。前两个方面的任务是对成本的静态控制，是比较容易实现的，后三个方面的任务是对成本的动态控制，是很难实现的，不仅需要研究一般工程项目成本控制的理论和方法，还需要总结特定工程项目成本控制的经验和数据，才能实现工程项目管理的动态成本控制。

3. 项目成本控制的主要内容

成本控制的内容一般包括成本预测、成本计划、成本现场控制、成本核算、成本分析和成本考核等方面。这几个方面相互作用，形成了工程项目成本控制体系。

成本预测对加强成本控制，提高成本计划的科学性，降低成本和提高经济效益，具有重要的作用。成本预测后，就要根据预测结果，结合项目的实际情况，如劳动力、机械设备、自然地理条件及项目技术特征等，制订有效的技术组织措施，并据此确定成本目标，编制成本计划，确定工程成本降低额和降低率。成本计划是成本控制的标准和降低成本的行动纲领。成本核算是项目成本控制的基础，也是项目管理的基础，为成本管理各环节提供基础资料，便于成本预测、决策、计划、分析和检查工作的进行。成本分析是根据成本核算的数据资料，对工程实际成本进行分析，检查成本计划的执行情况，查明成本升降的原因，从而采取有针对性的措施，以减少或避免再次发生这类问题的可能性。工程项目成本控制系统如图5-2所示（中华人民共和国建设部，2006）。

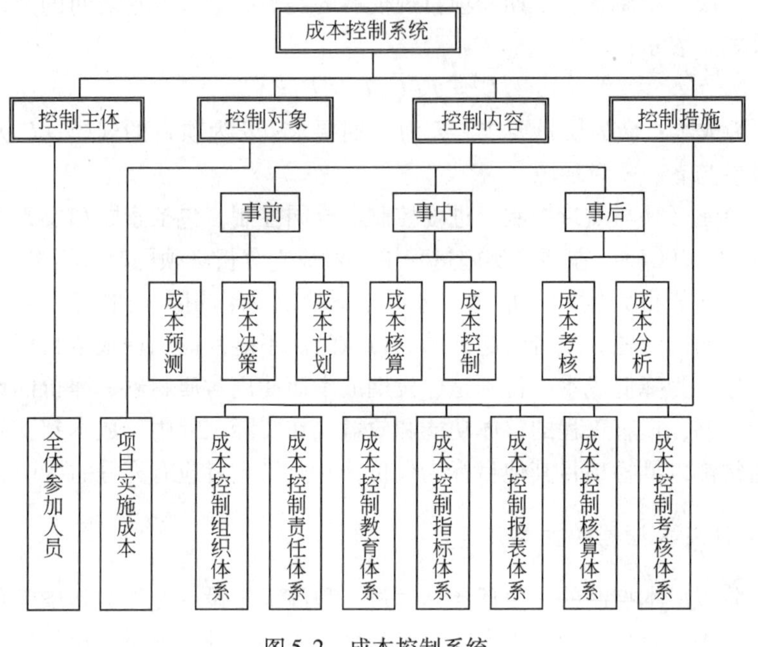

图5-2　成本控制系统

三、工程项目进度控制的任务和内容

1. 项目进度控制的含义

对于大多数人而言，时间是一种财富，当失去或随便打发掉之后，就再也找不回来了。对一个项目经理而言，时间更多的是一种制约，必须采用高效率的时间管理原则来使它成为一种财富（哈罗德·科兹纳，2010）。进度是指工程项目实施的进展情况，用项目的可交付成果来表达（成虎，2004）。工期是进度的具体表述指标。进度和工期是两个既互相联系又有区别的表述方式。进度的调整常常表现为对工期的调整，加快进度，则意味着通过采取措施使工期提前。进度控制首先表现为工期控制，有效的工期控制才能实现有效的进度控制。进度的拖延最终一定会表现为工期的拖延。整体的关于项目进程的概念表述用“进度”，而具体的项目进展，包括工作单元、活动的时间概念就用“工期”来表述。

1）进度控制

项目进度控制就是在项目进展的全过程中，进行计划进度与实际进度的比较，发现偏离，及时采取措施纠正（黄金枝，1995）。进度控制的实施是指在既定工期内，按照事先制定的进度计划实施，在执行计划过程中，经常将实际进度情况与计划进度相比较，若出现偏差，要分析产生的原因和对工期的影响程度，然后提出必要的调整措施，如此不断循环，直到工程竣工验收。进度控制的对象是项目范围内的工程活动，包括项目 WBS 图中各个层次的单元，上至整个项目，下至各个工作包，有时直到最低层次的工序（梁世连和惠恩才，2008）。进度控制的总目标与工期控制是一致的，但控制过程中它不仅追求时间上的吻合，而且还追求在一定的时间内工作量的完成程度或消耗的一致性。

2）工期控制

工期控制是一项系统工程，项目各个方面的工作都必须围绕项目的工期计划有条不紊地进行。工期控制具有以下特点：工期计划是一个系统性工作；工期控制是一个动态过程；工期控制既要沿用前人的理论知识，借鉴同类工程项目的经验和技术成果，又要结合本工程的具体情况进行创造性的工作；工期控制具有不均衡性。

3）工期目标与其他目标的关系

项目工期也可以看成是质量、成本和项目规模等的函数，这些变量之间的关系可以用下面的公式来表示：

$$T = F(Q,C,S,P,E) \tag{5-3}$$

式中，T 为工期要求；Q 为质量要求；C 为成本；S 为项目的规模；P 为项目参加单位及参与者；E 为环境。

在附录的调查表 A-4 中，专家对三大目标的优先级和重要性排了序，有 46.0% 的人认为应是质量、成本、工期，有 41.7% 的人认为应是质量、工期、成本。这反映了质量是根本，工期问题的实质在于要早做计划和安排，早开工比抢工期更有实际意义。项目控制主要是质量、成本和进度控制，而质量和成本都是随着时间变化而进行控制的，也都与进度有关。

2. 项目进度控制的主要任务

项目的实施进度，取决于设计所采用的总体规划、外部协作条件、主体工艺流程、设备制造及安装方式、主体建筑结构形式、施工方法等（王士川和李慧民，2000）。进度控制的任务，包括方案的科学决策、计划的合理编制和实施的有效控制等方面。方案的科学决策，是实现进度控制的先决条件；计划的合理编制，是实现进度控制目标的重要基础；有效地实施控制，是实现进度控制的根本保证。事实上绝大多数工程项目都是限于一定的资源，在此基础上采用控制技术合理地安排项目进度。

3. 项目进度控制的主要内容

项目进度的控制是全方位的，对合同规定范围内所有工程构成部分的进度都要进行控制，凡影响项目进度的工作都应列入进度计划，成为进度控制的对象。施工阶段进度控制的主要内容包括事前、事中、事后进度控制。事前进度控制的具体内容有：编制施工阶段进度控制工作细则；编制或审核施工总进度计划；审核单位工程施工进度计划；编制年度、季度、月度工程进度计划。事中进度控制是施工进度计划能否付诸实现的关键过程，具体内容包括：注意施工进度计划的关键控制点，了解进度实施的动态；及时检查和审核施工单位提交的进度统计分析资料和进度控制报表；严格进行检查。事后进度控制具体内容有：及时组织验收工作；处理工程索赔；整理工程进度资料（张金锁，2000）。

在项目实施中，当所有关键工作或部分关键工作已达到最短持续时间而寻求不到继续压缩工期的方案，但工期仍不能满足要求工期时，应对原进度计划的技术、组织方案进行调整，或对要求工期重新审定。对进度进行监测，包括项目准备工作的进展情况、设计图纸的审定、技术交底、施工组织设计等编制工作的进展、材料及设备的采购、预制构件、加工件及现场施工的进展情况。

控制进度不仅要考虑施工单位的施工速度，还要在各个阶段与各个部门紧密配合和协作，只有对这些单位都进行控制，才能有效地控制工程进度。与进度有关的单位很多，如项目审批的政府部门、建设单位、勘察设计单位、施工单位、材料设备供应单位、资金贷款单位、外围工程单位等。

据本节的分析，对三大目标各自单一的控制都有一个先导条件，即工程项目的施工过程在其可能性空间中是可控的，这个前提条件是一个认识问题。认识的含糊不清肯定会导致具体管理中出现大大小小的问题。同时，目前大部分的著作都是以定性分析为主，主要是由于施工受时间和地域的限制，不能像在车间控制一台机器或控制某一个自动化系统那么精确和完美。但是对工程项目施工过程的理性规范、各个具体目标的精确管理与控制、各项施工技术经济指标的具体考量，都应从“定性”到“定量”，从“模糊”到“清晰”，对具体的项目管理人员应是“白箱”，而不是“灰箱”，这应该是我们努力的方向。

第二节　工程项目单项目标控制理论与技术

一、工程项目质量控制的理论与技术

1. 项目质量管理理论

1）全面的质量管理和控制

全面的项目质量管理和控制，包括全过程、全企业、全员的“三全”的质量管理和控制，这是全面质量管理完整性的体现（黄金枝，1995）。新的质量范

式中有三个方面的价值观最为重要：关注顾客、不断改善和协调配合，这三个主题遍布在整个全面质量管理范式中（Royce，2002）。

第一，参与工作的各方在协调工作方面的价值得到承认，其中包括设计师、工程师、供应商、部门的职工、人力资源管理者及顾客。第二，由于组织参与者希望不断寻求更新、更好的工作方法，提供更新、更好的工程产品，所以，对他们来说，加深对组织各种知识的了解是非常重要的。第三，它强调质量深入到每个步骤，是每个参与者从事工作的组成部分。应该把质量保证融入每个角色、每个活动和每道工序中。全面质量管理体现了质量管理和控制的完整性、有效性、科学性和先进性，它是项目质量控制的理论基础（黄金枝，1995）。

2）为用户服务的质量管理和控制

为用户服务的质量管理和控制，包括项目施工企业和参与者为用户服务的质量管理和控制。这是全面质量管理有效性的体现（黄金枝，1995）。施工企业承包的工程，必须以合同的质量要求为依据，加强质量管理，进行有效控制，实现质量目标。项目参与者必须树立良好的质量观念，按高标准要求，凡是本工序的质量问题，在本工序内发现、解决和控制，不把质量问题留给下一道工序，进行严格的质量管理和控制。需要讨论的是，目前，我国存在的普遍现象是组织或单位自建工程以“指挥部”、“筹建组”或“基建处”等方式进行工程项目建设，用户就是自身组织，在控制力量方面薄弱甚或是缺位。

3）预防为主的质量管理和控制

预防为主的质量管理和控制，包括事先预控计划和过程监控程序。这是全面质量管理先进性的体现。事前预控计划是根据工程的类型和特点，以及以往类似工程的教训和经验，事前提出预控的计划和措施（黄金枝，1995）。过程监控程序是根据预控的计划，对工序、分项、分部、单位工程和整个项目，按照监控程序进行有效控制。

4）以数据为依据的质量管理和控制

质量控制量大面广，以数据为依据对质量进行管理和控制是全面质量管理科学性的体现。数据是科学管理的依据，只有运用统计方法，把收集到的大量数据进行科学的分析和整理，研究工程质量的波动情况，找出影响工程质量的原因及其规律性，才能有针对性地采取保证质量的有效措施，有效地控制质量（黄金枝，1995）。

2. 项目质量控制的理论

根据项目质量控制的特点，有效的项目质量控制应是事前有预控、过程有监控的主动与被动相结合的控制系统（黄金枝，1995）。

1）事前控制

根据影响质量因素多等特点，工程项目质量必须事前预控，即根据工程的类型和特点，以及类似工程的常见问题和预防措施，对工程项目质量提出事前预控措施，包括制订控制的计划和程序，这是项目质量控制的前提。

2）过程监控

根据易产生质量波动和易产生系统因素变异等特点，工程项目质量必须过程监控，包括监测、检查、控制和评定，这是项目质量控制的基础。

3）闭环控制

根据易产生判断错误等特点，工程项目质量可以闭环控制，即把计划与实施、检查与评定、偏离与纠正、总结与提高等项目质量控制过程，形成反馈系统，定期循环控制，不断减小质量偏离值，提高控制精确度。

4）主动控制

根据质量检查时不能解体、拆卸以及工程实施必须一次成功等特点，工程项目质量可以主动控制，即事前有预控及其措施、过程有监控及其阀值，使项目质量控制始终按规定质量标准实施，即使出现偏离，采取纠偏措施，也会使项目质量达到或逼近预期目标（李品媛，1994）。

5）知识库支持的控制系统

在项目质量控制过程中，需要大量的数据，且需重复使用这些数据，因此需要数据库支持项目进行质量控制。与此同时，在项目质量控制过程中，还需要大量的专家经验知识，并不断扩充和完善这些专家经验知识，因此需要专家经验知识库支持项目进行质量控制。

3. 项目质量控制方法

目前质量控制中常用的方法和工具有两大类：数据资料的定量分析和知识资料的定性分析（黄金枝，1995；应可福，2005）。数据资料的定量分析方法有定量收集整理和分析数据资料，供工程技术人员和质量管理人员使用的“老七种工具”和“对策表”。“老七种工具”是：排列图、因果分析图、直方图、控制图、分层法、相关图和统计分析法。这一类质量控制多数是随机性问题，常用数理统计方法。

知识资料的定性分析方法有定性收集整理和分析知识资料，供管理人员和决策人员使用的“新七种工具”。“新七种工具”是：关系图法、系统图法、矩阵图法、矩阵数据解析法、过程决策程序图法、近似图法和矢线图法。这一类质量控制多数是模糊性问题，常用经验知识方法。

笔者推荐 SQ 方法，其实质与偏差方法相似，如图 5-3 ~ 图 5-5 所示。设 U_1 为工程项目质量允许的偏差值，即实际质量结果与计划质量（即合同约定的质量要求）的差值，通过对质量偏差的持续监控值来实现对项目质量的控制。图中 U_{11}、U_{12} 为项目质量偏差的上限和下限值。U_{11} 测量值越大，表明质量越高，但这是有代价的；横坐标代表中值，是合同约定的质量要求，一般为合格基础上的中等或中上的质量要求；U_{12}是质量合格的底线，即最大误差值。质量合格是没有变通和商量余地的，即质量标准中关于偏差或质量误差的最低要求，低于 U_{12}，即意味着出现质量问题。图 5-3 中曲线是按质量观测点、抽查点得出的数据，实际工作中是离散点，图示为方便以连续曲线表示。

（1）理想状态，如图 5-3 所示。

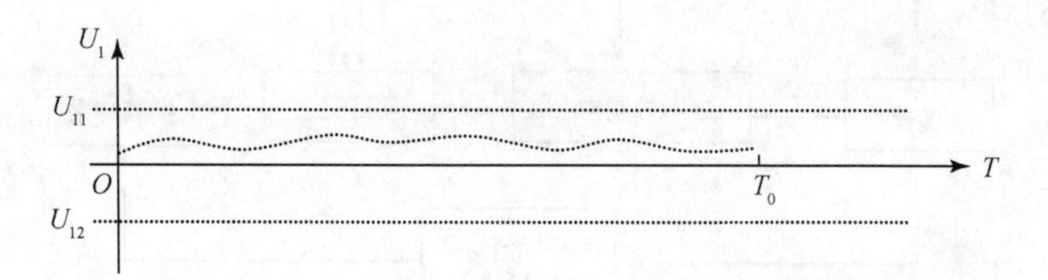

图 5-3　质量控制理想状态偏差曲线图

（2）正常状态，如图 5-4 所示。

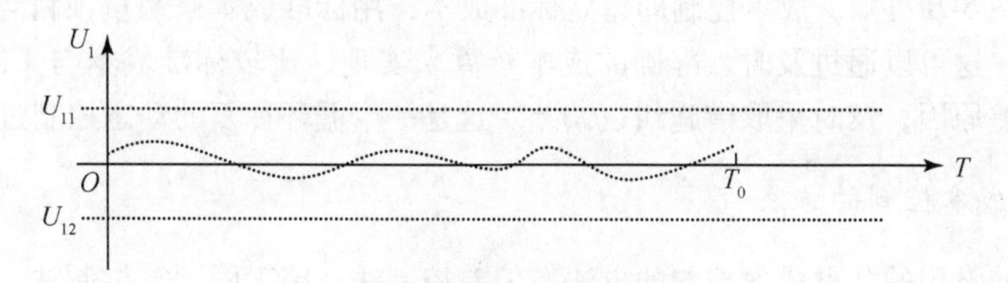

图 5-4　质量控制正常状态偏差曲线图

（3）失控状态，如图 5-5 所示。质量误差超出了 U_{12}，出现了质量不合格事件，必须进行返工，$T_X - T_0$ 即为延误的工期。

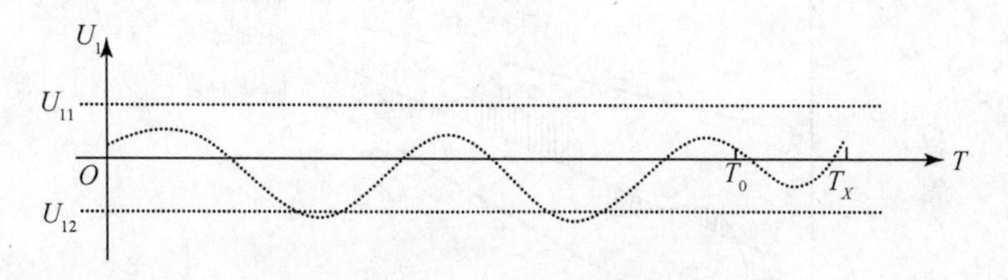

图 5-5　质量控制失控状态偏差曲线图

二、工程项目成本控制的理论与技术

1. 成本控制的基本原理

成本控制是成本管理系统中一个重要环节，即在施工过程中，对生产经营所消耗的人力资源、物质资源和费用开支，进行指导、监督、调节和限制，及时纠正将要发生和已经发生的偏差，把各项生产费用控制在计划成本的范围之内，以保证成本目标的实现，并尽可能使实际成本费用降到最低，工程项目成本控制的一般原理如图 5-6 所示（赵平，2009）。

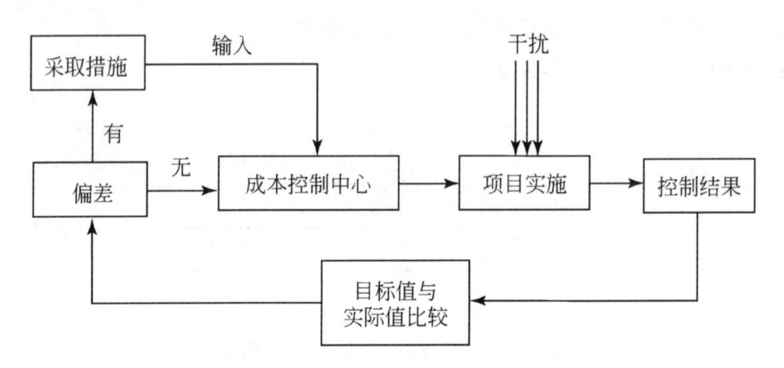

图 5-6 成本控制原理示意图

由图 5-6 可知，成本控制即建立标准成本，用标准成本来衡量项目当前的实际成本，这可以通过及时、准确的成本核算来实现，比较标准成本与实际成本，分析偏差原因，及时采取措施纠正偏差。这是一个循环往复的动态控制过程。

2. 成本控制的方法

目前常用的几种成本控制的方法有偏差控制法、施工图预算控制法、成本分析表法和挣值法等，其中成本偏差分析法如图 5-7 所示（毕星和翟丽，2000；成虎，2004）。

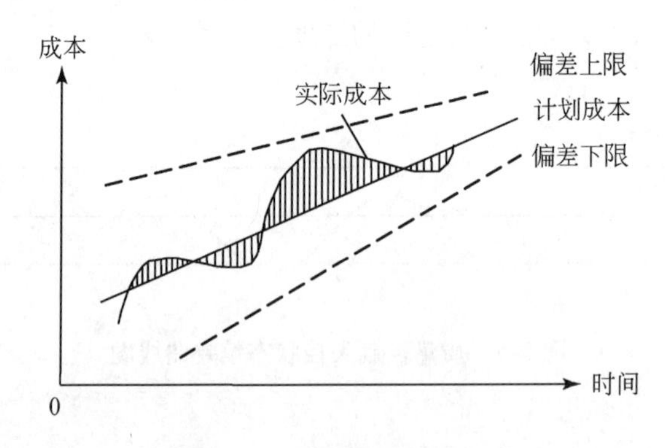

图 5-7 成本偏差分析法

同样，笔者推荐采用成本量化控制的 SC 方法，如图 5-8 ~ 图 5-10 所示。设 U_2 为工程项目成本偏差值，即计划成本值与实际成本值的差值，通过不断地对成本偏差的监控值来实现对项目成本的控制。U_{21}、U_{22} 为项目成本偏差值的上限和下限，C_0 为项目的总成本计划。

1）理想状态

如图 5-8 所示，与进度控制相类似，成本在有的时段比理想值即计划值高，也就是出现了超支；有的时候比理想值低，即节支。工程项目的总成本完全在控制范围之内，偏差值在 ±0 较小幅度范围内摆动，整个项目在规定工期 T_0 以内完成。

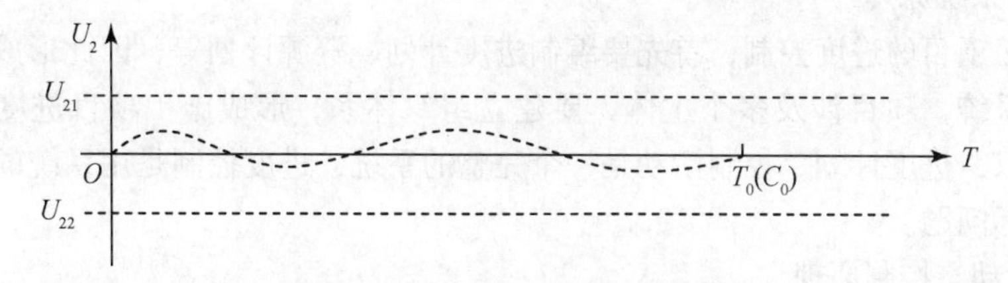

图 5-8　成本控制理想状态偏差曲线图

2）正常状态

如图 5-9 所示，工程项目的成本在控制范围之内，偏差值在 U_{21} 和 U_{22} 之内摆动，整个项目也在规定工期 T_0 以内完成。但这一时段有可能出现进度的延误，即成本 C_0 控制住了，但总工期超标了。

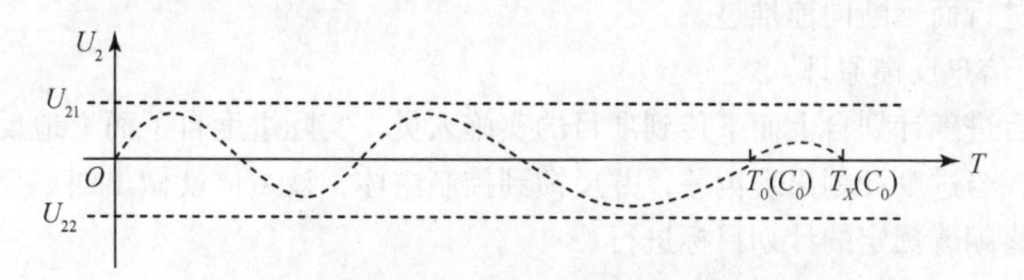

图 5-9　成本控制正常状态偏差曲线图

3）超支状态

如图 5-10 所示，项目成本失去控制，突破了预算，偏差量超出 U_{22}，C_X 为项目竣工时的实际成本。这时，进度可能按期完成，也有可能工程整体进度滞后，不可能在规定工期 T_0 以内完成，这样 $T_X - T_0$ 即为延误的工期值，$C_X - C_0$ 即为突破预算的额度。

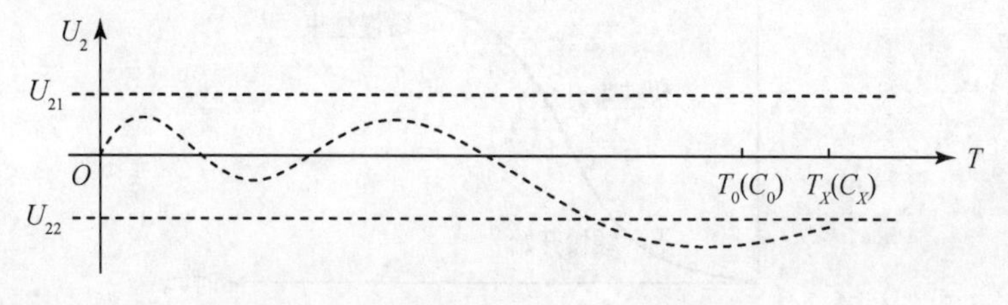

图 5-10　成本控制超支状态偏差曲线图

三、工程项目进度控制的理论与技术

1. 项目进度控制的基本原理

1）系统原理

施工项目的进度控制，首先要编制进度计划、资源计划等，因此形成了项目的计划系统。项目涉及多个主体，要建立组织体系，形成施工项目进度实施系统。所以，进度计划、控制活动是一个完整的系统，进度控制是用系统的原理来解决实际问题。

2）动态控制原理

项目进度控制是随着项目的实施而进行的，因此是一个动态过程。从项目开始，计划进入了实施阶段，当实际进度与计划进度不一致时，就产生了偏差。此时应当分析偏差产生的原因，并采取纠偏措施，调整计划，使实际进度与计划进度重新吻合。然而在干扰因素的影响下，有可能发生新的偏差，于是又需要纠偏、采取措施、调整计划，以使得实际进度与计划进度一致。如此循环，并随着项目的进行而不断向前推进。

3）信息反馈原理

项目进度计划自上而下传到项目的实施人员，实际进度自下而上地反馈到决策部门，当进度计划出现偏差，并反馈到控制主体，该主体就做出纠偏反应，使项目始终朝着预定的计划目标进行。

4）弹性原理

由于进度控制涉及因素多、变化大、时间长，因此进度控制不能期望完全按计划进行。安排计划要留有余地，使计划有一定的弹性，在实施进度控制时就可以利用这些弹性应变。同时，对于大型工程项目，如图5-11所示，主体阶段进度快，而启动与收尾阶段进度较慢（杰克·R. 梅瑞狄斯和小塞缪尔·J. 曼特尔，2006）。

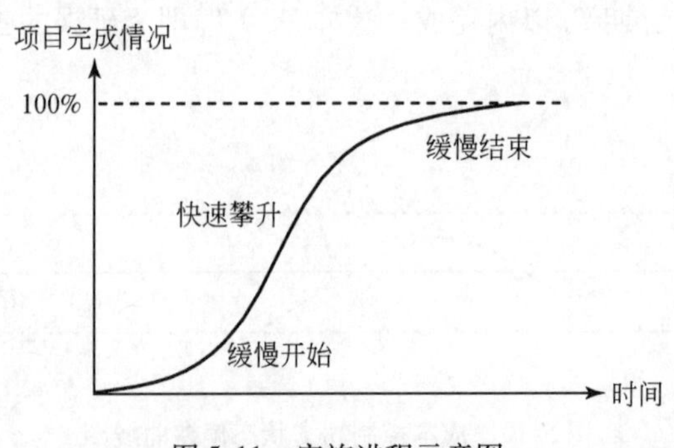

图5-11 实施进程示意图

2. 进度控制的技术

工程项目进度控制常用的技术方法和工具有进度表控制法和曲线比较法等。曲线比较法包括S形曲线比较法、“香蕉”曲线比较法、前锋线比较法、模型图比较法、垂直图比较法、计划评审法、工作形象进度图比较法、工程量计划与形象进度综合比较法等（黄金枝，1995；闫文周和袁清泉，2006）。

笔者推荐采用进度量化控制的ST方法，如图5-12～图5-14所示。设U_3为工程项目工期的偏差值，即计划工期与实际工期的差值，通过不断对工期偏差的监控值来实现对项目进度的控制。U_{31}、U_{32}为项目工期偏差值的上限和下限，T_0为项目的总工期计划。

1）理想状态

如图5-12所示，工程项目的进度完全在控制范围之内，偏差值在±0较小幅度范围内上下摆动，整个项目在规定工期T_0以内完成。

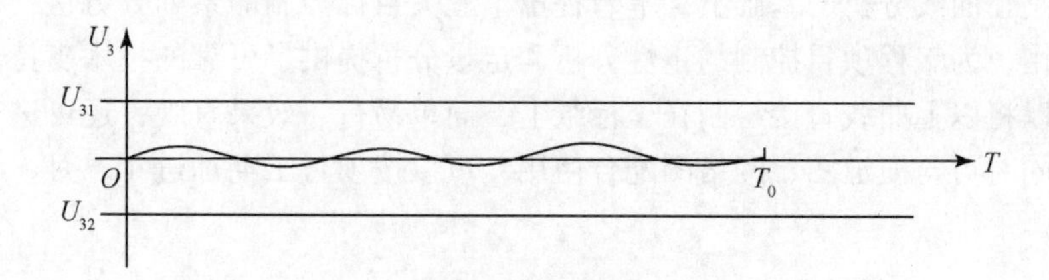

图5-12 进度控制理想状态偏差曲线图

2）正常状态

如图5-13所示，工程项目的进度在控制范围之内，偏差值在U_{31}和U_{32}之内摆动，整个项目也在规定工期T_0以内完成。

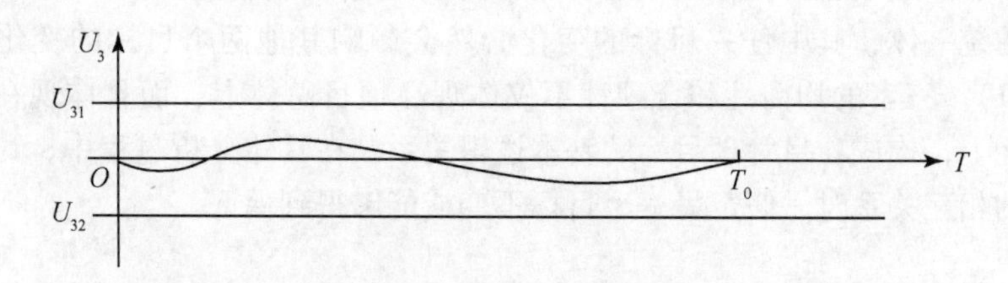

图5-13 进度控制正常状态偏差曲线图

3）失控状态

如图5-14所示，项目进度失去控制，在某一时刻，偏差量超出U_{32}，工程整体进度滞后，不可能在规定工期T_0以内完成，而是在T_X时刻项目才竣工。T_X-T_0即为延误的工期值。

笔者曾在2004年博士论文完成期间对陕西省近五年来的建筑工程项目进行

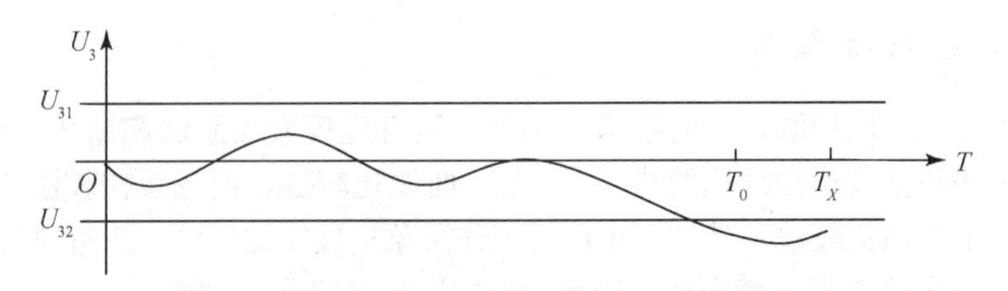

图 5-14　进度控制失控状态偏差曲线图

了调研（具体情况见附录 B），调研结果包含 100 余栋建筑，但是经过按结构形式、层高等因素分类整理，从表 B-1 ~ 表 B-6 可以看出，其结果仅对本地区同类建筑目标的确定提供了参考，而无法反映三大目标之间的相互关系。原因在于被调查单位填写的是项目主体阶段三大目标的最终数值，没有中间的、连续的过程数值。而采用 ST 方法，跟踪若干工程现场施工，就可以及时获得项目进展的各项数据，从而为解决工程项目控制模型的泛函方程提供支持。

正是在曲线分析的基础上，笔者提出了三大目标控制的系列 S 方法，该方法简单实用，为工程项目控制的定性分析和定量分析提供了可靠的技术支持。现场应用可以将以上曲线直接绘制在坐标纸上，简单易行、效果直观，还可进行量化分析。同时可与横道图、网络图配合使用，可以按项目工期加进年、月、日的时间坐标。

第三节　工程项目三大目标关联控制

工程项目三大目标控制的特征在于它们之间互相联系、互相影响，共同构成项目管理的目标系统（罗伯特 · K. 威索基和拉德 · 麦加里，2006）。质量最佳、投资最省、工期最短无疑是人们的奋斗方向，但这三大目标是相互影响、相互制约的矛盾统一体，其中任一目标的变化必然会影响其他两个目标的变化（张明等，2001）。三者的均衡性和合理性不仅体现在项目总体上，而且体现在项目的各个单元上，构成项目管理目标的基本逻辑关系。在具体分析过程中，讨论某两个目标的相互关系时，假定另一个目标不变或能够得到保证。

一、工程项目质量与成本目标控制

1. 质量与成本目标的相互作用

1）质量成本的含义

质量成本是指项目组织为了保证和提高工程产品质量而支出的有关费用的总和（纪燕萍等，2002）。开展质量成本分析，就要明确质量成本的内容，包括内部损失成本、外部损失成本、预防成本、鉴定成本等，如表5-1所示（杨国富，2004）。

表5-1 工程施工质量成本的费用构成

控制成本		损失成本	
预防成本	鉴定成本	内部损失成本	外部损失成本
质量规划费 工序控制费 新工艺鉴定费 质量培训费 质量信息费用	原材料、外购件试验、检验费 施工工序检验费 工程质量验收评审费	返工损失 返修损失 停工损失 事故处理费用	保修费 索赔费

2）质量成本分析

进行质量成本分析是为了寻求最佳的质量成本。质量成本的四个费用构成的比例在不同项目之间是不相同的（纪燕萍等，2002）。但它们的发展趋势总带有一定的规律性，如在开展质量成本活动的初期质量水平不高，一般鉴定成本和预防成本较低。随着质量要求的提高，这两项质量管理费用就会逐渐增加，当质量达到一定水平后如再需提高，这两项质量管理费用将增长较高。内部损失成本和外部损失成本的情况正好相反，当合格率较低时，内、外部损失较大，随着质量要求的提高，质量损失的费用会逐步下降。因此，当四项成本之和为最低时，即为最佳质量成本。

3）质量与成本相互作用

质量和成本是直接联系的，这就是人们常说的“一分钱一分货”。但这里的成本已不局限于建设期成本了，而是指整个工程生命期的成本。在许多工业项目中，工程投产后经常会出现“婴儿病”，即在投产初期经常会由于工程质量，生产过程中的操作、维护等问题造成停产，甚或工艺流程不完备或机械设备不配套，需要很长时间才能达到正常的设计生产能力和生产状况。这样不仅造成维护、运行费用大，而且常常会造成很大的损失。对于一般机械设备，其保养费用为成本的（3% ~10%）/年，人们可以通过增加建设投资，加强对项目的管理和运行的组织准备工作，以提高设备的可用程度。设备的可用度与成本的关系存在着一个经济的、最佳的可用度，如图5-15所示（成虎，2004）。

在项目策划时人们必须对项目的可用度和费用作权衡和决策。但在实际工作中人们并没有有意识地争取最佳（最经济）的可用度。对于工程项目，现在业主一般都要求减少运营费用，增加运营的可靠性、安全性，而对于一些特殊项目（高费用的设备，如高科技的、尖端的设备；保养维修比较困难的，如航天空间站、大型水电工程；不允许出现质量问题的工程，如航天飞机、火箭、核工业工程，必须一次运行成功），人们在决策时通常要求高的可用度，尽管成本很高

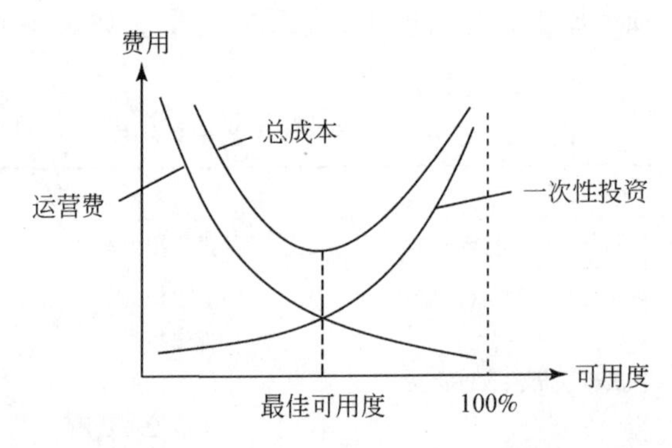

图 5-15 设备的最佳可用度示意图

（成虎，2004）。从另一个方面来说，对一个工程评标，不能一味追求低的报价或将任务委托给报价过低的承包商。工程实践已经证明，报价过低，很难取得高质量的工程。

2. 质量与成本目标的综合控制

项目质量与成本目标之间的关系表现形式有三种情况：一是质量正常成本节支，质量正常开支正常；二是质量正常成本超支，或开支正常质量有不达标现象；三是成本超支质量不达标。质量与成本联合控制，必须以先满足质量要求为前提。

质量和成本的关系可用图 5-16 表示（狄海德，2006）。图 5-16 中标出了目标走廊，标示出一个成本最低条件下完成规定质量的范围，很好地表现了质量与成本之间的辩证关系和处理方法。不能片面地追求质量很高，但更不能一味追求成本最低。应给质量标准一个“范围”，给成本控制一个“度”。

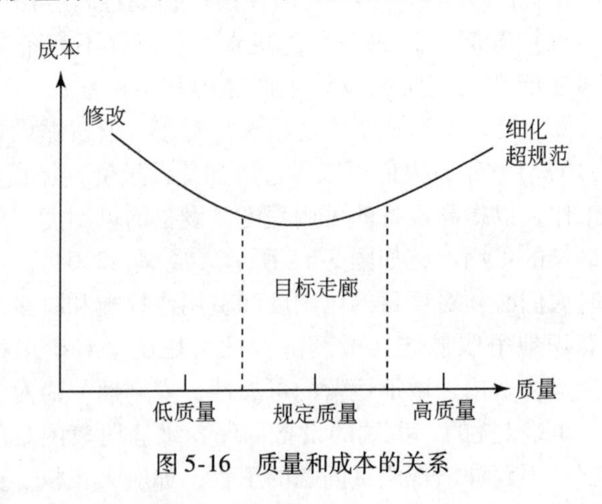

图 5-16 质量和成本的关系

推荐一种新方法，即采用SQ和SC方法联合分析，如图5-17所示。具体办法是将SQ和SC曲线绘制在同一个坐标图上，其中U为偏差值。在同一个坐标图中描绘出质量和成本的偏差值，可分析两者的累计偏差及其走势，及时发现问题，实现联合控制。质量与成本目标的联合控制，一般情况下应以满足质量要求为前提。成本控制不能脱离质量管理，而是要在质量与成本之间作综合平衡与协调。

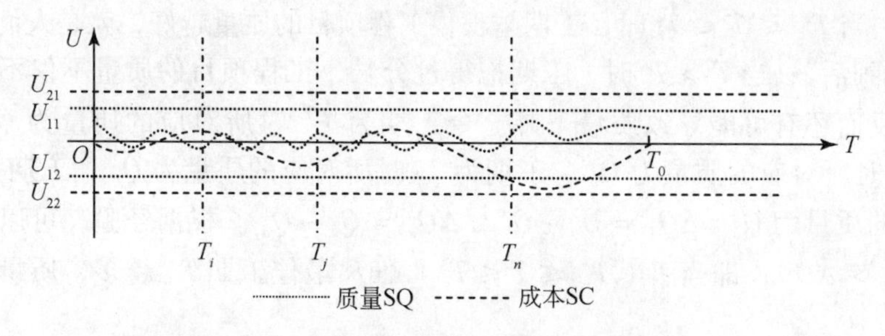

图5-17 质量与成本联合控制偏差曲线图

二、工程项目质量与进度目标控制

1. 质量与进度目标的相互作用

合理的工期对应合格的质量，不合理的工期就会影响质量。质量和进度的关系如图5-18所示（狄海德，2006）。质量和进度的关系分三个区间：一是进度要求过紧，质量相对下降；二是符合理想时间，质量也达到理想要求；三是项目质量下降，由于缺乏注意力、磨蹭或其他拖延时间的原因以至没有全力以赴开展项目，这样，工期没有达到要求（狄海德，2006）。该图同图5-16一样，很好地表述了质量与进度的辩证关系及其解决办法。进度要求过紧或工程施工战线拉得太长，都对质量控制不利。

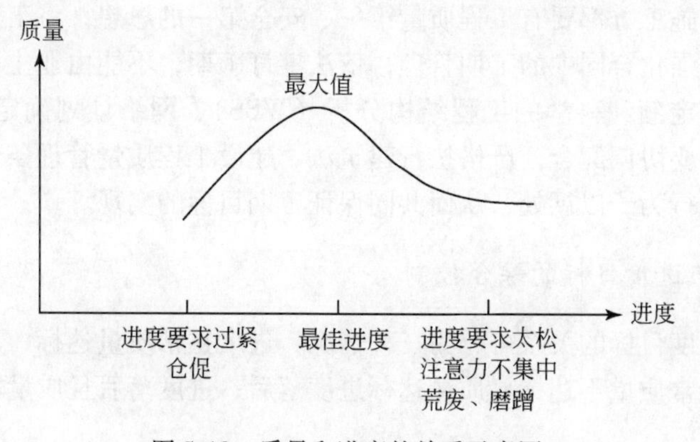

图5-18 质量和进度的关系示意图

图5-19是对质量和工期的另一种关系表示，图5-19（a）中的曲线是根据工程实际中的经验得出的，是对质量与工期相互关系的一个定性描述（肖维品，2001）。为了方便进一步分析，可以构建图5-19（b）。其中 T^* 表示的是最佳工期目标。此工期是在费用目标最低，且可以保证工程项目质量目标的前提下确定的。设 T_a、T_b 为大于 T^* 的两个工期值，且 $T_b > T_a$，$T_b - T_a = T_a - T^*$；T_c 为临界工期，当 $T^* \leqslant T \leqslant T_c$ 时，工期越长，工程项目的质量越好，就是人们常说的“慢工出细活”；当 $T > T_c$ 时，工期拖得过分长，工程项目的质量不仅不会有所提高，反而还有可能导致质量下降。令工期为 T^* 时所对应的质量为 Q^*，工期为 T_a 时所对应的质量为 Q_a，工期为 T_b 时所对应的质量为 Q_b，工期为 T_c 时所对应的质量为 Q_c，$\Delta Q_1 = Q_a - Q^*$，$\Delta Q_2 = Q_b - Q_a$。根据经验，可以得出结论：$\Delta Q_1 > \Delta Q_2$，即当 T（$T^* \leqslant T \leqslant T_c$）偏离最佳工期 T^* 越多，质量提高得越少。

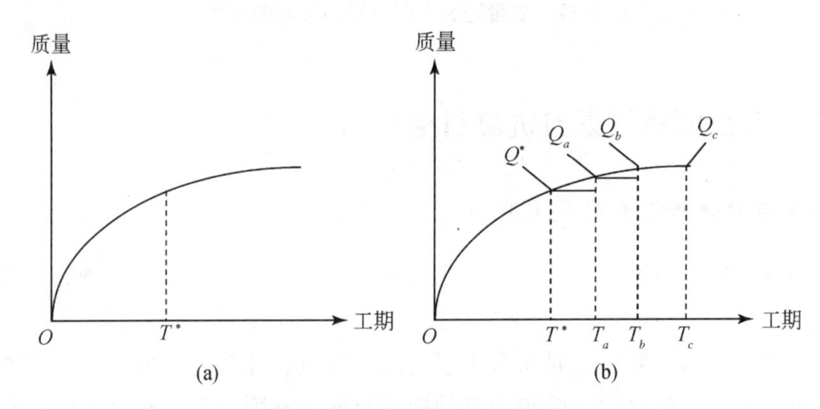

图5-19　质量与工期曲线图

综上所述，工期太短或太长，质量都难以保证。只有确定较为合理的工期，工程项目的质量、安全、成本才能得到良好的控制。工期的确定要合理，建设方、监理方及施工方都要有工程质量第一、安全第一的思想，将工期要求放在合理的位置，并强化合同中的工期管理，依法签订工期，不能由业主任意压缩，按照相关的工期定额和科学的工程结构分析（WBS）、网络计划确定工期。同时，建设的各方面要协调配合，严格执行建筑法、建设工程质量管理条例，对恶意压缩合理工期的行为予以惩处，从而共同保证工期目标的实现。

2. 质量与进度目标的综合控制

质量与进度目标的关系可分为三种情况：进度正常质量达标、质量达标进度超前；进度正常质量不达标、质量达标进度落后；进度落后且质量不达标。

项目质量与项目进度是关联程度很强的两个指标（纪燕萍等，2002）。对于质量与进度的联合控制，应认真分析整个施工过程中哪些是关键工作，确定关键线路，把有限的人力、物力集中在关键工序上，其他工作则积极为加速关键工序创造条件，做到有条不紊，现场井然有序，既加快了进度，又保证了质量。不能盲目搞人海战术，违反正确的施工工艺，导致了质量事故，其施工进度非但得不到加快，反而因为返工而拖延了工期（蒋同锐，1999）。工程项目的施工具有阶段性，如地基处理、主体施工、安装、装饰等阶段，每一阶段之间有前后的逻辑关系与顺序，如果前一阶段出现质量问题，就要停工返修，而如果下一阶段已经进行，返工、返修工程量就更大，就会严重影响进度。同样的情况也存在于同一阶段的前后工序之间。

工程项目的质量目标与进度目标之间是对立统一的关系。所以一般来说，严格控制质量标准就可能会影响项目实施进度，增加投资；但严格控制质量又可以避免返工，从而防止项目进度计划拖延和投资浪费。部分指标的实现或超前，不能说明项目的管理水平。高水平的项目管理要求在项目目标实现之时，满足其所有约束条件。

一方面，工程项目质量、进度两大目标的对立面表现在：如果项目业主对工程质量有较高的目标要求，那么就需要花费较多的建设时间和投入较多的资金；如果业主要抢时间、赶进度完成工程目标，相应的质量要求就适当下降，或者投资要相应的提高。另一方面，工程项目质量、进度两大目标的统一面表现在：如果工程项目进度计划制订得既可行又优化，使工程进展具有连续性、均衡性，则不但可以使进度缩短，而且有可能获得较好的质量和较低的费用；适当提高项目功能要求和质量标准，虽然会造成建设工期的增加，但能够减少返工和维修的发生，从而为工程施工争取了一定的时间。

同样，可以采用 SQ 和 ST 方法联合分析质量与进度偏差，实现联合控制，如图 5-20 所示。

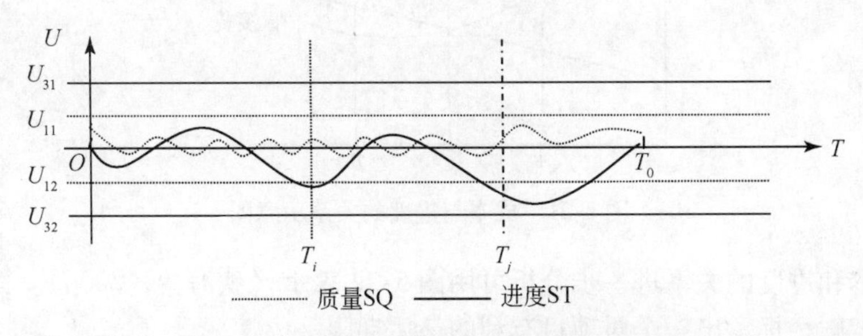

图 5-20 质量与进度联合控制偏差曲线图

三、工程项目成本与进度目标控制

1. 成本与进度目标的相互作用

项目工期缩短通常要依靠增加项目成本才能实现，同样项目成本的降低也要以牺牲项目工期为代价。如果工期非常紧迫，仅仅依靠增加人工不能实现工期要求，项目组织就需要购置新的生产设备，这样无疑是在增加了人工成本的基础上又增加了固定资产购置成本（纪燕萍等，2002）。

工期对施工成本影响的基本点在于工期越长，越增加施工企业的人工费、设备折旧费和财务费用（张金锁，2000）。但缩短工期，一般情况下就要加大资源投入，也会增加成本，即工期缩短时，直接费增加而间接费相应减少；工期延长时，直接费减少，间接费增加（孙亚夫，1997）。总费用在成本与工期的坐标图上形成马鞍形曲线。由于工作面、资源的限制，工期缩短有极限，项目有合同的约定，所以工期长也有极限，当工期长到一定程度时，直接费不但不减少反而会增加，间接费也会加大，这样整个工程项目的成本就会加大（孙亚夫，1997）。如图5-21所示，通常我们把坐标图上的马鞍形成本曲线投影到工期横坐标的点 A 和 B 之间的工期，称为合理工期，因为在这段时间里工程成本较小，而且变化幅度小，而马鞍形曲线的最低点 C 为最佳工期，比最短工期 A 点要节省成本。究竟选择 A 点还是选择 C 点作为工期控制目标，这与整个项目的机动裕量有关。

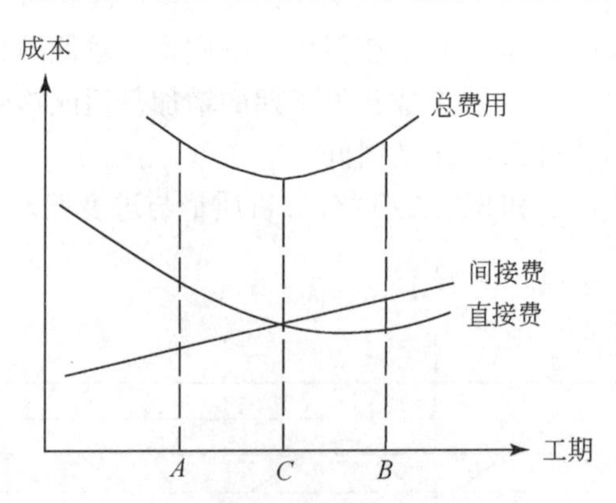

图5-21　成本与进度的关系示意图

成本和进度的关系进一步分析可用图5-22表示（狄海德，2006）。图中标出了目标走廊，标示出一个对项目有利的最后期限。

因此，倡导进度加快，一般是在不增加资源的条件下越快越好，否则按照工期要求完成即可。如果必须要通过增加资源加快施工进度时，要进行经济比较，比较后有价值和必需时，才能决策。如果业主要求早竣工、早投产，愿意增加施

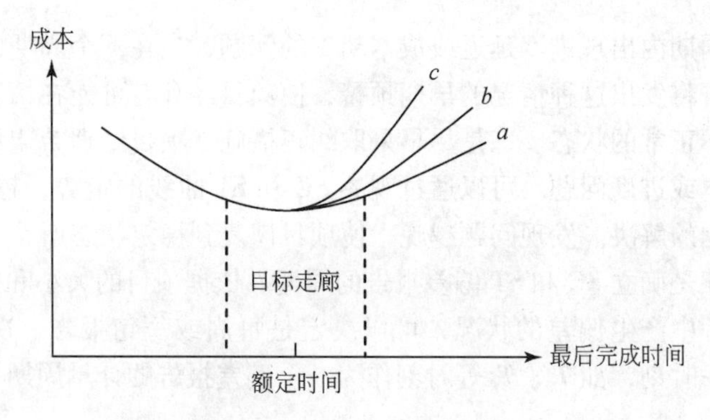

图 5-22　成本和进度的关系

工成本，加快施工进度，达到缩短工期，早发挥投资效益，承包商就可采取相应的措施予以积极配合。

2. 成本与进度目标的联合控制

成本与进度目标的相互关系表现形式是：进度正常成本节支、进度正常开支正常、进度超前开支正常，这三种情况是我们力求达到的目标；进度正常成本超支、开支正常进度落后，这是目前工程项目管理中的常见现象，通过采取措施，力求达到正常；最可怕的是进度落后且成本超支，当然这也常见，表明项目管理效果极差。成本与进度目标的联合控制，一般情况下应以满足成本要求为前提。

成本与进度密不可分，因此成本的控制不能脱离工期管理和技术管理，而是要作综合平衡，要在项目总体之间进行协调，要实现这种事前、事中、事后的全过程和全方位控制，离不开反映及时、准确的动态信息反馈系统。

目前常用的成本与进度相互作用的分析方法有挣值法、进度－成本同步分析法、工期和成本动态分析方法等。同样，可采用 SC 和 ST 方法联合分析，如图 5-23 所示。

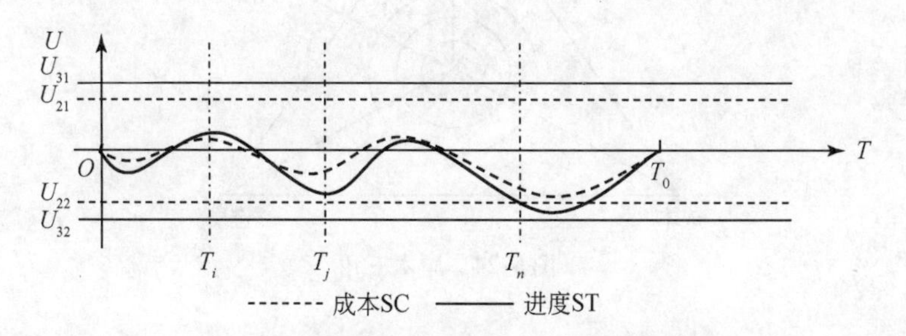

图 5-23　成本与进度联合控制偏差曲线图

同时应注意以下四个方面：一是尽早从曲线中发现偏差。当两条曲线有超出下限的偏差出现时，项目经理就应采取相应的纠正措施来使两条曲线达到正常状态。二是抑制波动。在 SC 和 ST 联合图中，出现剧烈波动是项目失去控制的信号。在一个周期内出现进度延迟或成本超支的问题，应在下个周期内对之加以纠正。偏差报告将发出这种情况的早期预警，使项目经理有可能在情况恶化前，尽快纠正这种不正常的状态。三是尽早采取纠正措施。项目经理希望尽早在问题恶化前发现成本或进度问题。可以通过观察 SC 和 ST 曲线的走势，越早发现问题，越有利于问题的解决。发现问题越晚，使项目恢复到稳定状态所花费的成本和时间也越长。四是确立 SC 和 ST 偏差报告的周期。依据项目的大小和紧迫程度以及项目实施过程中产生偏差的状况，可以决定是每周或每旬报告一次。在图 5-23 中，可取某一时刻，如 T_i、T_j 等时刻作为一个偏差报告的计量周期。

第四节 工程项目三大目标整体控制

由上一节的分析可见，项目的质量、成本、进度三大目标彼此两两相关，它们是一个相互关联的整体，三大控制中，进度控制是主要矛盾和主线，成本控制是基础和关键，质量控制是命脉和根本。项目管理中一个主要的思维模式就是魔术三角，它由质量、成本和进度三个角组成，如图 5-24 所示（狄海德，2006）。借鉴经济政策中的魔术四角形（通货膨胀、就业、增长和外贸），项目管理致力于构建魔术三角形的思维模式。虽然项目管理中这三个要素分别是三角形中三个对立的端点，项目经理却要力图兼顾这三个因素并使其达到理想状态（狄海德，2006）。通过分析三大目标的控制，要力争使所建项目达到建设工程质量最高、成本最低、工期最短的目的。

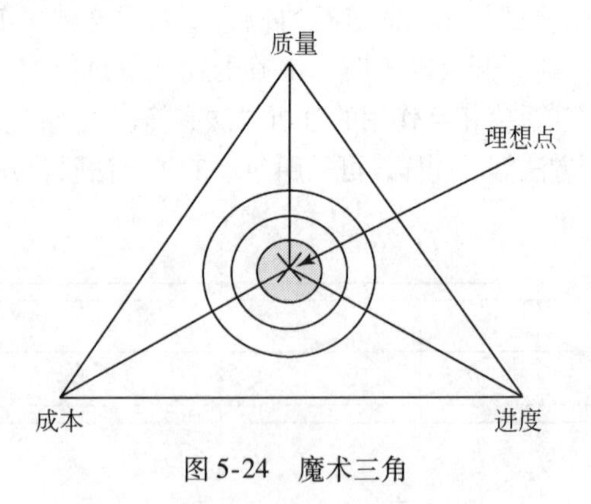

图 5-24 魔术三角

一、工程项目三大目标的关联度分析

1. 项目三大目标之间的对立关系

项目质量、成本、进度三大目标之间存在着矛盾和对立的一面，这种对立关系集中体现在它们之间的制约关系和相互影响关系。在很多场合下，为了实现其中某一项目标，都必须在其余两项上做出一定牺牲（蒋同锐，1999）。但是我们应该防止将它们对立起来。不能“单打一”地实现控制，考虑进度就不顾质量，抓了质量就不惜工本。处理三者之间的矛盾时，不能简单地用“加减法”，而要了解三者之间矛盾的辩证关系。

1）三大目标的制约关系

相互制约减少了作用各方的自由度，可以通过一个三角形来进一步考察 T、C、Q、S 之间的约束关系，如图 5-25 所示，T、C、Q 是边长，S 是面积。如果知道三个边长，就能算出面积；或者如果知道面积与两条边长，就能算出第三条边长。这种分析的重要性在于不能任意选择边长与面积。如果我们确定了其中三个，第四个便随之被确定。这是一项原则，即人们只能决定这些约束中的三个，第四个将由项目本身的特点和内在规律决定。如果试图同时确定四个因素的话，那它们只有在偶然情况下才互相匹配（詹姆斯·刘易斯，2002）。可是，在项目管理中，项目管理者通常想同时决定四个因素，事实上，这就是很多项目控制失败的普遍原因。

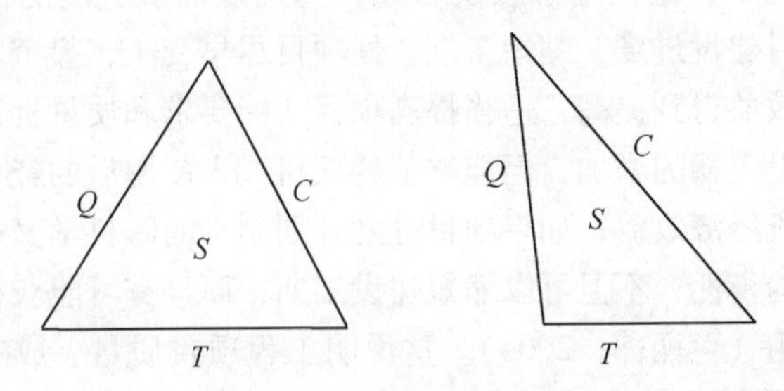

图 5-25 TCQS 的三角形关系

2）三大目标的影响关系

三大目标之间的相互影响关系在前一节已作了分析，表现在：一是缩短工期就会影响工程质量，就会增加施工成本。缩短项目工期，必须要增加资源的投入，相应的必须要增加项目成本；如果不采取任何防范措施，项目质量也往往会降低。工程要加快进度，就要增加投资，工程质量也会受到影响；如果对工程质量有较高的要求，那么就要投入较多的资金。工期不能无限制地压缩，有些工序是有指令性时间要求的，否则就会影响质量。如果要抢时间、争进度，以极短的时间完成工程项目，势必会增加投资或者使工程质量下降。二是提高工程质量会增加成本，影响工期。在通常情况下，如果对工程质量有特殊的较高的要求，就需要投入较多的资金和花费较长的建设时间。原材料质量、施工设备、设施性能、工人的技术水平，都有基本的标准和要求，而如果要降低成本，节约费用，也势必会降低质量标准。三是压低施工成本就会延缓工程进度，甚或降低工程质量。如果要减少投资、节约费用，就会使承包商考虑施工安排，延缓工程进度，同时也势必会考虑降低项目的功能要求和质量标准。

2. 项目三大目标之间的统一关系

项目质量、成本、进度三大目标之间也存在着统一的一面，这种统一的关系集中体现在它们之间的平衡关系和促进关系方面。

1）三大目标的平衡关系

同样，可以通过图5-25来描述三大目标之间的平衡关系。*T*、*C*、*Q*、*S*四个指标中，如果改变了其中一个，其余三个便随之发生变化。这同样是一项原则，它们之间的关系是一种动态的平衡关系。

2）三大目标的促进关系

三大目标之间的促进关系是指工程的质量、成本和进度三大目标之间存在着相互作用的因果关系（蒋同锐，1999；刘尔烈和张艳海，2001）。一是加长工期，增加工时，一般会提高质量档次。二是增加投入会加快进度，同样也会提高质量档次。在通常情况下，适当增加投资数量，为采取加快进度的措施提供经济条件，即可加快项目建设进度，缩短工期，使项目尽早交工，投资尽早回收，项目全寿命周期经济效益得到提高；适当提高项目功能要求和质量标准，虽然会造成一次性投资和建设工期的增加，但能够节约项目投入使用后的经费和维修费，从而获得更好的投资经济效益；如果项目进度计划制订的既科学又合理，使工程进展具有连续性和均衡性，不但可以缩短建设工期，而且有可能获得较好的工程质量并降低工程费用（兰丽萍，2004）。这说明工程项目质量、成本、进度三大目标中存在着统一的一面。

二、工程项目三大目标的权衡

在质量、成本和进度计划构成的约束三角形内完成项目，是科学、艺术和意志的完美结合（毕星和翟丽，2000）。实施项目的目的就是要充分利用可获得的资源，使得项目在一定的时间内、在一定的预算下，获得所期望的技术结果。三个基本目标之间往往存在着一定的冲突。要减少项目实施过程中的冲突，就需要在三者之间进行权衡（席相霖，2002）。

1. 权衡分析的步骤

从前面的分析可以看出，项目任何一方面的变化或对变化采取控制措施都会带给项目其他方面的变化或冲突。项目管理者必须用系统的方法对项目的三大目标控制进行权衡分析，并建立和不断改善项目权衡分析程序文件，具体工作包括下面五个步骤（毕星和翟丽，2000）。

（1）分析引起冲突的原因。理解和认识项目中冲突的存在，寻找和分析引起冲突的原因，是来自管理者的差错，如较差的计划、不准确的预算、测试错误、关键信息有误等，还是来自不确定的问题或未想到的其他问题，如项目领导关系的变化、资源分配的变化、市场变化等，要抓住主要矛盾。

（2）分析和展望项目目标。展望的目标是项目的各个方面、各个层次的目标。分析各目标的优先次序要结合项目内外环境进行评定，环境变化导致项目的优先次序可能要作相应的调整。

（3）分析项目的环境和形势。包括对项目实际质量性能、进度、成本的测定，并对照原计划指标进行分析与评价。这一步骤的工作内容包括：与项目管理办公室讨论项目有关问题，与业主代表对照合同对项目实际质量、成本和进度情况进行评估，与职能经理就有关问题，包括项目的优先地位、项目的每一个工作质量、成本和进度完成情况进行讨论等。

（4）确定多个替代方案。为了建立多个替代方案，对有关质量、成本和进度的关键问题寻找解答（刘晓君，2008）。如质量方面的问题有：原技术性能能否达到，如不能，则需要多少资源方能达到；技术指标改变对公司和业主的好处如何；技术性能的改变是否引起公司资源的重新分配等。成本方面的问题有：超支的原因、下一步的节支行动、能否得到额外投入、这是否是权衡的唯一途径等。进度方面的问题有：导致进度滞后的原因、业主能否同意推迟进度、进度推迟是否影响其他项目的竞争能力、新进度计划的成本情况如何等（毕星和翟丽，2000）。总之，项目出现某一方面失控，就要尽快确定替代方案，而不是把精力放在追查责任或者相互埋怨上。

（5）分析和优选最佳方案。一旦多个行动方案建立，下一步就是进行方案比选，主要与公司的质量政策、发展长期顾客关系的能力、项目类型、规模和复杂程度、公司现金流动情况、技术风险等有关。选择了新的行动路线后，项目组要致力于新的项目目标，这需要重做项目详细计划，包括新的进度计划、工作分解结构以及其他一些关键基准（毕星和翟丽，2000）。

2. 权衡分析的方法

目前常用的三大目标权衡分析方法有三维图法、动态分析法等，经过归纳，提出以下几种方法。

1）三大目标机动裕量分析法

第三章在分析项目控制的深度和广度时，曾提出允许或要求的监控水平是一个随可用机动裕量变化的函数。监控与机动裕量之间存在着一种最佳配合。某项目标有裕量，就只需分析其他两项。实际上，宏观方面的项目目标控制用各项目标的机动裕量来权衡是非常有用和重要的。

2）三大目标相互关系的六点分析法

刘强和杨清江（1997）提出三点分析法，现扩展为六点法，增加D、E、F三个点，如图5-26所示。三大目标之间的关系如下：质量、成本和工期这三方面的约束条件既是统一的，又是相互制约的，所以一个项目必须同时满足这三个约束条件；在这三个约束条件中，任何一个条件的变化，必然会引起其他一个或两个条件发生相应的变化；项目在这三个基本条件的约束下，一次性指向预定的明确目标。

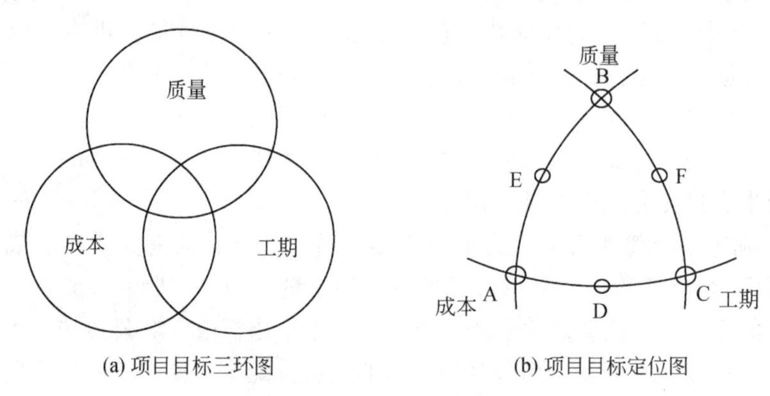

(a) 项目目标三环图　　(b) 项目目标定位图

图5-26　项目目标图

图5-26（b）中标识的六个定位点的含义和适用条件分析如表5-2所示。

表5-2　六点分析法的相关要素分析

定位点	成本	质量	工期	适用条件
A	最低	符合验标要求	符合合同要求	施工企业薄利
B	未超预算	最佳	符合合同要求	提高信誉、搞样板工程，开拓市场、搞优良工程
C	未超预算	符合验标要求	最短	战争、抢险等获得较高补偿时
D	比预算少但非最低	符合验标要求	比合同提前但非最短	工程结构简单，质量要求较低，而工期、成本要求较严
E	比预算少但非最低	符合验标要求	符合合同要求	质量、成本要求高，工期较富裕
F	未超预算	符合验标要求	比合同提前但非最短	质量、工期要求高，投资有保证

3）三S方法

将SQ、SC和ST联合运用，绘制在一个坐标图上，正常情况如图5-27所示。可以综合分析三大目标的现状及走势。

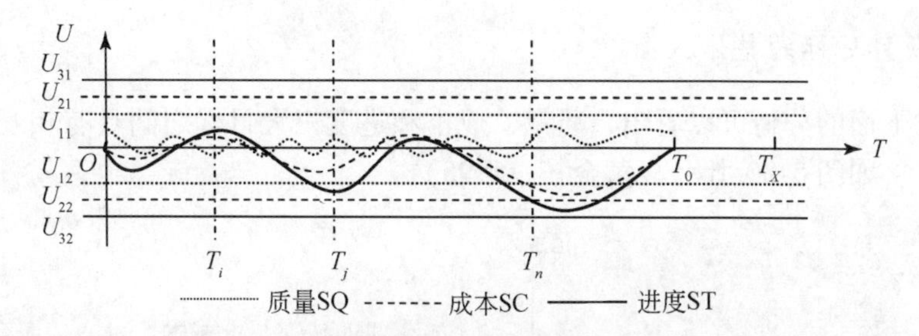

图 5-27 控制正常情况下三大目标偏差曲线图

如果质量出现故障，返工，必然引起成本和工期的变化，如图 5-28 所示。

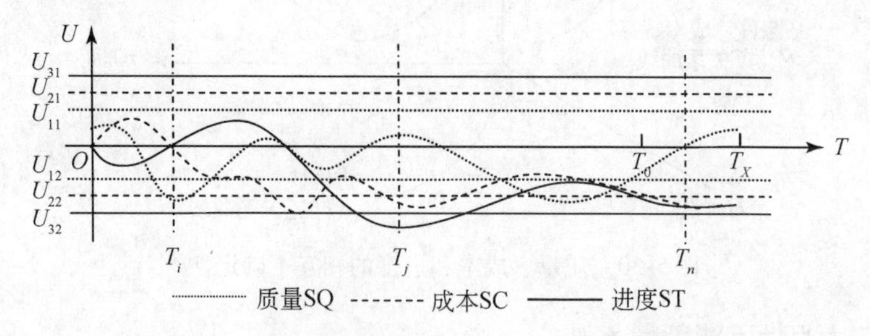

图 5-28 质量返工引起工期、成本偏差曲线图

在图 5-28 中任取某一时刻，就得到该时刻三大目标的偏差累计值，如表 5-3 所示。可以分析偏差原因，并对今后的控制工作提出建议。

表 5-3 三大目标偏差情况表

目标	T_i	T_j	……	T_n
质量	降低	正常	……	正常
成本	正常	超支	……	严重超支
工期	正常	严重落后	……	落后

同样，如果进度延误，必然引起工程质量和成本的变化，如图 5-29 所示。

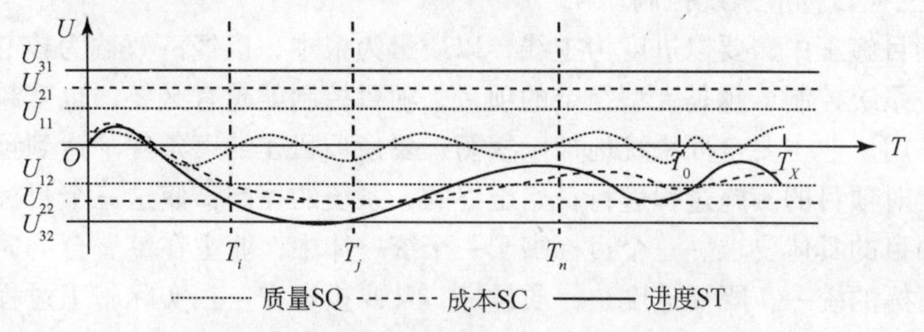

图 5-29 进度延误引起质量、成本偏差曲线图

3. 项目目标的整体权衡

通过上面的分析可以看出，质量、成本和进度三大目标之间具有相互不确定性的特征，如图 5-30 所示（黄金枝，1995）。

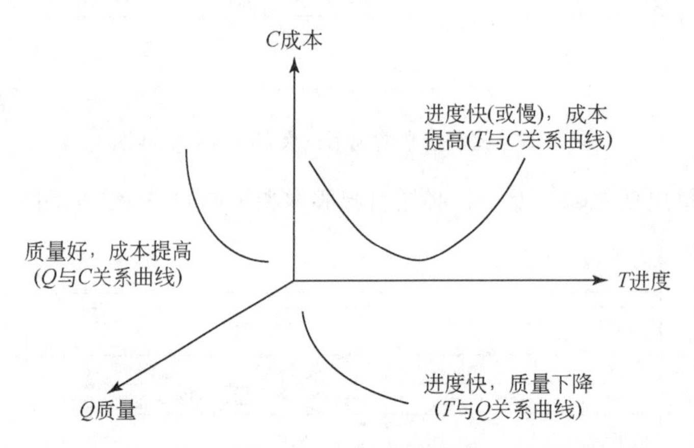

图 5-30 质量、成本和进度的相互不确定性

1）三大目标不能等量齐观

在施工过程中三者并非等量齐观。如果对三大目标有同等强烈的要求，三大目标中质量应该是第一位的，进度管理是三大目标控制的主线，在项目质量、工期满足要求的情况下，才能降低成本。概括起来，工程项目管理追求的目标，一是合乎规范的质量目标；二是合理的工期目标；三是在达到以上两条的前提下，尽可能降低消耗，提高经济效益。但是，需要讨论的是，我国是一个发展中国家，发展是逐步和渐进的，时间方面较充裕。很多单位或组织，在工程项目的决策、形成过程中，由于种种原因，可以拖较长或很长的时间，一旦确定项目之后，恨不得马上让工程建起来。这种现象较为普遍，其本质的问题是为了抢工期，赶进度，会使费用增大，花费大量钱财，甚至会损伤工程质量，同时会产生大量低水平的建设项目。问题的根源在于认识和观念，也在于责任心。

2）三大目标应系统控制

在项目施工中，要以进度为主线，以质量为根本，以经济效益为核心，要统筹安排，系统控制，越是大型复杂的项目，项目控制就越有必要，也就越能发挥其有效作用。业主要全面系统地加以权衡，要使项目在约束条件下达到预定的目标，就要对项目的实施过程进行自始至终的、系统的控制，使这三个目标的控制能满足项目的具体要求。三个目标寓于一个统一体中，业主在签署合同时，要考虑三个目标的统一，既要进度快、质量好，又要投资省。在实际施工过程中，同时满足质量、成本、进度上的要求是很困难的，常常存在冲突的情况，这时就需要在不同目标之间进行权衡。解决问题的思路是寻找可以选择的替代方案，而后权衡不同方案的优劣。项目实施中，应结合工程实际情况，从管理、经济、技术、工艺等方面综合考虑施工方案，力求施工方案在技术上可行，经济上合理，工艺上先进，操作上方便，从而有利于保证质量，降低成本，加快进度。如图5-31所示，可以将三大目标的实际运行情况绘在一张图上进行监控，随时观察项目三大目标进展情况。

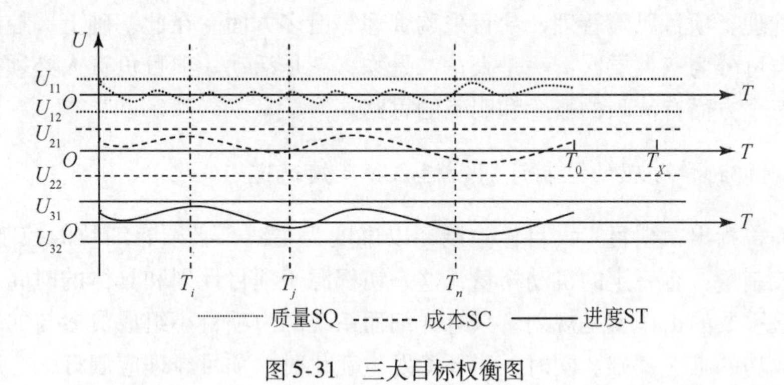

图5-31 三大目标权衡图

三、工程项目三大目标控制机理

项目控制得以全面实施需考虑的因素有项目实施的主体和客体，实施的目标、计划、组织，实施的技术、信息等多个方面（叶毅和王天锡，1993）。项目控制要真正有效，就必须有一个合理、可行的项目控制机制，反映项目实施中控制活动的本质。项目的基本控制机理在于以下几个方面。

1. 确立项目组织控制体系和控制主体

项目控制主体从广义说就是全体项目参与者，具体来说就是项目负责人、项目团队和相关责任人。项目负责人的管理能力对项目控制的成功是最直接、最重要的角色，他的任务在于确定并分解项目实施目标，确定责任人，制定工作程序等。项目负责人控制的层次表现在战略计划、管理控制、作业控制、事务处理等方面（吴守荣和王连国，1994；邱菀华，2001）。控制主体必须有权力和能力。一个项目的管理主体必须有一定的权力，这种权力应当是依照法律程序所赋予的，或按照某种标准取得的。权力是管理主体的必要条件，没有权力就无法实施控制。能力是管理主体的必需条件，决定管理水平的高低，影响管理效率的大小。

2. 明确项目控制目的与目标

控制是理性的管理活动，控制要有明确的目的和可操作性。目的不明确，项目控制的内容和标准就不能科学、合理地制定，控制工作就无法开展。对项目控制的目标、任务必须明确化，这必须使项目的全体参与者明了。

3. 明确项目控制对象与内容

项目实施期间的控制对象与内容就是整个工程施工活动，包括项目管理知识体系中的项目整合管理、项目进度管理、项目成本管理、项目质量管理、项目人力资源管理、项目风险管理、项目采购管理等诸多方面。在此基础上，控制的对象与内容可分为三大层次：一是人；二是物；三是活动。项目负责人必须在思想上对这三个方面有清晰的概念和明确的思路。

4. 制订科学合理的控制计划、标准和反馈通道

前面曾指出，项目三大目标控制，以进度为主线，必须有细致的控制计划，有初始控制量，有一定的机动裕量，这一切都源于项目计划和具体的时间表。项目经理最重要的工作就是规划。只有详细而系统的由项目小组成员参与的规划才是项目成功的唯一基础。同时，当环境发生变化时，项目经理应制订一个新的项目计划来反映这一变化，并作为控制的依据。

控制的功能集中表现在确定被控对象、制定控制标准、明确控制权限、应用控制技术、差异标识、采取纠偏措施等环节上（纽曼和小萨默，1995；凯文·福斯伯格等，2006）。项目控制工作正如图 3-13 所示，分四个大的方面，即建立控制标准、实施绩效观察、实际绩效与标准对比分析，最后是采取纠偏措施。三大目标的控制，其标准反映在两个方面：一是各单项目标的具体标准，如成本的控制额度、质量规范等；二是项目工作进程的控制，这来自于计划，如项目进度。所以制订项目计划和时间表是控制工作的首要任务。

工程项目控制工作的具体衡量标准还表现在控制活动要适合项目实施组织的特点；要考虑代价，注重效果；要及时；要依赖项目参与者实施；要注意预测项目过程的发展趋势；要突出重点；要有灵活性；要有全局观念（易志云和高民杰，2002）。及时、准确、全面地搜集项目实施中质量、成本、进度方面的实时数据，并与预定目标比较，给出中间结果与预定目标偏离程度的数据。信息处理越及时，调整决策越主动；调整决策的预见可靠度越高，控制系统的自适应能力越强，控制系统便可快速、准确地做出调整决策，使项目顺利实施。

5. 综合运用各种项目控制技术

项目控制的各种技术以控制系统为载体，以管理控制中的目标控制、计划控制等为辅助，以参与者行为控制为重点，并采用主动控制与被动控制相结合的模式，以组织、项目组织为依托，从项目负责人到所有项目参与者，形成控制阶梯和连锁，以项目 WBS 为基础，从项目的各项工作、各个环节中把控制工作落到

实处。在前面第三章、第五章分析的基础上还要注意以下四个方面。

1）控制系统

控制的组织机构和相关人员，控制系统、控制的目的和控制标准，应该非常清晰。每个任务都要有专人负责，有一套受控的发布系统，审核是否符合项目要求，出现差异必须和项目经理协商。控制系统的设计与选择应该和项目存在的风险大小相匹配。控制流程应确定为保证项目良好实施所需要的最小控制程度，尽量使控制流程简单化。控制流程应该及时提供信息以便及时采取纠正措施（凯文·福斯伯格等，2006）。

在具体控制系统的基础上，控制系统的抽象模型如图 5-32 所示。决策中心为系统确定目标，环境的需求采用来自如顾客或更高层次组织系统的指令形式。目标设定的基础是从环境中获得的信息，这就有了环境和组织间的交换。决策中心将目标或行为的准则传递到控制中心，控制中心把自己的程序运用到操作层次，在那里将工程材料转化为工程产品。控制中心还要监测产出，将其质量、数量与决策中心确立的标准进行比较。在图 5-32 中还有第二个反馈回路，表明系统外界，如顾客对系统产品的反应可能会导致组织进行目标调整。在这样一个双重反馈系统中，主要回路通过预设的决策规范来控制干扰的“程度”；而次要回路则通过确定是否重新界定控制操作层次的规则来控制干扰的“类型”，这样就产生了“双回路学习”控制系统。

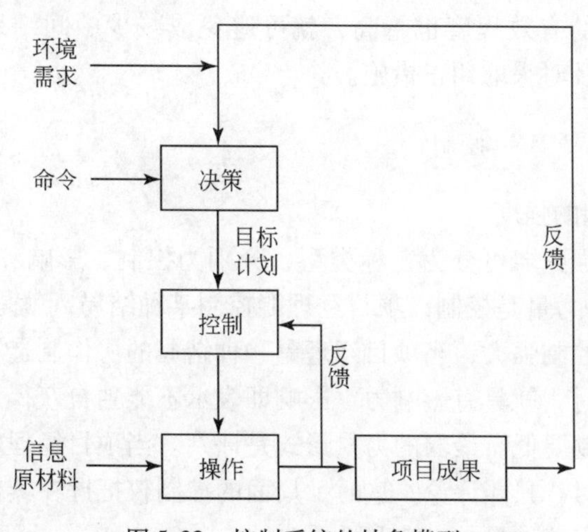

图 5-32　控制系统的抽象模型

2）权力与权威的控制作用

项目经理的权力与权威来自他的工作经历、经验、技术成就、参与过的项目以及资历。项目经理在项目管理中面临着严峻的挑战，项目的控制不是机械运动或电气设备控制，而是一系列活动的控制。理性系统的理论家给予控制以极大的关注，即上层参与者对下层参与者行为的决定权（W. 理查德·斯格特，2002）。决策是集权的，大部分参与者都被排除在处理权或对其自身行为的控制权之外。这些设置都是为理性服务的，即控制是为了达到特定目标而进行的。精细的等级和广泛的参与者分工的一个功能，就是使一些参与者可以被控制。项目团队主要以一个复杂的跨越各种领域的方式运作，而且拥有一定的“命令和控制”权力，所以项目经理以权力对项目控制至关重要。但是，项目经理由于缺乏类似传统部门管理的直线型权力，项目经理和其他项目团队的成员通过多种影响因素，也依赖非正式的权力及权威模式进行控制。

3）内部激励

内部激励是一种重要的控制策略，原因在于人员是控制的主体。项目参与人员顺利完成任务，得到成就、业绩、赏识和自尊，从情感上受到激励。这种控制系统要求下级参与目标的制定。这就是说，负责达到这些目标的人员对目标的特性给以某种影响。这种层级化的、理性的控制系统要求各种考核用于解决问题，同时，强调整体的工作表现，包括与项目组成员共事的能力，而不是局限于对参与者的惩罚和责备（格雷厄姆，1988）。

4）项目控制的干扰因素

项目实施过程中会遇到各种干扰因素，这些因素表现在项目质量、成本、进度、技术、信息等各个方面（凯文·福斯伯格等，2006）。干扰因素的预测精度越高，预控措施的有效程度也越高，就可避免或减少中间结果对预定目标的偏离，就越有利于及时采取纠正措施。

6. 系统实施项目的控制

1）项目控制的强度

监控力量由强到弱可分为三种类型，分别为控制、影响和评判（格雷厄姆，1988）。最强大的力量是控制，项目经理能控制某种结局，就是该结局的制造者。影响的力量不如控制强大，当项目经理是一种结局的协作制造者，即和其他人一起制造某种结局时，就具有影响力。影响即表示不能独自获得那种结局，因而成功的可能性比控制要低。最弱的力量形式是评判。当项目经理对项目结局既不能控制又不能影响时，只能评论。这时，局面的控制权把握在其他参与者手里，他们的价值观念决定着项目的方向和性质。

2）参与者行为的规范

控制活动实施的核心在于规范参与者的行为。控制工作在高规则系统中运行的效果和在低规则系统中运行的效果大相径庭。在项目管理组织中，规则和角色要求代替了个人取向和选择（W. 理查德·斯格特，2002）。项目任务的专门化，一系列的规范、规章、措施形成的连锁控制和统一管理都是为了规范参与者的行为。同时，这些表面看来是组织内部的问题，对于个人却有着深刻的影响。在参与者和项目组织之间要求有一致性，否则，将导致项目失控。项目一旦失控，就会形成一个恶性循环过程。对此，参与者的反应是：任其发展，心理防御，对项目组织及其目标漠不关心，建立非正规集团，强调非人为的因素。项目经理们的反应是：增加领导的强制性，加强管理控制。这一对作用和反作用使问题趋于复杂，它使依赖和服从增加，对项目控制极为不利。

3）控制的有效性

项目控制的有效性是项目管理先进性的核心。项目控制的有效程度，总体上取决于以下六个因素：目标确定的合理程度、计划编制的优化程度、干扰因素的预测程度、预控措施的有效程度、信息处理的及时程度和调整决策的预见程度。而其中，预控措施的有效程度、信息处理的及时程度和调整决策的预见程度是三个关键因素（黄金枝，1995）。

控制作用的充分发挥主要有两个基本方面：一是目标控制，是最基本的管理控制。目标管理是一种反顺序管理，它把项目管理的目的和任务转化为目标，项目管理人员通过这些目标领导和保证目标完成；目标管理是一种最有效控制，它有达到目标的具体实施方案，在实施过程中实现自我控制，使实施结果始终控制在预期目标内。二是计划控制，对项目实施精确的计划和有效计划控制是消除冲突的重要途径，进度的安排、顺序的确定和资源的分配都要求以有效的计划为基础（符志民，2002）。计划能帮助项目经理提高预见性，在矛盾产生以前就能预见到它们将有可能发生，事先采取预防的措施。工程项目控制的系统模式如图5-33所示（王明远，1995；丛培经，2006）。

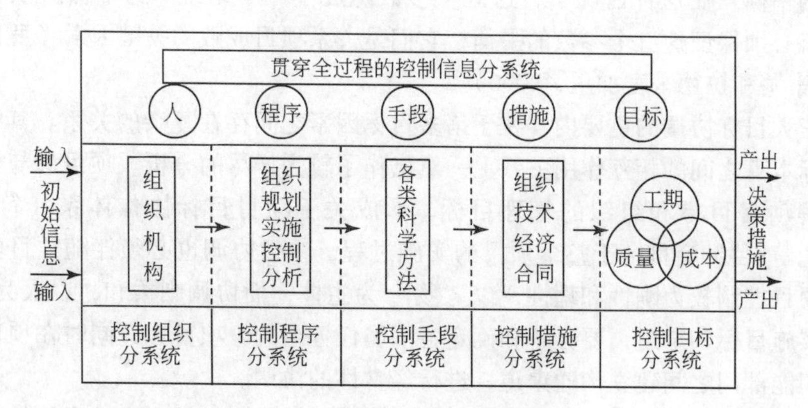

图5-33　工程项目控制的系统模式

第六章　工程项目三大目标协调

第一节　工程项目三大目标协调概述

在许多工程项目管理的理论著作及现场的具体管理中，关注并研究三大目标的控制成为普遍现象。与此相对应，我们亦应该关注并研究三大目标的协调问题。工程项目包含质量、成本、进度、安全、环境等众多目标的实现，项目是否成功是以项目所有目标是否都圆满实现来衡量的。要使工程项目顺利完成，就必须保证各目标间的协调有序，通过目标协调实现工程项目的协调（郭峰和王喜军，2009）。

一、工程项目三大目标协调的内涵

有五个约束条件制约着每一个项目：范围、质量、成本、时间和资源。这些限制是一个相互关联的集合，其中一项变化会引起其他限制的变化，以此来恢复项目的平衡。在这种情况下，这五个参数组成了一个系统。为了保持项目的平衡，就必须保证这五个参数的平衡，它们是关系项目成败的关键因素（罗伯特·K. 威索基和拉德·麦加里，2006）。

三大目标协调的主要内容在于诸多目标因素之间存在复杂的关系。其中，三大目标本身之间的相互作用关系上一章已作了较为详尽的分析。项目参与者要充分理解项目目标和组织的管理目标，形成关于项目目标协作体系（符志民，2002）。项目冲突贯穿于整个项目的实施过程，项目协调也必须伴随项目整个过程。项目控制较为刚性和理性，以“物”为主体，而协调则柔和，以人为中心。项目实施目标确定后，要分解和确定各下属任务组的分项目标，同时在项目任务组与职能部门之间建立沟通渠道，进行经常性的协调。

在项目实施过程中，项目的目标及其实施活动必须能得到生动形象的交流和沟通（席相霖，2002）。项目三大目标的各个层次、相关细节都应当清楚、明确，并确保每个人对此都达成了一致的意见。目标方面的协调主要应把握三点：一是强制性目标与期望目标发生争执，则首先必须满足强制性目标的要求。二是如果强制性目标因素之间存在争执，则说明施工方案或措施本身存在矛盾，需重新制定方案，或者消除某一个强制性目标，将它降为期望目标。三是期望目标因素的争执。这里又有两种情况：其一，如果定量的目标因素之间存在争执，可采用优化的办法，追求技术经济指标最有利的解决方案；其二，定性的目标因素的争执可通过确定优先级或权重，寻求它们之间的妥协和平衡（成虎和陈群，2009）。

问题的多样性和复杂性，以及边界条件的多方面约束，造成了目标因素的多样性和复杂性。对目标因素按照它们的性质进行分类、归纳、排序和结构化，形成目标系统，并对目标因素进行分析、对比、评价，可使项目的目标协调一致。工程项目多目标性和各目标之间的相互冲突等特点，使工程项目组织在建立工程项目目标系统、协调各目标间的关系时，表现为需要对某些目标优先考虑。

二、工程项目三大目标协调的作用

1. 有利于工程项目整体目标的实现

项目的成功是所有项目相关者各方面协调一致和共同努力的结果。工程项目相关者参与项目都有自己的目标和期望，他们对项目的支持程度、认可程度和他们在项目中的组织行为，是由他们对项目的满意程度、他们的目标和期望的实现程度决定的（成虎，2004）。所以项目的总目标应该包容项目相关者各方面的目标和利益，协调目标之间的冲突，体现各方面利益的平衡，使各相关者满意。这样有助于确保项目整体目标的实现，有利于团结协作，能够营造平等、信任、合作的气氛，就更容易取得成功。

2. 有效处理组织内外部的各种关系

项目三大目标协调对组织具有一种内部整合作用，能促进内部成员的信任和理解，提高组织的凝聚力和生长力；对外部则能产生广泛的团结、合作效益，调动一切有利因素，为组织的长效运作提供外部条件和支持，有效促进组织目标的实现。

3. 有效提高项目管理组织的效率

项目三大目标协调使组织各部门、各成员对组织目标和自身目标有明确的认识，使企业目标、项目目标和个人目标协调一致，各个环节紧密衔接，各项工作协调、有序进行，可以有效降低组织目标的协调成本，提高组织的效率（郭峰和王喜军，2009）。

第二节　工程项目三大目标相互协调

一、工程项目质量与成本目标协调

当工程项目设计正确、合理，初期的预算可行时，质量和成本之间就不存在直接的联系，认为项目质量和成本之间有一种简单的转换公式的观点，从根本上说是错误的（Lock，2005）。这一观点揭示了质量与成本之间关系的本质特征，从理性的角度、规范的管理方面来看是对的。但从项目实施过程来说，项目质量与项目成本是密切相关的两个指标。在很多情况下，项目组织为了压缩成本，不得不采取在保证质量合格的前提下降低质量等级的手段，导致项目质量下降。我国现行的定额严重滞后于市场价格，特别是人工费取费标准，差距较大，各个地区的差异更大。如果项目质量降到规定的标准以下，不能通过项目业主对项目最终产出物的验收，项目组织就必须返工，从而增加了项目成本。这方面的教训在工程整体或局部都发生过。

正如前面图5-16所示，成本是影响质量的因素，但绝不是成本高质量就好，两者之间是一种非线性比例，存在一个合理的区间。工程所达到的最佳水平，并不是工程质量越高越好，而是指满足业主要求、施工成本合理的质量水平。在施工过程中，承包商要确定适宜的质量成本，不要造成因质量过剩而提高工程成本。作为业主，当地区行业标准高于国家行业标准时，应该以科学的态度，实事求是地将提高工程质量标准而增加的工程成本体现在工程造价中，做到优质优价。同时，严格控制工程的质量，可以减少或避免工程返工，保证项目的建设进度，还可以减少项目的维护费用，提高项目的整体效益（刘尔烈和张艳海，2001）。

二、工程项目质量与进度目标协调

依据工期定额，综合资金利用效果、资源条件、项目组成、功能要求及技术复杂性等方面来确定建设工期，才可以保持质量与进度目标的协调统一，如果片面地强调某一方面，就会导致另一方面难以得到保证。单从建设工期方面来说，当然是越短越好，可是工程质量如果得不到保证，工程项目建成不能使用，工期再短也将造成浪费，所以质量是工期的基础；反之，为了强调提高质量，工期无限拉长，就会影响工程项目的投资效益和社会效益（孙亚夫，1997）。

适当加快工程的施工进度，不仅可以避免因意外原因而必须采取的赶工，保证工程的建设质量和工期，而且有可能使项目提前完工或提早交付使用，从而尽早发挥项目的经济效益（刘尔烈和张艳海，2001）。在质量与工期的关系中，工期应该服从质量，在保证质量的前提下，来确定工程项目的建设工期。质量的形成有一定的规律，我们可以通过采用新工艺、新材料、新方法及种种措施缩短其工期，但是到一定程度后就再也不能缩短了，这个极限工期就是最短工期。在保证工程质量的前提下采取措施加快进度，这方面的成功案例很多。

根据项目的进度目标，用科学的方法合理地规定施工中各项工作的顺序、持续时间和相互衔接关系，编制经济合理的进度计划，并据此检查工程项目进度计划的执行情况和质量要求的满足情况。对工期的优化，一般是通过压缩关键线路上相关工作、压缩工序的持续时间达到目标。压缩关键线路时间，往往是工期和质量发生矛盾的关键地方。在选择缩短关键工作的持续时间时，根据下列因素进行优先选择：缩短持续时间对质量和安全影响不大的工作；有充足备用资源的工作；缩短持续时间所需增加费用最少的工作。

认识到工程项目的质量目标和进度目标之间的关系，明确在确定其中一个目标时会对另一个目标产生影响，所以对质量目标与进度目标进行协调，协调的目的是为了在两者之间寻求一种平衡，做到目标系统最优，建设效率与效果最佳。

三、工程项目成本与进度目标协调

在规定的工程造价内，做到按规定的工期完成一项工程项目是十分复杂的工作，必须从管理、技术和经济等各个方面综合采取措施，使之协同作用，才能达到既缩短工期，又减少费用支出的目的。否则，盲目地缩短工期，加快施工进度，会增加更多的人力、物力和财力的支出，加大工程项目造价，提高工程项目的成本。严格控制工程的成本，可以避免建设项目的费用超支，使得项目的资金按计划供应，从而保证工程的进度和施工质量（刘尔烈和张艳海，2001）。

成本与进度控制依据一定的条件可以相互转化，当然这种转化是有条件的，是在目标控制的基础上体现的。在对项目进度目标进行控制时，如果使用科学先进的控制技术，采取得力的控制措施，经过工程项目各方主体的共同努力，使得工期目标提前实现。这样项目就提前启用，提前实现投资效益，尽早收回投资。从这个意义上讲，工期控制已转化为成本控制，但这是从整个工程项目全寿命周期而言的。在项目施工阶段进行成本控制过程中，项目控制人员积极主动，积极采用先进的技术、先进的工艺、先进的现代管理方式及切实有效的控制措施，严格控制工程变更，严格进行工程计量，避免因人为因素造成施工索赔事件发生，进一步加强工程结算的审核工作，不仅有利于实现成本控制目标，某种程度上也可加快项目进度。

为了能够很好地完成工程项目的成本、进度管理目标，在成本与进度的协调中，对工程项目进行目标规划时应注意统筹兼顾，合理确定成本与进度目标的标准，在业主需求与目标控制之间反复协商，力求做到需求与目标的统一。

针对项目整体体系实施控制，防止出现盲目追求单一目标而冲击或干扰其他目标的现象，结果是单一目标也不能实现。以实现工程项目目标系统作为衡量目标控制效果的标准，追求目标系统的整体效果，做到两个目标的互补。一段时间内，可能进度是主要矛盾，而另一段时间内成本可能转为主要矛盾，因此要在工程项目的实践中灵活运用辩证统一的思想，抓住主要矛盾，兼顾次要矛盾，并且注意矛盾的转化。

第三节　工程项目三大目标协调体系

一、工程项目三大目标协调的理念

项目协调的关键在于明确协调目的和协调对象，确定协调内容。从结构观点来看，项目管理系统的多层次结构不一定建立在制定和执行命令的关系上，而是每一级都在某种程度上受上一级的协调或调节，形成多级的协调系统。项目控制与协调是功能与手段的关系，即项目控制要发挥工程管理的功能，而协调则是经常需要运用的实现手段。考虑协调中的各种变量，无论是文化的、经济的、心理的还是其他方面的，协调是不可能自动产生的。项目组织在本质上是一个协作的体系，用以整合个体参与者的贡献（W. 理查德·斯格特，2002）。项目协调的关键在于建立一个运行良好的协作体系。协作体系的中心点就是项目部和项目经理。这种协作体系体现在以下几个方面：一是项目组与其上级组织之间的协调。这是非常重要的，项目组织是组织委任的独立机构，是一个独立组织，是一个临时的组织机构，上级组织在各方面的重视与支持尤为重要。二是项目组内部运行中的协调，这是项目经理的“本质”工作，也是项目目标能否实现的关键所在。三是如果站在承包商立场上，还要处理好与业主的项目组织，如指挥部、基建处等的关系，它们之间的冲突也贯穿于整个工程施工过程。四是项目组与外部环境的协调，政府相关管理部门、业务往来单位、供货商，甚至还包括工农关系处理等。

二、工程项目三大目标协调分析

工期合理的施工方案是确保工程质量、有效控制成本的主要途径。承包商在组织施工时，在确保质量的基础上，按照合同工期建立工期 - 成本关系曲线，优化工程进度，合理进行资源配置，科学安排施工工序，加强工期动态控制，从而实现质量好、工期短、成本低的管理目标。

用三大目标协调的圆形示意图来表示三者和资源相互作用以及与项目总目标的关系，如图6-1所示。图中的圆表示由质量、成本、进度、资源这四个要素组成的系统；沿着圆心向外辐射，在圆周上的质量、成本、进度、资源分别为质量最好，成本最低，进度最快，资源最平衡；图中的四边形表示该系统的系统目标。

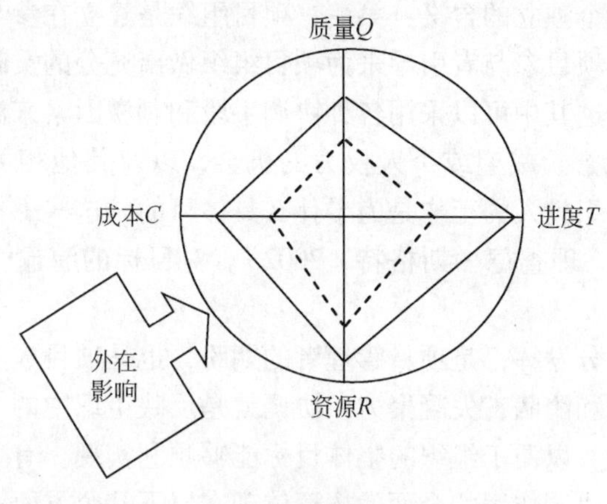

图6-1　三大目标协调的圆形示意图

通过分析图6-1得到：

（1）图6-1中四边形的面积越大，表示系统目标越合理。所以显然图中虚线形成的四边形面积比实线形成的四边形面积要小，也就是说，当四个要素的值为实线四边形为各个顶点时，系统目标要比虚线四边形为各个顶点时系统的目标要优化。

（2）以圆心为中心形成等边四边形就表明四项因素均衡，三大目标并驾齐驱。否则，哪项因素离圆心距离越远，表明对该项指标越重视，该项指标的实施状况越好。

（3）因为假设工程项目资源能够得到充分的保证，也就是说四个顶点中，资源这一要素所在的位置固定。为保证面积为最大，只需要质量、成本和进度这三个要素都为最优，即四边形的四个顶点中，一个固定，若要使四边形的面积最大，那么需要另外三个顶点都取最大值。

（4）在工程项目管理系统中，不可能让三大目标各自的控制系统同时保持单项目标系统的最优，因此，就需要对三大目标进行协调，从而达到系统的最优。

三、工程项目协调的综合分析

项目协调系统的直接目的就是要建立起良好的协作体系和协调网络。正如前面所述，协调是不可能自动产生的，这种协作体系也不可能是自动建立的。这种体系要构造起存在于有意识的、有意图的、有目的的参与者之间的一种协作网络。这一界定有两个独立的含义：第一，项目组织是建立在参与者做出贡献的意愿之上的。必须将项目参与者引导来为项目组织做出充分的贡献，否则项目组织就不能生存下去。这其中可以采用各种协调手段和刺激因素来激励他们，如物质报酬，获得某种荣誉、威望或个人权力的机会，以及其他相关的激励措施。第二，无论为项目组织投入的工作是为了什么具体目的，这些工作都应指向一个集中的项目目标（W. 理查德·斯格特，2002）。对目标的灌输，也是项目协调的基本功能。

协调作用的充分发挥，是项目管理者的期盼，也是项目成功的保证。协调不力就会使项目组织和团队丧失凝聚力。协调就是反映组织中的一切要素、工作或活动要和谐地配合，以便于组织的整体目标能够顺利实现。有了良好的协调，就会出现协同效应。协调作用的全面发挥还体现在以下几个方面：

（1）人际关系协调。组织是人的集合，是人在处理过程（詹姆斯·刘易斯，2002）。人的因素发挥不好，过程的运作就不会好，进而，如果过程运作受到影响，任务的完成就要大打折扣。前面已经论述，项目冲突的主要原因是人际关系沟通问题，与项目总体工作满意度最显著相关的是项目内部的人际关系沟通。

（2）团队步调一致。项目组织与项目团队是人的集合，不管一个项目组织拥有多少技术、设备和建筑材料，都只是为人所用，用来支持人们实现项目目标。团队成员必须是协作者并担当适当的团队角色。步调一致的群体力量大于个体能力的简单相加。团队的整体运作，如何交流、沟通、解决问题、处理矛盾、决策、分配任务、开会等是非常关键的，项目经理应经常去关注人的因素，使团队步调一致。

（3）项目管理的组织。协调工作的基础在于项目管理工作的层次性。强调项目管理公开、透明、民主但不等于不要或者失去管理层次。管理层次与项目管理本身并不矛盾。项目管理组织的等级制度、权威和各个层次所遵循的原则意味着在上下级之间形成了管理层次，并按项目任务进行目标化管理。项目协调中推行目标管理的方式可以促使项目的各项任务成为一个整体（纲目，2002）。项目管理组织在其精确性、稳定性、纪律严格性及可靠性等方面都要形式化。等级关系可以对项目实施中的信息流量做出反应，可以将工作归类。每个层次并非简单地高于下级层次，而是范围更广的群集或相互依赖单位的集合，目的是进行超出任一组成单位能力范围之外的那些协调工作。制度等级的一个基本职能就是保证组织等级制度的合法性（W. 理查德·斯格特，2002）。这项职能的完成有赖于支持等级制度的规范和价值观与更广泛的、制度化的规范系统之间的连接，以及由此显示出的两者之间的和谐一致。

（4）参与者行为的协调。观念决定行为，行为总是与观念保持一致的。只有改变人的观念，才能改变人的行为（詹姆斯·刘易斯，2002）。对于项目参与者行为的影响是项目经理通过权威，也就是说通过个人影响、权力等来实现的。非人为行为影响的基础是形式上的组织调整，而对人影响的基础则是在领导者与被领导者之间存在着的权威或者权力关系。在计划范围内，这种关系在执行计划时都起着重要作用，领导与组织要彼此适应。在由组织来确定项目负责人的时候，就要考虑到由领导所预先确定的那些条件。另外，领导与组织又要相互补充。如果通过组织只能确定长期有效的行为要求，那么就要通过领导来促进短期的行为变化。成功的协调对每个参与者的努力都给予足够的认同，项目经理应对每一个成员都信任（纪燕萍等，2002）。只有所有的参与者相互信任，这种广泛的认同才能发挥最大的作用，协作体系才能建立起来。

（5）工作进程的协调。在项目实施过程中，参与者和技术的协调也极大地影响着协调效果。项目管理包含过程、技术和人，技术是一个成功项目管理的必要而非充分的条件。拥有完备的技术与工具，也不能保证协调功能的实现。过程更重要，没有正确的项目实施过程，技术只会使你高效地堆积错误（詹姆斯·刘易斯，2002）。由两个任务组共同承担的工作，双方都应主动联系，还需要第三个部门协调，工作进度当然会受到影响。某些工作应由哪个部门负责没有明确界定，处于部门间的断层，相互间的工作缺乏协作精神和交流意识，彼此都在观望，认为应该由对方部门负责，结果工作没人管，原来的小问题也被拖成了大问题。为了取得所有其他功能的协同管理，平衡组织的需要与外部环境要求，就需要有灵活的协调手段。

（6）业务流程的协调。绝大多数的管理活动不是一个部门所能独立完成的，需要两个以上部门之间相互配合，按横向的业务流程来完成。对施工要素进行优化组合，即对投入项目的生产要素在施工中适当搭配以协调地发挥作用。但是由于纵向部门设置对业务流程的割裂，会形成一些断点，如果不能及时搞好协调，业务流程就不能顺利运行，会造成后续流程停滞，形成损失，即使想方设法绕过去，也会造成效率降低，还可能达不到预期的效果（西武，2004）。项目综合协调示意图如图 6-2 所示。

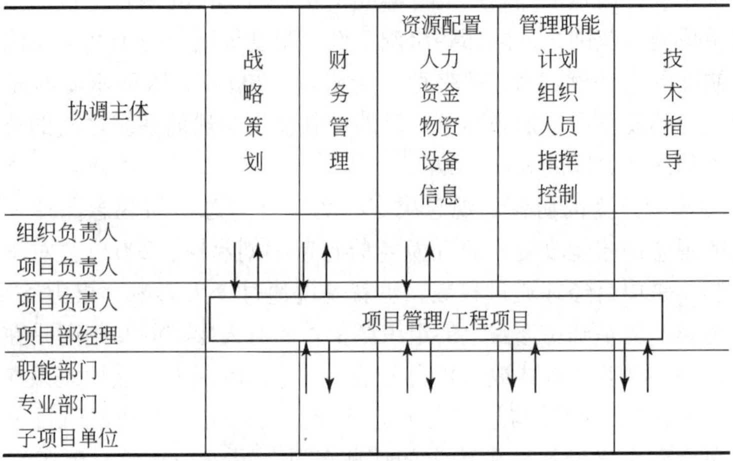

协调主体	战略策划	财务管理	资源配置 人力 资金 物资 设备 信息	管理职能 计划 组织 人员 指挥 控制	技术指导
组织负责人 项目负责人	↓↑	↓↑	↓↑		
项目负责人 项目部经理	项目管理/工程项目				
职能部门 专业部门 子项目单位		↑↓	↑↓	↓↑	↓↑

图6-2　项目综合协调示意图

四、工程项目三大目标协调机理

同项目控制一样，在分析了项目协调理念和相关协调技术的综合应用之后，我们应从理论的层面来探索项目协调的机理。这主要包括以下六个方面。

1. 确立项目协调的组织体系和协调主体

项目协调的主体与控制基本是一致的，但是协调工作的牵扯面更大，层次更多。项目负责人及项目班子的协调能力是取得协调成功的关键。在项目实施过程中，项目负责人是协调的中心和沟通的桥梁。项目经理为了有效地工作，必须清楚如何与那些和项目之间有界面联系的参与者一起工作，必须通过给每个参与者个体与团队创造出一种和谐的工作环境来展示出一种连续适应能力。一个胜任的项目领导者需要非常善于分析，以了解施工过程的技术细节，处理整个项目实施中各系统之间的不协调之处。在项目实施过程中，领导权威、任务具体化、管理规则和项目目标都包含在协作的各个方面，包括横向联系、任务组、矩阵结构、责任矩阵等，同时，计划、时间表、专门化、等级关系和授权等都是复杂的项目组织普遍存在的特征，项目负责人要通过全面、扎实、有效的工作才能满足项目的协调要求。

2. 明确项目协调的目的与原则

项目协调的目的在于形成合作、和谐的项目实施氛围，使协调体系产生“协同作用”，在项目管理中达到整体大于部分之和，即“1 +1 >2”。在大型的、复杂的、高风险的工程项目中，协调技术的重要性不言而喻，要防止出现“(-2)+(-2)=(-5000)”。因为在这些项目中，复杂的、不可预见的、不能察觉的非标准的设备、设计及操作行为相互作用会带来灾难性的威胁（Perrow，1986）。

管理工作中为指导、协调参与者行为而产生的准则，主要包括等级原则、指令单一原则、控制范围原则和特例原则（W. 理查德·斯格特，2002）。这些也是项目协调的基本准则。等级原则即强调等级制组织形式，其中，所有的参与者都被置于协调关系的金字塔结构内；指令单一原则即没有哪个参与者可以从两个以上的上司那里接受指令；控制范围原则强调每个上司不能拥有多于其有效监督范围外的下属；特例原则即建议所有规范化事务均由下属对应，为上司留出时间处理既有规章不适用的一些特殊情况。

3. 明确项目协调的对象与内容

项目协调的对象与项目控制也是一致的。对三大目标的协调管理主要包括四个方面：文化和行为层面的协调管理、项目组织层面的协调管理、技术层面的协调管理和合同关系的协调管理，如图6-3所示。关于文化和行为方面的协调下一章再作叙述，而组织层面即管理方面，存在于项目管理的过程之中。技术层面指的则是工程项目施工技术、工艺、机械设备、个人技能等的总称。

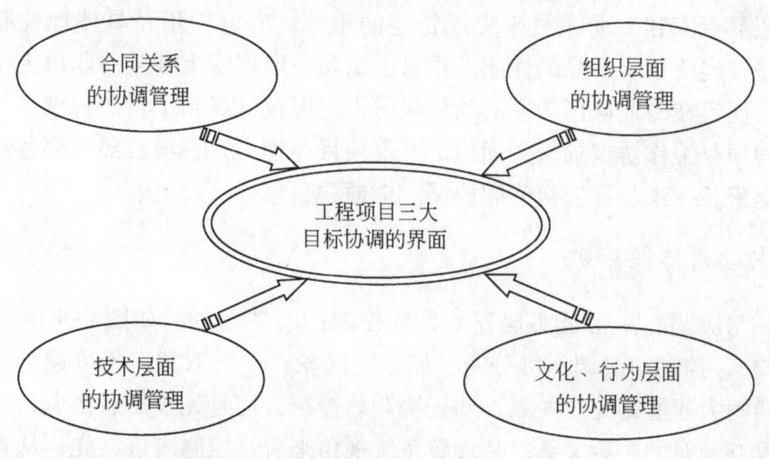

图6-3 三大目标的协调界面示意图

4. 建立以沟通为主的协调网络

建立网络的合作过程也是创建项目文化的重要步骤。项目初始计划构成项目组的明确契约，而建立网络有助于形成队伍协调工作所必需的潜在契约（格雷厄姆，1988）。这种网络是一组相互关系，使项目工作稳定，并给予项目可预测性和协调作用。网络以横向的、纵向的和斜向的方式伸向项目内外部的关系人。这种网络的力量和生存能力大多依赖于项目经理的能力，即建立和维护许多能够帮助项目要求的人们的同盟关系。这种与所有干系人的关系网络是项目经理抓住项目实施机会、解决项目协调问题的宝贵财富。

协调网络的建立围绕着项目任务的专门化与专业化。任务专门化是项目管理的一个重要特点，其目的在于理清工作的界面，而界面像目标与计划一样，正是协调工作的依据和基础。项目组织内存在着大量的集体性工作，是许多参与者工作的总和，项目管理工作就是协调好所有人员以达成这一目标。这一协调是以协同工作为前提的。工作的合理协调，是有效协调人的因素最为首要和必要的条件。项目组织应根据互倚程度将项目工作分类，将交互性互倚的工作放在相同或紧密相邻的项目管理任务组，将接序性互倚的工作放在不那么紧密相连的任务组，将目标性互倚工作放在最不毗邻的任务组（W. 理查德·斯格特，2002）。这样做是因为用以处理交互性互倚工作的协调会消耗最多的组织资源，将工作归类能将协调成本降到最低。

协调网络的建立围绕着项目的授权。项目组织在面临日益增加的复杂性和不确定性时，不可能严密地控制所有参与者的工作，而是可以授予工作人员一定的自主权。这种做法称为“确立协调目标”，即协调的达成不是通过对工作程序的详细规定，而是通过明确指定所期望的结果（W. 理查德·斯格特，2002）。项目组织招募专家和专业人员来完成特定的工作，专家们不是具体地控制这些工作，而是规定所要求产品的性质。项目组织在一定程度上和某些职位上都存在这种授权，而且在专业队伍为主的项目组织中，授权发展到了最高程度。授权就是为了体现项目工作协调的量大面广。不仅项目经理本人、项目部内部各小组负责人，乃至班长、组长都应担当起协调、沟通的角色。

5. 控制与协调并重

控制与协调的并用是实现三大目标控制的有效途径，如图 6-4 所示（席相霖，2002）。控制与协调不可分割，如车之两轮、鸟之双翼，不可偏废。对于控制与协调两大职能的先后关系，即先协调后控制，还是先控制后协调，一般意义上讲，没有绝对的先后关系。从理性系统视角来看，控制应该在先；从自然系统视角来看，似乎协调应该在先。但对于工程项目实施期间，似乎控制应该在先，当然应是多者并用。而且，控制过程本身也会产生争议、分歧和冲突。特别是对于三大目标的要求都很强烈，当机动裕量较小时，将更为突出。这时自然控制就要在先，辅之以及时、全面的协调。

6. 综合应用各种项目协调技术

协调技术的综合应用是协调工作的一个重要特征。现代项目协调的对象包括

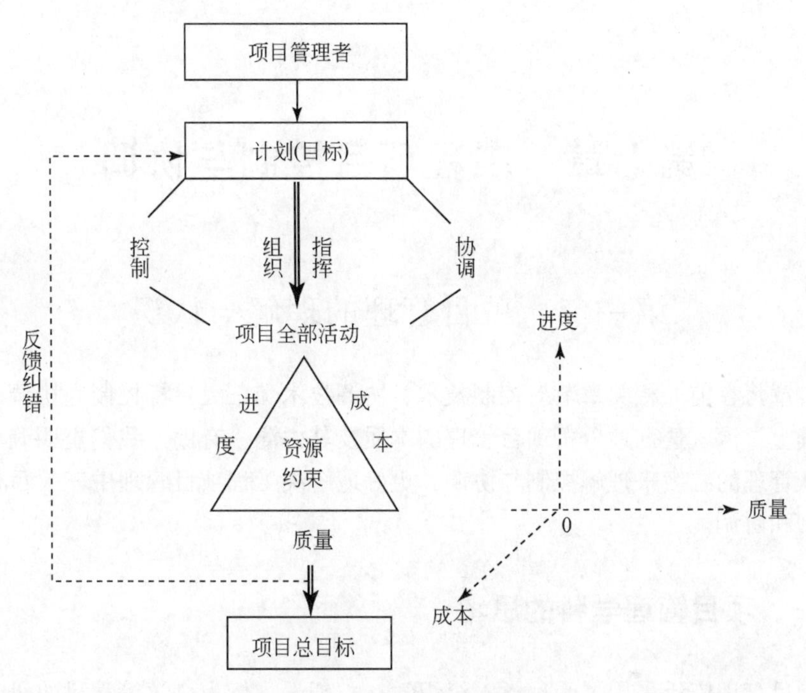

图 6-4　项目管理示意图

人、财、物、时间、空间和信息的组合。项目协调技术在第四章已作了具体分析，包括通报技术、协商技术、沟通技术、谈判技术和冲突处理技术五个方面，还包括了管理协调的各个方面。协调工作涵盖了文化、管理、技术和行为四个层次，包括了组织负责人、项目组织负责人和项目参与者。我们在第四章讨论了具体的协调技术，管理维度的协调以项目组织为载体，以项目管理九大知识领域为主线，渗透在各个方面。下一章将讨论文化维度、行为维度的协调。技术维度只在相关部分作了论述而未专题讨论。工程项目往往涉及的专业领域十分宽广，项目管理者谁也无法成为每一个专业领域的专家，对某些专业虽然有所了解，但不可能像专门研究者那样深刻，项目协调技术的综合应用就显得十分重要。现代项目管理者只能以综合协调者的身份，向被授权的专家讲明应承担工作责任的意义，共同确定项目目标以及时间、费用、工作标准等方面的限定条件，具体工作则由被授权者独立完成。项目参与者的素质水平、工作责任心、主观能动性发挥的程度，往往决定着管理协调的发挥程度。对于五项协调技术的应用，可以是单项的，也可以是多项同时应用。如前所述，对于复杂的问题，特别是三大目标中的质量和成本方面的问题，可以先通报、沟通，再协商、谈判，进行处理，若仍然不能处理，最后可以进行专家仲裁和法律诉讼。

第七章　工程项目控制与协调

第一节　项目管理的理解与认识

本章将在前面相关章节对控制技术、协调技术和三大目标控制与协调的分析的基础上，深入透彻地分析项目管理的本质及其内涵，有助于我们更明确、更深刻地从管理的维度来理解控制与协调，更好地解决工程项目管理中三大目标的整体控制和协调。

一、项目管理学科的思考

项目管理广泛采用了管理学、组织学、心理学、行为科学等学科的研究成果以及现代科技知识，逐渐形成了一个完整的科学体系，成为现代管理科学的一个重要分支。项目管理所需要的知识、技术、方法、技能和工具是在项目实践中发展起来的，为项目管理学科所独有（符志民，2002）。项目管理学科思想体系的创立，既是科学技术高度分化、高度综合的结果，又是社会实践发展到一定阶段的产物。它的产生、发展和广泛应用，有着深刻的社会背景和理论、技术、实践基础。项目管理涵盖着思想、观念、行为、方法和结果，建立起一个崭新的学科领域。项目管理学由传统的管理学科发展而来，从广义上说仍是管理学科的一个分支，但逐渐成为一门独立的学科、一门综合性的学科、一门定性和定量相结合的学科、一门交叉学科，自然也是一门应用学科。

（1）项目管理学是一门独立的学科。它由传统的管理学科发展而来，经过半个多世纪的发展和应用，有其他学科所具有的基本特征，有特定的研究对象和研究范围，具有一系列含义清楚明确的最基本的概念，具有经过实践检验，证明其正确性的原理和方法，作为一项创新型的管理手段，适用于任何类型项目的管理。正像管理是一项“基础国力”一样（席酉民，2007；刘国靖，2009），项目管理在社会各个行业、各个管理层次发挥着巨大的管理效应。项目管理正在从一种专业化方法成为一种主流趋势（凯文·福斯伯格等，2002）。

（2）项目管理是一门综合性的学科。项目管理是一门由管理学、经济学、法学、金融学、社会学、环境学、营销学、信息学等多学科知识交叉的新兴综合学科［中国（双法）项目管理研究委员会，2006］。泰勒曾指出：“科学管理是过去就存在的各种要素的‘集成’，即把原来的知识收集起来，加以分析、组合并归类成规律和规则，从而形成一门学科。”（弗雷德里克·泰勒，2007）项目管理也是一样，它是一项运用领域广泛的管理方法，其管理思想、原理、方法、工具借鉴了与其相关的许多学科的知识。它的应运而生，是人类知识不断积累的高度综合，它的推广和应用对于提高投资行为的效率和效益，提高国际经济贸易合作的成效，降低生产、建设和经营的风险与成本，推动社会各个行业的发展，均具有重大意义。

（3）项目管理学是一门定性和定量相结合的学科。项目管理学能够较为广泛地运用运筹学、经济学和数学等相关知识，实现其更高程度的科学化与精确化。马克思曾预言，任何一门学科“只有当它利用了数学的时候，它才达到了完善的程度”（张彦，2005）。项目管理学不仅是借用数学中各种现成的运算方法，而且可以创造许多适合于项目管理学研究和应用的专门的运算方法，这些就构成了项目管理学定量化的一面。但是，必须看到，与传统的管理学科一样，项目管理学所涉及的众多因素中，人，即项目参与者，占据了举足轻重的地位。而参与者这种因素具有非常大的不确定性，它有许多不能量化的东西，很多时候只能进行定性的分析，采用价值判断的方法。正是由于这一原因，项目管理学同时也是一门软科学，具有不能完全精确化、定量化的含义。项目实施中的各种复杂状态、项目参加者的心理行为、项目组织的状况等，都无法和很难进行定量化描述。

（4）项目管理学是一门交叉学科。许多学者提出这种说法，这也许是项目管理是一门综合学科的另一种表述。由于项目管理具有高度的系统性和综合性，涉及许多学科的相关知识。要想学好项目管理知识，增强项目管理能力，除了需要掌握与工程项目相关的工程技术知识外，还应具有管理学、工程估价、工程经济学、工程合同管理、系统工程、计算机应用和工程项目相关的法律法规等方面的知识（成虎，2004）。项目管理具有很高的跨学科性，个人或者平行进行的多个单人无法胜任，所以，项目要求不同学科间不断地交流与合作（狄海德，2006）。

（5）项目管理学是一门应用学科。项目管理学是一门应用性极强、极高的学科。项目管理的发展，一是其思想理论基础，二是其技术基础，三是其实践基础。项目管理学的知识来源于人们的管理实践，是人们管理经验的概括和总结。没有实践，它就成了无源之水，无本之木。同时，项目管理学的知识，必须运用到实践中去才有价值，否则，它就失去了存在的意义。管理学知识的正确与否，归根到底要接受实践的检验。

项目管理学的创立提供了一种解决问题的方法。项目管理为我们提供了一个更有效解决问题的结构化过程（哈罗德·科兹纳，2006）。其一，项目管理以九大知识领域为管理要素；其二，项目管理提出并创立一种过程规范化、程序化的管理方法；其三，项目管理提供了一种全新的管理理念。

二、对项目管理的认识

项目管理为组织变化的管理提供一种理念、战略和过程（戴维·I. 克利兰，2002）。项目管理不是一个单独的理念或活动，它是多种理念的集合（凯文·福斯伯格等，2002）。项目作为管理的对象，对它的管理不仅需要一般的管理学原理和方法，而且需要系统工程和组织学的理论与方法。美国著名管理学家哈罗德·孔茨（2005）认为：管理就是设计、创造和保持一种良好环境，使置身于其中的人们能在群体中一道高效工作，以完成预定的使命和目标。项目管理自然不能例外。对项目管理的认识可以从多个角度描述，项目管理的对象是项目或被当做项目来处理的任务或活动。项目管理既是一种系统管理、综合管理的方法，是一种面对独特目标和任务的管理，是一种目标管理的方法，项目管理又是一种基于创新和团队工作的方法，是一种面向实施过程的管理方法，也是一种高度技术性管理体系，还是一项面对各种冲突进行管理的方法，更是一种以人为本的管理工作。

（1）项目管理是一种系统、综合的管理。项目管理具有针对性、专业性、计划性、互动性、成效性、独特性和人本性（狄海德，2006）。项目管理不能被看做是一种纯专业化的管理，而是一种综合管理，这是由项目本身的特点决定的。其一是项目具有综合性。项目管理涉及多种专业、多种技术和多种手段，需要各个部分的有机配合。这是一般专业化管理所不具备的。其二是项目具有过程一次性和结果永久性的特点。项目是一次性活动，其组织管理形式、机构及相应的生产要素等因项目的不同而存在差异，而无固定之约束。但是专业化活动，其任务和机构是相对稳定的，不是临时性的，即便对象改变，但其总体组织及生产要素却很少变动。其三是项目的周期性。项目管理是一种比较复杂的有明显周期特性的系统活动，而专业化活动则不存在明确的寿命周期，是一种持续的经济活动。同时按照系统工程方法，项目管理就是以项目为对象的系统管理方法，通过一个临时的、专门的组织，对项目进行高效率的计划、组织、指挥、控制和协调，对项目进行全过程的动态管理，实现项目的目标。

（2）项目管理是一种面对独特目标和任务的管理。项目管理的对象是项目，即一系列临时的或一次性的任务。项目管理必须有明确的目标，必须有清晰的任务、职能和层次的划分。人们日常的工作可分为重复性工作和项目式工作两种，对各种类型的高层管理者也是这样。按照帕累托定理来分的话，日常重复性工作数量上约占总工作量的80%，但所需要投入的精力和时间也许只占20%；而项目式工作数量上占不到总工作量的20%，而所需要投入的精力和时间却要占到80%左右。这里不是强调数量上的差异，而是表明项目管理的独特性和重要性。日常重复性工作可以交由管理者的下属完成，领导本身的主要职责和任务是建章立制，定好规矩。而项目式工作则完全不同，它是全新的工作，是组织中新生事物或大事，对组织的发展具有特殊的意义，组织领导要格外关心，要组建项目班子，委任项目负责人（即项目经理），规划项目，领导项目，牵扯很大精力。组织中产生项目，如果不委派项目负责人，组织的最高领导实际上就是项目负责人。

（3）项目管理是目标管理的方法。目标管理方法（management by objectives, MBO）是一种系统的管理方法，有效联结项目目标和组织总体目标，项目目标与组织各职能部门目标，项目目标与项目组成员的个人目标。这种方法使得项目成员更加注重组织目标，并能明确了解各自的工作结果与组织目标之间的关系，明确项目组成员对项目目标实现的贡献大小（毕星和翟丽，2000）。目标管理方法是项目管理的基本方法，其本质是“以目标指导行动”（丛培经，2006）。因此，首先要确定管理总目标，然后自上而下进行目标分解，落实责任，制定措施，按措施控制实现目标的活动，从而自下而上地实现项目管理目标责任书中确定的责任目标。

（4）项目管理是一种基于创新和团队的管理。团队工作方式具有创新性、系统性、逻辑性，它强于其他先后衔接的单项工作形式。项目依靠团队工作，因为依靠单个人的工作，无法从数量、时间、质量上达到工作要求，也无法在不同学科间建立质的联系。一般来说，有创造力的团队比松散的合作方式更容易形成发明创造（狄海德，2006）。同时，应用项目管理方式可以处理其组织发展中的变革和重大项目，有创新推动组织发展模式的功能，所以，早期也有人将项目管理解释为创新管理。

（5）项目管理是一种面向实施过程的管理。项目管理面向成果，但面对的却是实施过程。项目都具有一个活动的流程，是注重行动，也是一个面向未来的进程。项目管理是一种管理方法体系，项目管理是一种已被公认的管理模式，而不是任意的一次管理过程。项目管理的过程可分为对项目的计划、组织、决策、指挥、控制和协调等工作。项目管理的重要任务是创造和保持一种良好环境，通过各项管理职能将各种管理要素有机地结合起来。对于项目层次的理解与划分，我国传统项目的划分是按照苏联施工组织设计的划分办法，分成单项工程、单位工程、分部工程、分项工程，再没有细分。而根据项目管理的思想，项目分为大型项目（program）、项目（project）和子项目（subproject），并可依项目规模再分，如次级子项目等，如图7-1（a）所示。“大型项目”是项目的集合，包含若干项目，在范围上大于单个项目（罗伯特·K. 威索基和拉德·麦加里，2006），如图7-1（b）所示。同时，可以将项目按子项目、次子项目、再次子项目划分，对于特大项目，可以一直划分下去，直至便于开展管理工作为止。且子项目、次级子项目的管理思想、原理、方法与项目一样。这种方法同项目工作分解结构和网络图的应用相配合，对于明确项目目标、制订项目计划、分解项目任务、监控项目实施过程、进行项目控制、促进项目协调、加快项目进度、节约项目成本、提高项目质量都具有极大的帮助。

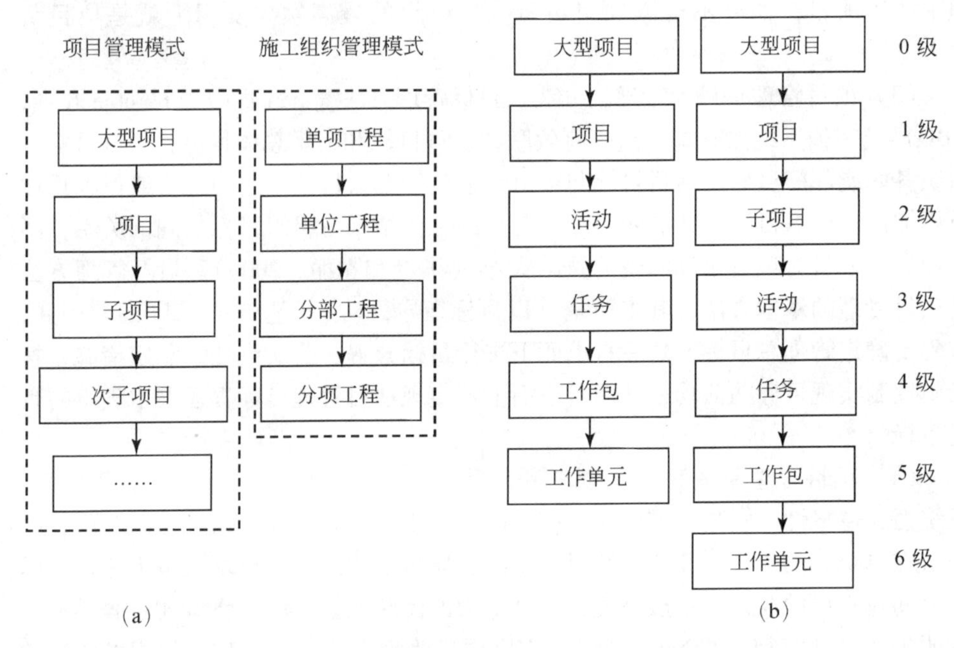

图7-1　项目划分示意图

（6）项目管理是一种高度技术性管理体系。虽然笔者强调管理工作本身是一项“技术”，而不是说说管理理念、写写规章制度，但这里的高度技术性包含了现代科技知识、技术技能，任何项目都有技术支撑和技术内核。管理的技术性体现在科学化、规范化之中，而科学技术根植于规范、条例、措施之中。将管理技术与科学技术有机结合也是项目管理的一大特点。没有人会公开承认自己不懂管理，但我国目前在各个层面的管理工作中“大而化之”的现象不乏其例。项目管理这种管理技术的出现，提高了运作流程的可见度，进而使责任更加明确，管理过程更加清晰，管理的技术性得以充分体现。管理水平不好衡量，管理效率却可以评价。项目管理应用在很多行业和许多工作中，使管理水平充分发挥，生产力得以提高。管理是生产力，是一种无形的力量。管理的改进、科学化和合理化可以产生新的生产力。

（7）项目管理是一项面对冲突的管理。正像前面第四章所述，项目实施过程中，各种冲突，特别是围绕三大目标的冲突、各子项目之间的冲突、参与者之间的冲突、项目与外部环境的冲突等，时时相随。故有所谓项目管理的“第一定律”，即“按规定时间、不突破预算、不调整人员而完成的项目几乎没有，谁的项目也不例外”（格雷厄姆，1988），即按时、保质保量、不超支、不调整项目的范围完成项目是很困难的，要想更好、更快、更省，项目管理者必须不断地化解冲突、争端，使项目按照既定目标推进。

（8）项目管理是以人为本的管理工作。人，即项目参与者，主要包括项目所有者、项目管理者和项目专业承包商等，项目间接参与者包括供应商、制造商所在组织的人员和为项目服务的相关人员等。项目所有者又被称为业主，他居于项目组织的最高层，对整个项目负责，重点关注项目的整体利益，做项目的宏观调控；项目管理者，即项目负责人，或项目经理，一般由业主选定，业主要求项目管理者提供独立有效的管理服务，负责项目实施中具体事务性的管理工作，主要职责是实现业主的投资意图，保护业主利益，达到项目的整体利益；项目专业承包商包括专业设计单位、施工单位和供应商等，他们构成项目的实施层（胡振华，2001）。项目管理的这种组织管理构架和过程注重所有参与者作用的发挥，提倡和营造人本、交流、公开、民主和创新的氛围。

项目管理同传统的管理学一样，是一种易入门但需实践锤炼的管理方法。项目管理知识似乎具有“一寸深，一里宽”的特点。深度体现的是项目管理知识的通俗易懂。项目管理在管理科学基础上经过半个多世纪的发展和应用，形成了自己的理论体系，即九大知识领域、42 项要素等，初学入门容易，应用开始阶段也不难。宽度体现的是知识层面、行业层面、社会层面，而社会层面的知识是最广泛、最复杂的；宽度的另一层意思是全面系统地学习、理解和应用项目管理则不是一件容易的事情。

三、项目实施中应注意的相关问题

项目成功具有四个方面的内容：项目建设的效率；对客户的影响；对组织业务的影响；为未来开拓的新机遇。要使项目实施取得成功，项目管理各方的理念必须适应项目管理的要求，其中以下几个方面是值得注意的关键问题（席相霖，2002）。

（1）项目经理必须关注项目成功的三个标准。简单地说，一是准时；二是预算控制在既定的范围内；三是质量以用户满意为准则。项目经理必须保证项目小组的每一位成员都能对照上面三个标准来进行工作。在整个项目实施期，项目负责人始终要以这三项标准为核心，从组建班子、人员招聘、计划、组织、指挥、控制、协调等各个方面，不断召开会议，布置任务，定期检查，把三项标准作为项目成功的指引。

（2）任何事情应当先规划再执行，先约定责任再实施。通俗地讲，任何管理工作的各项任务都应是“事先有约定”。就项目管理而言，很多专家和实践人员都同意这样一个观点：需要项目经理投入的最重要的一件事就是规划。这自然包含了计划。只有详细而系统的由项目组成员参与的规划才是项目成功的唯一基础。当具体实施中与计划出现问题时，项目经理应制订一个新的计划来反映项目实施的变化。规划、规划、再规划就是项目经理的一种工作方式。同时，三大目标等出现问题时，不应忙于追究责任，而是再计划，调整方案，寻找替代方案。管理中的一个重要法则就是责任必须是事先约定好的。项目管理中责任矩阵图的工作划分充分体现了这一点。

（3）项目管理应选好最佳人选。项目实施节奏快，任务紧，项目经理应当获得项目小组成员的最佳人选，这些人受过相应的技能培训，有经验，素质高。对于项目来说，获得最佳人选往往能弥补时间、经费或其他方面的不足。项目经理应当为这些项目成员创造良好的工作环境，如帮助他们免受外部干扰，帮助他们获得必要的技能和工作条件以发挥他们的才能。

（4）始终关注目标。项目经理必须以自己的实际行动向项目小组成员反复灌输目标，让项目小组成员始终关注项目的目标和截止期限。同时，采用渐进的方式逐步实现目标。要想获得项目成功必须对项目目标进行透彻的分析。如果试图同时完成所有的项目目标，是不现实的。项目目标只能一个阶段一个阶段地去实现，并且每实现一个目标就进行一次评估，确保整个项目能得以控制。最怕项目实施中顾了进度，成本超支，抓了质量，进度拖后。

（5）所有项目活动必须得以交流和沟通。项目经理和项目小组在项目开始时就应当形象化地描述项目的整体情况、目标、计划、实施过程、关键问题等，以确保与项目有关的每个参与者都能熟知，建立起广泛的协作体系，不断地交流沟通，确保项目各项活动有条不紊地开展。

（6）工程的失败或损失源于管理，项目的失败或损失源于技术。这里的“技术”是施工技术等科学技术，而不是管理技术，这里的项目是广义的，而不是专指工程项目。工程一定是项目，而项目不一定是工程。项目是一次性的，是创新管理，是新事物，各类项目都有其技术内核与相应的技术支撑，必须强调技术的先进性和实现的可能性；而很多的一般工业与民用建筑工程从设计到施工是相对成熟的技术，强调管理的效果。很多投资者，看到国外和国内在上什么项目就跟着走，结果投资项目的技术主体、工艺过程、加工方式等是落后的，甚或是已淘汰的，没有自主知识产权，生产的设备或产品没有竞争力，项目运行一段终告失败。在项目管理中，非常需要懂专业技术的管理人才，或懂管理的专业技术人才，但是，目前这方面的人才尚显缺乏。项目管理的对象是项目，资金是关键，人员是根本，管理是保障，技术是内核，信息是前提，文化是底蕴。

（7）项目经理应当责权对等。项目经理应当对项目的结果直接负责，与此相对应，项目经理也应被授予足够的权力。在很多情况下，权力显得特别重要，如获取或协调资源，要求得到有关职能部门的配合，对项目成功有价值的决策等。

（8）项目投资方和用户应当主动介入。他们应主动地关注、参与项目实施，而不能被动地坐享其成。多数项目投资方和用户都能正确地要求和行使批准（全部或部分）项目目标的权力。但伴随这个权力的是相应的责任，应是主动地介入项目的各个阶段，在项目早期要帮助确定项目目标；在项目进行中，要对完成的阶段性目标进行评估，以确保项目能顺利进行。项目投资方应当帮助项目经理去访问有关用户，并帮助项目经理获得必要的文件资料。

四、两个项目管理知识体系的对比分析

美国项目管理知识体系和中国项目管理知识体系的对比，具体如表 7-1 所示。

表 7-1 知识体系的对比

对比内容	美国项目管理知识体系	中国项目管理知识体系
知识领域	整合管理 范围管理 时间管理 成本管理 质量管理 人力资源管理 沟通管理 风险管理 采购管理	综合管理 范围管理 时间管理 费用管理 质量管理 人力资源管理 信息管理 风险管理 采购管理
过程	启动、规划、执行、监控、收尾	概念、开发、实施、结束

（1）对于这九大知识领域，美国项目管理知识体系第一项为“integration management”，译成中文时，曾被称为“集成管理”、“整体管理”，现译为“整合管理”。“integration” 意思是集成、集成化，综合、结合、集合等，中文译成“综合”较好，符合中国传统文化特点。

（2）对于第四项，美国项目管理知识体系确定为“成本管理”，中国项目管理知识体系为“费用管理”。费用往往是中性称谓，成本在中文中多指承包商的资金管理。中国项目管理知识体系定为“费用管理”符合国情。

（3）对于第七项，美国项目管理知识体系为“沟通管理”，而中国项目管理

知识体系定为“信息管理”，似乎有商榷的余地。“沟通”这一词语，依照《辞海》，原指开沟而使两水相通，后泛指使彼此相通。概而言之，“沟通”一词本身的理解主要包括两个层面：一是人与人之间的交流相通；二是人作为主体与环境等客体之间的交流相通，以消除阻抗，实现彼此相通。沟通这一术语，中国的民众现今广泛使用，但其含义不仅仅在于信息的交流，在人际关系联络、参与者情绪等方面也有深刻的意义。“信息”的确是交流、沟通的基础，但它是“物化”了的，甚至有时可以是定量化的。现今的信息管理、信息交流，笔者个人理解，似乎技术层面的成分多一些，而对项目参与者的人际关系、文化因素、行为方式的关注少了一些。笔者建议，中国的项目管理知识体系可以将“沟通管理”改为“协调管理”。我们的祖先、先辈在长期的管理实践中用得最多的是协商、商量、商议等。

五、项目管理与一般管理

项目管理与一般管理是有明显区别的，因为项目不同于我们称之为“非项目”的工作。正如第一章中表1-1所示项目与运作的区别一样，项目中自然存在的强烈冲突意味着项目经理必须具备解决冲突的特殊技能。项目是独特的，这意味着项目经理必须具备创造性和灵活性，有能力进行迅速调整以适应变化。在非项目环境中，几乎所有的事情都是常规的，由下属按常规程序处理，总经理只需处理例外情况，而对于项目经理而言，几乎所有的事情都是例外（小塞缪尔·J.曼特尔等，2007）。

1. 科学管理

一般管理大量运用的都是以科学管理为主的方法。这里的一般管理是为了表述方便，泛指行政管理、企业管理、社会管理等，也包括经常提到的部门管理。管理科学是研究和揭示管理活动规律与方法的一门科学。现代管理科学的理论体系主要有科学管理理论、行为科学理论和管理科学理论三个分支。科学管理理论，主要研究管理组织问题；行为科学理论，主要研究管理领导和协调问题；管理科学理论，主要研究管理计划、决策和控制问题。这三个分支是现代管理科学中相互渗透、不可分割的组成部分（黄金枝，1995）。

管理学科在20世纪初得到认可，这在一定程度上反映了当时管理活动的实践（小詹姆斯·H. 唐纳德，1982）。在弗雷德里克·泰勒和亨利·法约尔的早期著作中，尝试描述管理的总体思想和概念。泰勒是科学管理运动的创始人，被公认为“科学管理之父”，也有人称他为“理性效率的大师”。他第一次从理论上比较系统地阐述了企业管理的职能、原理和基本方法，创立了科学管理理论。泰勒的科学管理理论是以研究工厂内部的生产管理为重点，以提高生产效率为中心，解决生产组织方法科学化和生产程序标准化等方面问题的管理理论（弗雷德里克·泰勒，2007）。法约尔从企业整体管理的角度出发，完成了他的经典之作《工业管理与一般管理》。法约尔对管理的突出贡献是从理论上概括出一般管理的原理、要素和原则，将管理提到一个新的高度，使管理不仅在工商界得到重视，而且对其他领域也产生重要影响。他所提出的一般管理原则与职能，实际上奠定了在20世纪50年代兴起的管理过程研究的基本理论基础。法约尔的管理定义由计划、组织、指挥、协调和控制五要素组成。“计划是预测和提供用于检验未来和起草活动的方式；组织意味着建立材料和人力的双重结构；指挥是使工作人员保持活动；协调意味着统一所有的活动和努力；控制是指检查已发生的事件与已建立的规则和所表达的命令的一致性。”法约尔提出管理的五项职能，这种认识和思想至今仍是管理理论和实践的特征。正是基于此，本书在项目管理与管理科学的结合，即项目管理与职能管理的融合中，对科学管理的描述和应用均以法约尔的管理五要素作为代表。

2. 项目管理和一般管理的区别

项目的一次性是项目管理区别于一般管理最显著的标志之一。项目管理和一个普通的、常规意义上的管理，或者说流程管理区别在于项目管理有五个方面的独特之处：能建立一个新的项目；能非常好地进行计划；能有效地执行；能对项目进行良好的控制；能把这个项目真正结束掉（格雷厄姆，1988）。通常企业管理工作，特别的部门管理或职能管理工作，虽然有阶段性，但却是循环的，无终止的。同时，它又具有继承性。而项目是一次性的、独特的，项目管理也是一次性的。项目管理组织也是一次性的。对任何项目都有一个独立的管理过程，它的计划、组织、控制等都是一次性的。项目与常规活动的主要区别在于，项目通常是具有一定期望结果的一次性活动，任何项目都是要解决一定问题，达到一个独特的目的和明确的目标。

项目管理以管理学的一般知识和专业知识为基础，如图7-2（a）所示（狄海德，2006）。企业管理涉及的各种功能和其组成机构是一个成功项目管理的基本出发点，项目管理在企业中起横向联系的功能，同时在企业内部又是跨部门的。可以看出，图7-2（a）给出了一个非常有意义的启示，即一般管理与项目管理之间存在一个过渡的状态，即“专项管理”。它类似于人们通常说的“单项任务”、“专门任务”或“专门工作”。这一过渡状态的存在说明了三个问题：一是在20世纪50年代人们未定义“项目”、“项目管理”之前，我们的先辈就有了处理“项目式”工作的理念和方式方法；二是项目管理就是由人们处理“专项管理”而发展成熟起来的；三是解释了两种管理之间的区别和内在联系。同时，受其启发，可以将这三者的关系如图 7-2（b）来表示。这是因为一般管理无处不在，专项管理是一般管理中的一类特殊情况，而项目管理是为实现独特目的的一种特有的管理方法。三者的管理对象虽然在数量上是逐次减少的，但难度却是逐渐增加的。

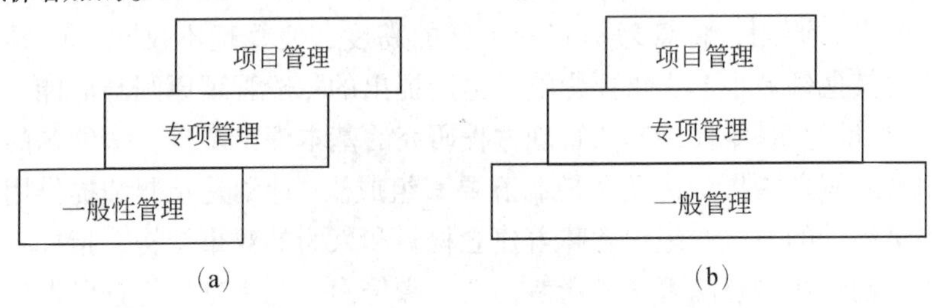

图 7-2　一般管理和项目管理的相互关系

科学管理常应用于部门管理之中。部门管理的特点有以下几个方面：一是可重复性，按相同或极为相似的过程重复生产相同或相似的产品。这些过程和产品可得到某些改良，但缺少新的探索。二是可预知性，各种管理活动或各种产品及其生产过程事先可完全清楚。三是限定性，每个部门管理全过程的某一特定部分，如财务部门只负责会计，却不会插手到市场、生产以及一切被认为属于其他部门的职能（格雷厄姆，1988）。

项目管理与迅速变化的环境相适应，其管理方式有如下特点：一是不可重复性。新项目要求新的实践过程。由于环境在不断变化，要求不停地探索和学习。二是不可预知性。各种探索的结果通常事先不知道，可能会意外地发现完全不同的情况。三是非限定性。项目组织内部部门的设置可以不按经典方式。由于要求人们承担各种不同的任务，所以部门的结构是松散的。会计可能是多数人具有的多种技能中的一种（格雷厄姆，1988）。

表 7-2 显示了在项目管理和一般管理中的主要职责（席相霖，2002）。两者都汲取了管理学科中的理论和实践。它们之间在很多方面有一些细微的差别，这都反映在项目管理或企业管理的主要管理因素中。一般管理和项目管理都有相同的基本理念，甚至管理过程应用的区别也仅依赖于在彼此领域的实际应用。两者都制定和实施决策，分配资源，管理组织界面，它们之间的区别和类似之处虽然细微，但对涉及的经理和专家却很重要。

表 7-2　主要职责：项目管理与科学管理

项目管理	科学管理
支持组织战略	企业的战略管理
矩阵式组织设计	纵向组织设计
涉及产品、服务、企业流程的设计和开发	关联到企业任务、具体目标
本质上是临时的	持续发展的企业

续表

项目管理	科学管理
关系到项目干系人	与企业干系人有关
特殊成本、进度计划和技术目标	寻求企业效率和有效性
重点是项目职能和企业的界面	统一职能

项目管理包含了科学组织、优化目标与计划、有效控制和协调、项目经理负责制等现代管理科学的主要管理内容，它在理论上具有先进性和科学性。项目管理与传统的部门管理相比，最大的特点是项目管理注重于综合性管理，并且项目管理工作有严格的时间期限。项目管理必须通过不完全确定的过程，在确定的期限内生产出不完全确定的产品，日程安排和进度控制常对项目管理产生很大的压力。以往管理中存在的“信息滞后性”和“调度随意性”，使实施过程步步被动，到后来偏离了目标而不可遏止，项目管理恰好可以克服这些问题。

3. 项目管理和科学管理的联系

项目管理与科学管理的联系表现在两者都注重管理过程，注重管理职能。对专业人员而言，项目领导层既要解释工作的合理性，又要履行包括计划、组织、指挥、控制这类更明显的职能（哈罗德·科兹纳，2010）。项目管理的九大知识领域将管理学中对“管理”的定义进行拓展，但同时项目管理中各个方面和各个层次的负责人都要执行管理职能，即计划、组织、指挥、控制和协调，项目管理的力量通过各级管理人员体现出来。科学管理的根本目的是追求最高效率，而要达到最高工作效率的重要手段是用科学化的、标准化的管理方法代替旧的经验管理。

笔者需要指出的是，说起项目管理，人们常常会将其与职能管理进行比较来说明其优点。尤其是“项目管理将站在21世纪管理舞台的中央”、“项目管理将横扫职能管理”、“一切将成为项目”等来自名家的说法更容易使人产生一种感觉：职能管理已经过时了。其实不然，项目管理与职能管理就像是一枚硬币的正反面，只有将它们结合起来才有价值（丁荣贵，2008）。

将项目管理的九大知识领域与管理的五项职能结合，可以清楚地表明科学管理和项目管理之间的联系，有利于项目管理思路的明确和管理水平的提高，如图7-3所示。同时，我们可以清楚地看到，法约尔的管理五要素或五项职能既适用于宏观方面的管理，也适用于微观方面的管理，大到一个国家、一个地区，小到某个组织、某一项具体的任务。但在具体的项目管理过程中，确实是“宏观”了一些，“抓手”不具体。而九大知识领域中的每一项都是具体的、可执行的、可操作的，特别是突出质量、成本、进度这三大目标，使管理工作向前推进了一大步。

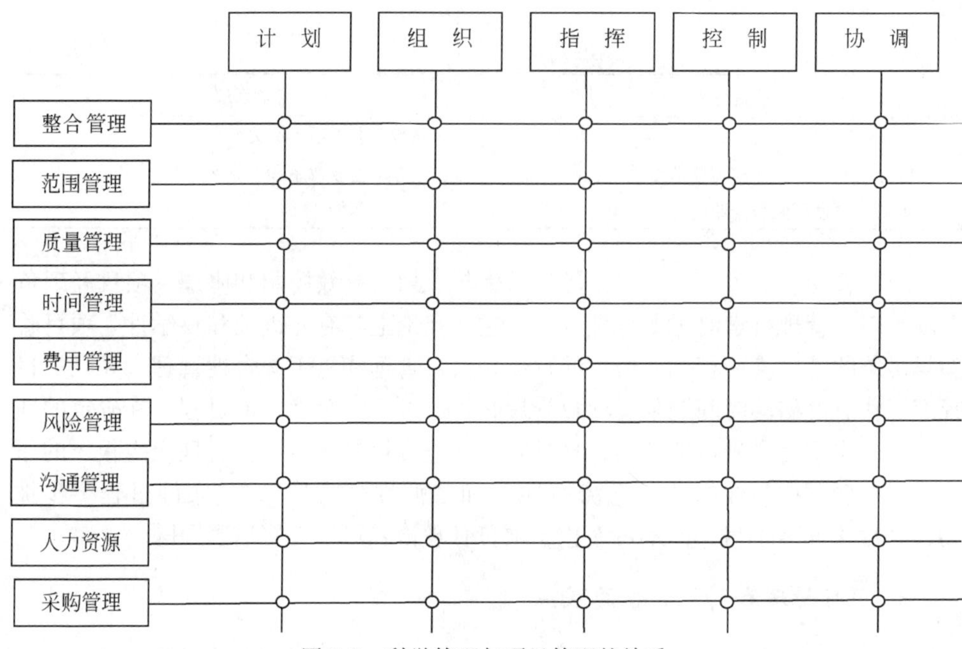

图 7-3　科学管理与项目管理的关系

第二节　工程项目控制与协调的维度与视角

我们在前面讨论了工程项目管理中的目标、任务、计划和管理过程，而工程项目施工中生产要素有劳动力、材料、机械设备、技术和资金，这些要素具有集合性、相关性、目的性和环境适应性，是一种相互结合的立体多维关系。这里用如下函数来概括地描述项目目标控制与协调系统：

$$F(\Psi) = G[f_1(x), f_2(x), f_3(x), f_4(x), f_5(x), f_6(x), f_7(x), f_8(x)] \tag{7-1}$$

式中，$f_1(x)$、$f_2(x)$、$f_3(x)$ 分别表示项目实施过程中质量、成本、进度目标的函数；$f_4(x)$、$f_5(x)$、$f_6(x)$、$f_7(x)$ 分别代表业主、设计、施工、监理四个参与单位的作用函数，$f_8(x)$ 表示环境对项目系统的作用函数。

式（7-1）中最大的变量是参与者的因素，即人的作用和影响。前面几章更多地从管理的维度分析了工程项目三大目标控制与协调的相关问题，而项目三大目标控制与协调的主要参数中还有各参与单位及参与者等，而这些参数恰恰是项目控制与协调的主体，起着决定性的作用。工程项目施工管理，项目的控制与协调，既有管理技术的因素，又有社会科学方面的因素，还有工程技术方面的因素，必须系统地分析与思考。

项目总体的控制任务是从管理、经济和技术的角度深入分析，研究有关工程质量、成本和进度问题，及时提出咨询意见。对影响项目目标因素的分析如图 7-4 所示（徐蓉等，2004）。其控制任务包括从工程技术方面（包括建筑、结构、给排水、空调、强电和弱电等专业）、项目的各个子系统、项目的实施过程、项目建设参与各方、建设项目全寿命周期管理等角度出发，综合分析工程质量、成本和进度的各种影响因素，及时提出咨询意见；负责编制项目实施过程中各个时间段的项目总控报告，包括月度报告、季度报告、半年度报告、年度报告，并提交业主；负责编制项目实施过程中目标规划与控制的项目总控报告，包括质量总控报告、成本总控报告、进度总控报告、发包总控报告及其他专题报告，并提交业主（徐蓉等，2004）。

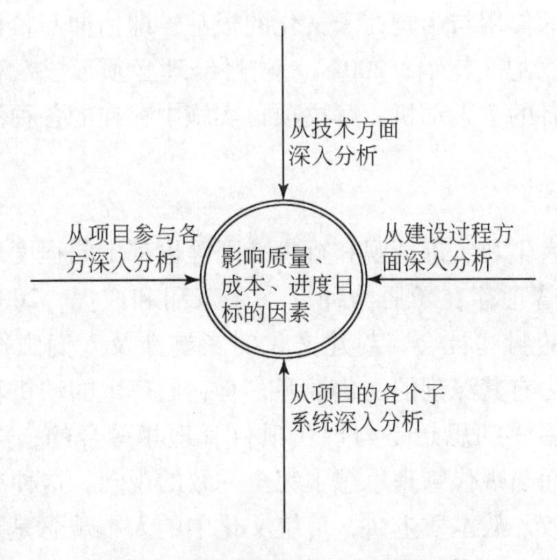

图 7-4 影响项目目标实现的因素

分析业主和设计、施工、监理等参与单位对工程项目控制和协调的作用情况，仅仅从管理和技术两个维度来分析是不够的。工作不是仅靠计划，而主要靠人来完成。项目由硬性因素和软性因素组成。有形的、可测量的活动和流程，被定义为硬性因素，如工作、时间和成本；人的因素和流程，被定义为软性因素，如承诺、士气和团队合作，获得认可和沟通（Smith，2008）。项目经理需要精通诸如基本的合同管理技术、商业财务、成本与进度综合控制、工作进展测量、质量监控以及进行风险分析等“硬”技术；同时，还必须熟练掌握诸如谈判、变化管理、政治敏锐以及了解他们交往的人员的需要等“软”技术（白思俊和郭云涛，2009）。本节尝试从文化和行为两个方面来进一步探讨工程项目的控制与协调问题。

一、文化的因素

社会生活中的大部分秩序和特有形式可由文化系统来解释（W. 理查德·斯

格特，2002）。文化是理念层次的行为表现方式，它反映了一个组织内部的特征或品质。文化是人类在社会历史发展进程中所创造的物质财富和精神财富的总和，是人们在社会中拥有的并且为之奋斗的一系列高雅行为，包括知识、信仰、艺术、道德、法律、风俗和其他个人作为一个社会成员所获得的能力和习惯（戴维·I. 克利兰等，2007）。项目是在文化的背景下运行的，文化对项目的影响领域包括政治、经济、教育、道德、习惯、信仰和态度等。文化维度的任务是在更大的组织环境中，即临时性的社会系统中分析态度各异的项目参与者行为，分析项目组织的文化特性，提高项目管理的效率和水平。在项目建设中，我们所能观察到的是参与者的行为，这是文化因素的外在表现，项目实施的整个过程是文化的浅表层次，深层的作用与影响在于文化的根基，即信仰与价值观、政治影响和社会经济框架（罗德尼·特纳，2004）。项目经理必须形成一种项目文化，以激励团队工作和参与者的个人动机，解决项目实施中存在的各种深层次问题。

1. 传统文化

项目参与者的人生观、价值观和行为准则等也都不同程度地带有封建文化的影子，与现代项目管理存在矛盾与冲突（张双甜和成虎，2002；成虎，2004）。我国经历了几千年的封建社会，封建文化的影响涉及人们工作和生活的方方面面。项目组织的行为有其深刻的文化根源，有它们产生的动机和必然性。我国传统文化中，有许许多多的思想是与现代项目管理相融合的，需要我们继承和弘扬，但也有很多方面与现代管理思想不完全一致的观念。这种冲突主要表现在：

（1）人治与集权。从本质上讲，传统文化中的人本观念是道德的说教，没有将其内化为人们主观的愿望和行为准则，更没有提升为强制性的制度，对“天人合一”的“道”的追求一直没能找到组织方面适宜的支持形态（苏东，2000）。项目管理中表现为决策者无明确的责任与约束，凭借经历、经验和主观意志处理项目问题，人际关系在工程项目的实施管理和问题的解决过程中起了很大作用。

（2）谋略文化与神秘主义。在管理过程中有算计心态，合同中采用模糊的语言描述有关条款；有自保心态，项目参加各方互相推诿责任，当风险发生时首先顾及自己的利益；有防范心态，合作时互相不信任；有“和稀泥”心态，项目组织在表面上和和气气，实质上没有凝聚力；有神秘的色彩，工程中的信息不公开，目标、程序和组织规则不预先制定。

（3）各自为政与弄权行为。业主利用手中的权力，优越感十分明显，合同的约束力小，有许多非理性的行为，严重影响了承包商、供应商等的积极性和创造力，给双方的合作带来不良影响。项目组与职能部门之间出现弄权的现象，职能部门喜欢控制项目所需的资源，项目经理希望项目所需的资源归自己调动，大家都希望自己管理的范围是一个独立王国。附录A2中（2）和（3）显示了这一结果。

（4）社会责任与信用危机。工程项目建设中人们缺乏或没有社会责任心，缺乏为工程项目的环境和历史负责的精神（成虎，2004）。工程项目管理中，参与单位、参与者相互之间的信任度低，阻碍我国项目管理社会化进程，也是造成目前工程项目管理成本普遍较高的原因。以上分析可归纳为表7-3。

表7-3 封建文化与项目管理的冲突因素

中国封建文化	现代项目管理	中国封建文化	现代项目管理
民本、人治	人本、制度	科层、等级	民主、平等
防范、猜忌	交流、诚信	神秘、模糊	公开、透明
集权、专制	分权、授权	复古、守成	创新、创造

2. 项目文化

官僚状态的部门管理的特点是可重复性、可预知性和限定性，它对解决长期无大变动的管理问题是行之有效的。为保证部门工作的这三项特性，应建立相应的部门职务文化，这种文化的本身也是可重复、可预知，并且具有限定性的。对于项目管理，更需要特委会的管理方式和项目文化（格雷厄姆，1988）。特委会管理的组织形式和运转机制与官僚文化的情形不同，其特点是：不可重复性、不可预知性和非限定性。为了保证特委会管理方式的成功，应建立一种柔性的、适应任务要求的项目文化。“特委会”的命名给出了项目组织、项目实施过程、项目管理模式等的外在和内在特质。“特委会”形式即相当于国内现在的“领导小组”、“指挥部”、“筹建处”等，即表示成立一个特别的委员会，专门来管理项目。

文化是可以改变的，但绝不是通过培训、教育或者武力，而是通过组织结构的转变，合适的组织形式能够及时创造出自己的文化（R. 梅内迪斯·贝尔滨，2001）。项目文化包含着适于项目管理的各种规范和相互关系，旨在帮助依靠这一体系工作的人们解决项目的问题。项目工作中，参与者各方面的设想和主张将受到检验，其中一些看法得到认可，这会产生一系列关于项目目标和项目成员目标的信条。而这些信条又导致产生用于指导参与者合理行为的习惯体系，这就是项目文化产生的途径（格雷厄姆，1988）。项目文化形成后，有其特殊的管理功能，即导向功能、约束功能、凝聚功能、激励功能和辐射功能（赵丁，2002）。在这种文化中，人们将具备多种技能，并能够由一种工作转到另一种工作，而不是仅能扮演单一的角色。这种文化要求大家学会在由多行业组成的队伍中发挥作用，在特定时间完成特定任务。特委会管理方式要求具有应变能力、适应工作要求以及能协调人际关系的经理和参与者，其奖酬系统主要考虑任务完成的业绩和应变能力。特委会方式的任务文化和官僚方式的职务文化总结对比见表7-4（格雷厄姆，1988）。

表 7-4　职务文化与任务文化的对比

范畴	职务文化（部门工作）	任务文化（项目工作）
管理思想	逻辑性与合理性	完成特定任务
工作规范	重视工作描述，按程序进行工作	强调个人价值、人员敏感性和自我控制
权力来源	职务规定的权力	掌握工作知识的专家权力
利弊	适于常规，不适于创新	适于创新，不适于常规
主要问题	变化	控制

3. 项目组织文化

1）项目组织文化的含义

组织文化是指普遍存在于组织中的生活方式（格雷厄姆，1988）。它由一系列科学的规则、规范和信念组成，这些都是关于工作的组织方式、工作的范围和在给定的组织中如何进行工作的规定。从组织角度来看，文化是拥有稳定的一组想当然的假设、被分享的信仰、含义以及行为背景的价值观（W. 理查德·斯格特，2002）。项目组织文化就是项目的组织哲学及相应的团队意识、行为规范，包括信仰、风俗习惯、知识和特殊的社会团体的习惯性行为环境，其表现方式为口号、计划、政策、程序、道德和信仰，以及项目管理者和参与者在项目组织中的风格等（戴维·I. 克利兰等，2007）。项目组织通过文化认同形成团队意识，建立价值体系和行为规范，包括团队的目标、精神、价值观、道德、制度等（周桂荣和惠恩才，2002）。项目组织对参与者用以调整和管理其贡献的一整套信仰和规范的依赖，多于对正式控制系统的依赖，这些控制种类意味着团体文化的存在（W. 理查德·斯格特，2002）。从传统的职能管理到项目管理，其管理理念在新、旧领域的表现方式见表 7-5（戴维·I. 克利兰等，2007）。

表 7-5　管理理念的对比

旧领域（传统管理）	新领域（现代项目管理）
认为“我负责”	认为“我促进”
认为“我制定决策”	信仰分层次决策
委派权力	授权
实施管理职能	认为团队执行管理职能
认为领导应当是阶级制约	认为领导工作应当广泛分散
信仰“X”理论	信仰“Y”理论
实行理论（法定）权利	实行实际的（影响的）权利
信仰层次制结构	信仰团队和矩阵组织
认为组织应当围绕职能组织	认为组织应当围绕过程组织

续表

旧领域（传统管理）	新领域（现代项目管理）
采用专制的管理模式	采用参与式的管理模式
强化个人的管理角色	强化集体的角色
认为经理激励人员	信仰自我激励
稳定性	变化
信仰单一技巧的工作	信仰多技能的工作
认为“我命令”	认为经理指导，而不是命令
不相信人	相信人

2）项目组织文化的特征

通常，可以通过项目组织的组织结构、领导风格、技术、管理方式、管理文件、行为模式，以及在组织中扮演的个人和集体角色来分析、观察项目组织文化（戴维·I. 克利兰等，2007）。项目组织文化的特征具体表现在：项目经理和专业人员的管理和领导风格；组织的指挥者树立的榜样；项目经理对组织管理中展示和传达的态度；项目高管层的管理能力和专业能力；项目经理和专业人员所持的信仰、假设和理念；项目组织的计划、政策、程序、规则和战略；组织成员相互联系的规章制度、体系和运行系统；完成项目目标和任务消耗的资源数量和质量；项目参与者的知识、技能和经验；项目管理、协调的方式；项目成员正式的和非正式的角色；项目组织的总体文化氛围。每个项目都会有一个具体的文化，它部分地反映了在所有项目中发现的普遍的文化。项目组织文化的基本特征如图7-5所示（斯蒂芬·P. 罗宾斯，2001）。

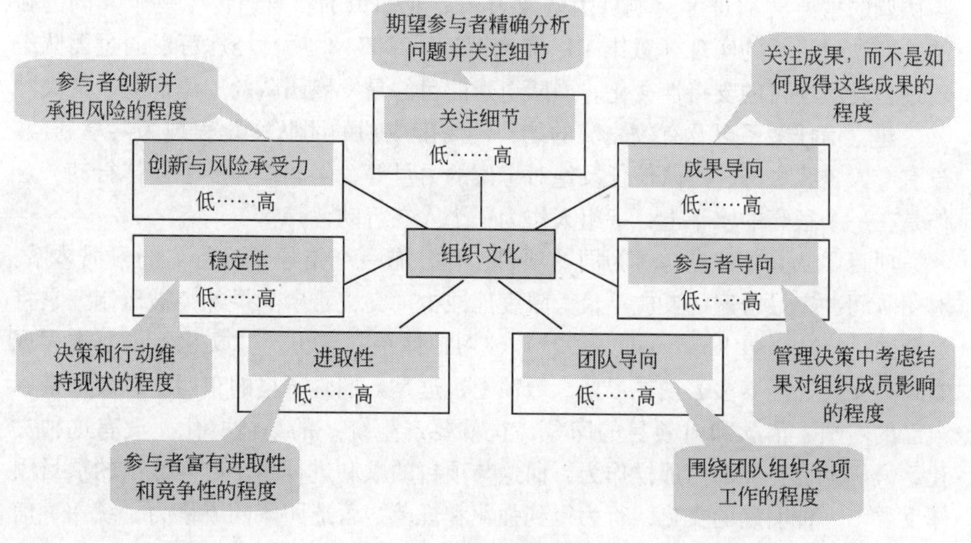

图7-5 项目组织文化特征

3）项目组织的双重现实

从项目文化的角度看，项目组织结构表现了参与者关系的模式化和规范化，且其深层次问题在于存在双重现实：一方面是项目管理中的规范体系，体现了应该是什么；另一方面是项目实施过程中既存的秩序，体现了实际上是什么。这两种秩序不可能完全一致，也不可能彻底割裂开来（W. 理查德·斯格特，2002）。规范体系即为“规范结构”，包括价值观、规章制度和角色期待。“价值观”体现在选择性行为的标准中；“规章制度”是普遍遵从的规则，用以规范行为，即在达成项目目标时，要采取适当的手段；“角色期待”是评价项目参与者行为时所采用的期望或评判标准。既存的秩序就是一组“行为结构”。这一组成部分主要是实际的行为而不是行为的规范。项目组织具有这样的特性：既有制约参与者的规范结构，也有互动或与行为模式相关的行为结构，两者相互联系、共同作用，建立起了项目组织结构。项目组织结构既是手段又是结果。结构影响着行动，行动又建构或组成了结构。双重现实理论反映了项目组织的本质，反映了项目组织文化的深层次问题，也进一步反映了项目控制与协调的重要性，并具有现实意义。

4. 项目团队文化

团队是项目文化的载体。项目团队的文化是关于行为和由价值观、信仰、标准和社会与管理实践所表达的态度。不同部门的项目参与者聚集到一起组成项目团队，这就形成了一个临时社会系统（格雷厄姆，1988）。“临时社会系统”之命题反映了项目管理整体特性，反映了项目团队文化的本质，也体现了项目控制与协调的重要性和难度。项目团队致力于专业知识的整合，为了一个共同的目的，即项目目标的实现（戴维·I. 克利兰等，2007）。项目经理可以通过团队组建过程发展项目的支持性文化。团队组建的目的是发展团队的工作能力、解决冲突、建立信任关系以及有效交流的能力。高度成功的团队文化表现为共享利益、没有个人自我主义、团队信任及绝对忠诚的力量等，团队作为一个整体行动，合作是在一个很高的水平上，一组人作为一个人在行动。

项目团队必须使参与者为同一项目工作，有一个指导正确行为的习惯体系。对团队间冲突最普遍的反应是最大限度地减少冲突，希望如果冲突被压制，它将会消失（Pinto and Kharbanda，1995）。“习惯体系”道出了“文化”的基本表现方式。文化、涵养多表现在习俗、习惯上，这是人们骨子里的东西。每人都带着自己的习惯、信念和对项目的印象，这就要产生统一的集体文化。没有这种文化，人们就像在原部门那样作为，而这与项目的顺利进行相矛盾。杰出的项目团体反映了一种明确的文化，行为得到强化和规范，营造团队的凝聚力、统一、信任和忠诚。规范的存在增加了项目参与者交往行为的稳定性、可预测性，给项目团队带来了秩序，先于有意识的理性管理（苏东，2000）。文化对项目团队的作用表现在以下方面：文化创造了社会理想，并帮助指导行为；文化向局内人和局外人传达了有关组织立场的信息；文化帮助调整了个人和组织的目标和价值观；文化用于控制、监管和处理组织中的信仰和行为。

5. 项目管理的制度体系

制度作为理性的背景，是从人类交往行为中产生的，同时又影响人们的交往（苏东，2000）。技术维度对项目控制的作用产生出这样一些信念：项目管理过程具有机器般的功能；过程中所有的行为都可以复制；项目施工活动需要项目组织的参与，且需要程序化施工；项目管理所做的工作是可以衡量的等。而项目管理在很大程度上是思想和观念的产物（W. 理查德·斯格特，2002）。同项目实施相联系的不仅是一系列复杂的施工过程和管理结构，还包括关于项目本质和项目管理方式的某些信念和认知的增长。项目组织的规章制度及其实施机制的主要源泉是种种正式及非正式的规章结构。从规章制度的角度来看，促使项目参与者遵从的主要机制是强制力，即个人和团体出于权益的考虑而服从规章准则。

制度是理性化的，采取了法则的形式，这些法则详细地说明了完成既定目标必须采用的程序（W. 理查德·斯格特，2002）。项目管理法则本身就是重要资源，制度化的安排使项目实施中的各种行为变得规范和稳定。项目实施的过程，不是“自然”的过程，也不是遵循普遍经济原则的过程，而是处于制度法则和制度实践复合体的过程。制度为项目行为提供稳定性，提供有意义的、认知的、规范的和管理的结构与行为。在完备的项目管理制度体系中，存在着三种要素，即管理的、规范的和认知的要素，它们之间相互作用，促进和维持有序的项目行为。项目管理既要强调管理要素，又要强调规范要素，综合的因素在于强调认知—文化要素，如表7-6所示（W. 理查德·斯格特，2002）。强调制度管理的特征，就认为制度是规则体系或管理体系，是由正式的成文法规和支持、补充正式法规的不成文的行为准则组成的，如果违反法规和准则，就会受到相应的惩罚。因此，制度运作的关键在于查明违法行为的成本和惩罚的严厉性。

表7-6 项目制度的三个概念

范畴	管理的	规范的	认知的
服从的基础	权宜之计	社会义务	理所当然
运作机制	强制的	规范的	模仿的
逻辑	工具性	恰当性	正统性
指引	规则、法律、认可	证书、鉴定	盛行、同构性
合法性的基础	法律上认可	道德上支配	文化支持、可认知性

6. 项目权力与权威

权力也是一种制度文化，它对于任何项目组织都是重要的（戴维·I. 克利兰等，2007）。在项目背景下，权力是一个概念框架，是一种使命令或行动合法化或正规化的手段，是命令其他人行动的力量。项目权力有两种类型：一是理论上的权力，是项目管理中行使命令或行动的合法或正当的权力。这种权力的本质是一种合法地给予或收回支持项目资源的权力。二是实际上的项目权力，是在项目管理中通过具体的个人知识、专业技术、人际关系处理技能或人际魅力展示的影响力。

1）项目权力的运用

项目组织中权力的作用方式整体上是利用组织架构，通过管理职能发挥。项目权力为项目团队提供了凝聚力，现代项目组织依赖于个人权力。实际权力的一个重要部分是项目负责人影响他人的能力，需要参与者的合作与支持从而为完成项目及时提供资源。另一部分影响力是和项目成员、职能经理、总经理以及项目参与者有效协作的能力。项目经理必须对项目中的技术有专业技能，不仅要不断地参与技术决策，还要获得具有资深专业知识和技能的团队成员的尊敬。人际关系能力为项目经理和与其共事的专业人员及参与者的合作提供了条件（戴维·I. 克利兰等，2007）。

2）权威结构

项目组织在建立权力结构的同时，实际上还有一个权威结构。权威作为合法的权力，是指由权力关系结合起来的一组职位，一套对权力的分配、实施以及就权力所作的反应进行管理的规范和准则。在这套规范和信仰之下，权力的分配和实施都被认为是可接受的和适当的。规范的出现极大地改变了控制结构。如果必须服从项目经理的这些项目规范，项目参与者将会把服从这些命令作为服从项目组织规范而予以强化。权威结构比权力结构表现出更稳定、更有效的控制系统的趋势。总而言之，合法规范开辟了一条道路：允许对下属实施更多、更可靠的控制，并把这样的控制限制在适当领域——“无差异地带”（W. 理查德·斯格特，2002）。

3）等级制度

项目组织的一个重要特征在于权力的行使者，即项目经理既存在上级，也拥有下属。层次化的等级制度使得规范得以发展，并通过上级来约束权力行使者，这是项目机构等级制度的基本特征之一。等级制度的一个基本职能就是保证项目组织等级制度的合法性。项目职能的完成有赖于支持等级制度的规范和价值观与更广泛的、制度化的规范系统之间的联结，以及由此显示出两者之间的和谐一致。对传统的、感召的与科层的系统区分，就会发现，其中每一种都在不同基础上为现存权力结构进行辩护和调整。有学者曾考察了这些被广泛接受的规范信仰是如何随时间而变化，以及如何导致和反映特定行政系统内权力设置的变化情况的（W. 理查德·斯格特，2002）。

7. 文化对项目控制与协调的影响

通过以上分析，我们可以看到，文化维度对项目控制与协调的作用主要反映在组织、项目组织、项目管理者、项目团队、项目参与者的战略、思想、认知和理念等许多方面。管理是一种有自身价值观、信念、工具和语言的文化，文化对项目管理观念的影响是深远的。受文化的影响，人们会形成一定的行为准则和习惯的行为方式，会对项目管理理念产生各种不同的影响，包括项目组织的目标、计划、程序、规章和基本的价值观，都是基于这些管理理念的。项目文化把项目参与者联系在一起，给他们开展项目工作的方法以及一系列的规则和标准。项目组织的文化会影响项目的战略计划、实施过程以及所有其他与项目实施有关的事物（戴维·I. 克利兰等，2007）。项目文化包含着最适于项目管理的规范和各种关系。项目文化创造了参与者的理想，指导着参与者的行为；项目文化向参与者传达了有关项目组织立场；项目文化帮助管理者调整项目参与者个人的目标和价值观；良好的项目文化氛围能增强项目组织和团队的向心力、凝聚力。项目文化可以控制、监管和协调组织中参与者的信仰和行为。

Daum（1993）借助文化金字塔试图将影响项目成功的因素系统化，如图 7-6 所示。这反映了文化在项目实施过程中各个层次的理念、认识，落脚点在执行上。项目管理者在项目实施中要营造适宜的文化氛围，不抱残守缺，而应善于学习，尽量吸收文化的优秀成果，使项目组织、项目管理者、项目参与者对项目控制与协调的认识、理念达到项目管理知识体系和项目管理操作的要求，使项目管理系统及各子系统的运行和项目控制与协调的理念、思路、技术和方法相一致，使项目参与者的个人理想、信念、价值观、行为与项目控制与协调的目的相一致，完成项目使命。

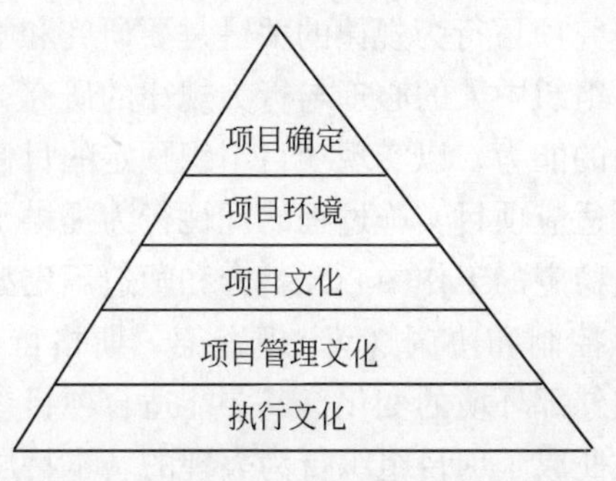

图 7-6 作为成功影响因素的文化金字塔

二、行为的因素

项目实施是由许多互相联系、互相影响、互相依赖的工程活动组成的行为系统。项目管理研究中有一种倾向，就像许多组织专家一样，大量研究了组织结构，却忽略了行为（W. 理查德·斯格特，2002）。动机理论、需要层次理论等行为科学学说对人们的行为做了深层次的分析。从系统论的角度来看，个体、团队和组织三者之间，互相依存、互相制约，又互相补充，共同作用，形成了项目的实施系统。管理者的思想观念在管理活动中往往表现为其指导思想，这种指导思想又会支配其行动。而项目团队及个体项目参与者的行动又受其认识、观念与行为的支配。

1. 项目组织行为

项目组织从广义上说包括了业主的项目团队、设计单位的团队和施工单位的项目团队等。项目组织行为研究的主要任务在于分析众多项目参与者的心理活动规律，用科学的方法改进项目管理工作，充分调动项目参与者的积极性。人的行为是人的器官和肌体在客观事物刺激下所发生的反应形式，行为是人及环境相互作用的结果，或者说，行为是人及环境的函数，用公式表示如下（赵丁，2002）：

$$B=f\ (P,\ E) \qquad (7\text{-}2)$$

式中，B 为行为；P 为人；E 为环境。项目参与者的行为取决于他们的需要和动机及项目所处环境的综合因素。在项目实施过程中，人与人、人与组织、组织与组织、组织与环境的关系如何处于最佳的平衡状态，这是项目管理实现控制与协调功能所面临的重要问题。众多项目参与者在同一项目环境中，行为之所以不同，是由于人的需要与动机存在差异。项目参与者的动机和行为的产生，不仅取决于项目实施的需要，而且与社会环境及其对环境的认识都直接相关。由于项目组织的特殊性，项目组织行为、参与者的行为有其明显的目的性、能动性、社会性和变动性的特点，研究项目行为规律的关键是要研究和掌握变量 P 和变量 E 之间的关系，通过对项目组织中人的心理与行为规律的研究，来提高项目管理人员预测、引导和控制行为的能力，以实现项目组织预定的目标。

项目组织为参与者适应项目实施过程的理性行为提供了保证，赋予他们相应的理念和价值观，提供稳定的工作中心，整合和塑造不定型的参与者，形成新的合力，有效地实施项目控制和协调（W. 理查德·斯格特，2002）。项目组织的形态与功能既要能顺应外部环境的变化，又要能适合项目参与者的心理需求，促进组织目标的实现，这便成了项目组织行为表现的基本特质。项目组织行为主要包括项目组织的功能与环境、有效组织的原则、组织理论与组织设计及组织的变革与发展等，还包括项目指挥者的心理与行为。项目领导是指引或影响项目参与者在一定条件下实现组织目标的行为过程的关键。项目管理者必须掌握如何从形态和功能上保证项目组织运行的有效性，使项目组织既满足内部功能的要求，又要适应外部环境的变化。

项目组织行为的特点具体有如下内容：一是任务专门化。任务专门化置项目参与者自我实现的趋势于不顾，而只要求项目参与者使用几种技能。这也使得工作中无论多么微小的技能，也变得重要起来。二是统一行动。项目组织的领导制定组织目标，项目参与者要自己能给自己制定目标，而这些目标的制定是各自独立进行的，因而个人目标经常与项目组织目标冲突，这就使得项目实施中要统一行动，要通过指导、控制和协调达到目标、思路和行为的统一。三是连锁控制与协调（格雷厄姆，1988）。项目组织中众多参与者的行为是连续的，形成控制和协调的管理活动也必须是分层次的和连锁进行的。连锁控制与协调思想的提出，既说明控制与协调的重要，又指出了一种实施管理控制与协调的方法。管理的最主要责任就成为控制、指导和协调各部分的相互关系，并确保每个部门完成其目标。项目高层管理人员能够畅通地指挥和控制项目下层参与者，项目参与者会得到激励以接受这种对他们行为的指导、控制和协调。

2. 项目管理者行为

项目管理者责任的独特标志就是管理不仅需要遵从复杂的道德规范，而且需要其他人创立道德规范，其中最得到普遍公认的方面是保障、创造和激发项目组织的“士气”，也就是将观念、基本态度、忠诚灌输到组织或协作体系中，引入客观权威结构中，这样，就使得参与者个人利益从属于整个协作体系的利益之中（W. 理查德·斯格特，2002）。

1）项目负责人的角色

角色是属于一定职责或地位的一套有条理的行为（郭咸纲，2002）。项目经理在项目指挥中有三个基本的角色（戴维·I. 克利兰等，2007）：人际关系角色，包括在沟通职能上塑造领导者；信息角色，承担发布信息以作为一个代言人的角色；决策制定者的角色，项目经理作为项目资源分配者和协商者来行动。项目经理还要扮演许多角色，如战略家、预言家、招募者、谈判家、外交家等。在项目实施期间还要扮演相应的具体角色，如顾问、教练、综合者、冲突处理者、工作影响者和设计者。人际关系处理和决策制定是其中最关键的两个方面。

2）项目经理的行为

项目经理可能是有经验或专业知识的人，必须从专家的角色转变为样样通，变成在计划、组织、激励和控制等管理职能方面的领导者（戴维·I. 克利兰等，2007）。这就把项目经理从项目的技术方面分离开来，让项目团队成员成为他们所进行的技术工作方面的专家。项目经理做出决策、安排时要考虑到业主的期望、习惯和价值观念，了解业主对项目关注的焦点及所面临的压力。

项目实施中，一种情况是项目经理责任大，权力小（成虎，2004）。他在项目组织中担当举足轻重的角色，工程能否顺利实施，能否实现项目目标，主要依靠他的工作成效。他与业主是合同关系，在项目的整体管理方面没有决策权。他负责提供项目施工方案和相关建议，由业主决策，必须听业主的指令。尽管他在项目实施中对具体工作有决策权，但常受到业主的限制甚至干扰。另一种情况是项目经理权力大责任小。他负责项目具体的施工管理工作，有很大的权力，安排计划，调整计划，决定工程进度和建材的价格，并直接给更小的承包商、供应商下达指令。但他相应的经济责任却很小，如果由于工作失误造成工程损失，则其所在企业负责协调赔偿。通常他只有在明显的失职、违法行为、明显的错误决策、指示造成损失时在一定限额内承担责任。同时，项目经理管理项目实施工作但不负责组建项目班子及相关人员的人事管理。他领导项目工作，指挥工程施工，但他对团队成员只有有限的奖励和提升权力，与上层领导相比，他的吸引力、权威，所能采取的组织激励措施是很有限的，这通常会影响他的管理效率。

项目经理是项目团队成员和内外相关参与者相互联系的网络焦点（戴维・I.克利兰等，2007）。项目经理必须缓解和塑造项目参与者的期望，维持高层项目管理人员的支持。项目经理由于强制性的原因必须联系所有的项目干系人。项目经理必须在具有不同标准、承诺和看法的分歧中建立协调项目参与者合作的“协调网络”。项目经理建立和维护这种网络的能力依赖于项目经理的威望和该威望在项目关系人中是怎么看待的。项目经理的声誉、同盟者、地位、名声、外交能力、影响力、交际技巧和说服技巧都有助于网络的建立和维护。协调网络的艺术是项目经理面对的最永恒的挑战之一。大多数项目经理的日常生活就是不断地发现、创造、支持项目需求相关的关系。没有这些相关的网络，团队会弱化，并且可能使团队成员构成的集合蹒跚不前，团体由此死亡。

项目经理的行为主要包括四个方面：一是指导，是指让下属明白领导者期望他们做什么，对下属如何完成任务给予具体指示，详细制订工作日程表，设定员工绩效的明确标准。二是支持，是指和下属建立信任、友好的关系，关心员工的需求、福利、幸福、地位及事业。三是参与，是指遇到问题征询下属意见和建议，允许和鼓励下属参与决策。四是成就导向，是指为下属设置有挑战性的目标，期望并相信下属会尽力完成这些目标，从而大幅度提高绩效水平（李剑锋，2001）。

3）项目管理者的行为

项目管理者指项目参与各方的管理人员。他们的思维方式和行为复杂，可以从项目管理者角色的特殊性和对项目管理者的要求透视他的行为。项目指挥者与管理者的行为内涵与相互作用如图 7-7 所示（李剑锋，2001）。

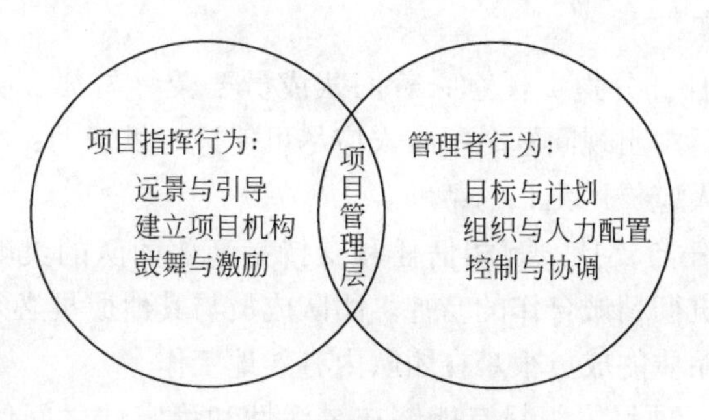

图 7-7　项目管理者的行为

项目管理者既是参谋又是执行者。对整个项目的实施而言，项目管理者不仅具有参谋的职能，提供决策的信息，提供咨询意见和建议，同时，又承担直接管理的职能，对工程项目直接进行管理、监督、下达指令、检查和评价（成虎，2004）。他们不仅是项目的导演者、策划者，而且是直接参与者，是主角。通常要求项目管理者既是注重创新、敢冒风险、重视远景、挑战现状的指挥者，又是勤恳敬业、处事谨慎、按照规则办事的管理者。

项目管理属于服务性工作。项目是一次性的，有特殊的环境和不可预见的干扰因素，项目管理者的成就可比性差，其工作很难定量化，工作质量也很难评价。这给项目管理者的工作委托、监督、评价带来困难。项目能否顺利实施，不仅依赖于项目管理者的水平和能力，更重要的依靠他的敬业精神和职业道德。

3. 项目团队行为

项目行为是团队行为，而不是个人行为。项目管理的绩效通常直接取决于团队的行为。项目组织必须能度量他们的团队，通过确定的性能参数，为团队性能和指挥的有效性提供一个基准，保证项目团队的行为处在理性的框架之下。

1）团队的性能

团队的性能变量可以分成四个具体的类别（戴维·I. 克利兰等，2007）：一是与工作有关的行为，包括在项目目标范围内按时完成项目任务的能力、创新的性能以及变化的能力。二是与人相关的变量影响团队的内部行为，包括良好的沟通、高度的参与、解决冲突的能力、相互信任和对项目目标的责任。三是团队组成的特质，如专业技术、信任、尊敬、可靠性、友谊和投入。四是组织变量，包括整体的组织氛围，如命令、控制、权利结构、政策、程序、法规和地区文化、价值和经济条件。所有这些变量可能会以一个错综复杂的形式影响项目团队行为。

2）项目团队控制的导向性行为

（1）尽职尽责。项目经理必须明确每位核心团队成员都会优先完成他们在项目中的任务。核心团队必须积极主动地行使职责，不需要项目经理不断提醒进度和可交付的成果。

（2）分担责任。分担责任意味着团队成员要荣辱与共。所有成员共同分担成功与失败，项目中出现问题时所有人应尽可能地提供帮助；如果一位团队成员遇到难题，其他人应提供无私的帮助。

（3）互相信任与支持。互相信任和支持是高效团队的灵魂，这意味着每个团队成员都必须贯彻精诚合作的精神。团队成员与其他成员必须协调互动，相互信任，缺乏这种品质的成员很难在团队内有效地工作。

（4）灵活性。项目组织只有能够在灵活性和稳定性之间保持平衡时才能生存下来。团队成员必须适应多变的环境，项目的各项目标每时每刻都在发生着变化，实现目标要在文化、管理、技术和行为等多个维度，要在人员、技术和环境的和谐中进行控制与协调。项目通常跨越组织界限，很多成员有着不同的价值观和工作风格，成员的适应性、灵活性和开放性是团队的宝贵财富（罗伯特·K. 威索基和拉德·麦加里，2006）。

3）团队的协调

项目团队中最成功的关系是反复磨合、沟通、协商、解决冲突、权力、责任、评估、计划、执行、委任、职责、组织和控制的持续的过程（戴维·I. 克利兰等，2007）。团队成员必须关注上述这些关系，这是一种有创造力的挑战，它需要创新和培植。团队中相互联系的协调网络要求一种开放的思想、勇气和灵活性。它要求团队成员保持项目的整体协同作用，要求团队成员有这样一种态度，他们要在没有任何保证说未来不会有失望发生的情况下不停地磨合（黄金枝，1995）。以沟通为主体的项目团队的协调包括以下几个方面。

（1）要确定好协调的目的。领导者要明确每次协调的目的，是要下级人员理解还是要下级人员执行；是要求下级人员改变原来的想法，还是要求下级人员提出合理的建议，同时还要仔细考虑下级人员对领导者想法的可能接受和理解程度。每次协调的目的越明确，范围越具体，接受者的注意力越集中，协调成功的可能性越大。

（2）要采用精确的表达。要把自己的想法用语言和非语言的方式精确地表达出来，要使接受者从协调的语言或非语言中得出所期待的理解。

（3）要考虑接受者的素质。领导者在进行协调时必须根据接受者的知识水平和经验来确定所采用的表达方式，使接受者能够清楚地、确切地理解和执行。

（4）要选择时机。选择适当的时机、方式和环境，它可增加沟通的积极作用，减少沟通的消极作用，能增强沟通的效率，提高沟通成功的可能性。

（5）要知己知彼。领导者要使别人了解自己，就要先了解别人，要倾听别人的意见，了解接受者的同意程度，特别要考察别人的表情、暗示，悟出接受者的弦外之音，只有知己知彼的沟通，领导者才容易取得成功。

（6）要进行协调的追踪。进行沟通之后，还必须进行效果跟踪。跟踪的方式可以是向接受者提出问题，或是征询接受者的反应，或是观察接受者的行动等。每一次重要的沟通必须得到反馈，证明发出的信息是否被接受者所理解和执行。

4. 项目直接参与者行为

直接参与者是项目的行动者，其行为特征对项目组织结构和运作的许多方面都具有重要意义。项目参与者个人行为的发展过程，包括态度、个性、价值观以及自我意识等诸多方面，其行为表现有主动性、动机性、目的性、持久性和可塑性等特点（金铭，1988）。第二章分析自然系统视角时就提出个体参与者从来都不只是“被雇佣的劳力”，他们投入的是智慧和情感，他们加入项目组织时带着个人的观念、抱负和计划，带来了不同的价值观、兴趣和能力。参与者在“民主”领导之下比在“自由放任”或“集权”领导之下，工作表现得更为高效（W. 理查德·斯格特，2002）。

项目团队对个体参与者行为的影响在于群体压力、核心力量、凝聚力、类化趋同作用和角色功能等几个方面（金铭，1988）。项目组织的管理模式、管理机制、指挥者的管理风格等，都会影响项目参与者的行为。在职能式项目组织中人们的行为与在矩阵式项目组织的行为是不同的。非专职的项目参与者通常不仅承担本项目工作，而且同时承担原部门工作，存在项目和原工作岗位之间或多项目之间的资源、时间和精力分配的优先次序问题。这会影响他们对项目工作的态度和行为。在工作中，他又不得不经常改变思维方式和工作方式，以适应不同的工作对象。

项目参与者完成的工作只有与他们的价值观一致时，才能发挥他们的积极性（格雷厄姆，1988）。虽然组织有特定的目标，但是参与者的行为通常不是由组织的目标指导的，而且参与者的行为也不能体现组织的行为（W. 理查德·斯格特，2002）。个体参与者并非是理性经济人，而是有着各种动机和价值观的复合体；他们同时受到感情、情绪和事实、利益的驱使；他们并不是单独的、割裂的行为者，而是项目团队的成员，表现出比个体的私利更为强烈的义务和忠诚（李景平，2001）。项目各参与者的知识、资历、经验等是理性因素，它们易于定量关注，而情感、意志、兴趣、习惯、嗜好等，这些都是难以控制的主观因素，即非理性因素。非理性因素具有非规范性、非定量性、或然性、模糊性等特点，与科学管理的严格、逻辑、定量、规范思维相冲突。项目实施中并不完全是理性因素决定参与者工作，而恰恰是非理性因素决定参与者工作绩效。

5. 参与者行为对项目控制与协调的影响

从以上分析我们可以看到，行为维度对项目控制与协调的作用主要反映在项目管理者、项目参与者的观念、思维方式和行动上。行为层面的项目控制与协调主要在于通过分析项目参与者行为的特点和其表现方式，重视参与者的非规范、非理性因素，通过管理者的努力来规范他们的行为。通常，项目参与者对以下三种规范程式的适应程度是有区别的："规则"，施加给参与者的特定要求；"角色"，项目参与者个体对工作的定义及其与上级的关系；"价值观"，项目参与者个体在意识形态上对更大系统的服从。

从行为方面看，实现项目控制的重要途径就是实现项目组织内每个参与者的自我控制。从行为维度来说，项目成功控制的基本要素并不全在于控制系统多么精巧，而在于项目组成员和控制系统的相互作用，包括项目组成员对项目控制的重视程度和完成自己工作的认真程度。从行为层面看，实现项目工作和谐、协调关键在于参与者对项目工作的兴趣，在于参与者之间的相互沟通和人际关系的协调，在于参与者个体对自己非理性行为的抑制和理性化，也在于团队作用的充分发挥。总的来说，项目控制与协调的目的在于规范项目组织、项目经理、项目参与者的行为。

第三节　工程项目控制与协调机理

一、工程项目整体控制与协调

工程项目的整体控制与协调工作和项目管理的多个层次、多个视角发生直接而密切的联系。对项目进行管理，不能只关注局部，应该将整体管理的思想融入项目管理的方方面面，时刻注意从全局的、整体的角度分析问题、解决问题。

项目的控制与协调是不可分割的，整个项目的控制与协调需要从文化、管理、技术和行为四个维度来考虑，文化维度整合人们的志向和为项目各项任务规范工作态度，管理维度是以项目管理的规章、制度、程序、指令等来规范参与者的行为，技术维度是每个参与者都必须按照项目实施中的技术规范、条例和措施的要求来规范行动，行为维度是为了规范参与者的各项具体行为。笔者认为，前三个方面，即文化的、管理的、技术的维度都是为行为维度服务的，目的在于规范参与者的所有行为。综合前面各章节的分析，工程项目整体的控制与协调包括以下内容。

1. 明确项目实施的目标

目标在项目组织的各个层面都是十分重要的。项目目标必须清楚而具体，模糊的目标将导致项目失败（斯坦利·波特尼，2001）。项目往往失败于开始，而非结尾，目标在项目管理中构成了一个参照的中心点，是项目组织工作的基础

（余志峰等，2000）。项目管理的首要问题就是工程项目的各个参与单位要有一个明确的目标、清晰的指令。目标为实施过程中各种问题的决策指明了方向，使众多参与单位和个体思想保持一致（叶宇伟，2001）。把项目工作的目的、目标和结果清楚地告诉相关人员，是一个重要要求。许多项目经理提出，矛盾是由有关这项工作的内容、时间、方法等信息含糊不清或者根本得不到这方面的信息造成的。除非把项目工作的目标阐述清楚；否则，要求项目队伍具有高度的进取精神是不可能的（哈罗德·克兹诺和汉斯·塞姆海恩，1988）。如果全体成员对最终结果的理解十分清楚，并一致认为这是要达到的目标，那么项目团队的效率将会更高。项目管理的控制、协调中的种种问题，都与项目目标有着直接、深入而广泛的联系，控制与协调的任务能否实现，关键在于有明确的目标指南，没有目标，就不需要控制与协调，也无法进行控制和协调。

明确项目目标的深层次含义在于项目指挥者带领参与者向目标迈进。有学者提出了路径－目标理论有助于理解项目目标的作用，如图 7-8 所示（李剑锋，2001）。这一理论以工作动机的期望理论为基础，认为领导的作用在于识别下属的个人目标，建立报酬体系使个人目标与有效绩效挂钩，并通过指导、支持、参与、成就导向等方式扫清参与者在通向高绩效道路中遇到的各种障碍与困难，促使员工达到满意的绩效水平，实现项目目标。

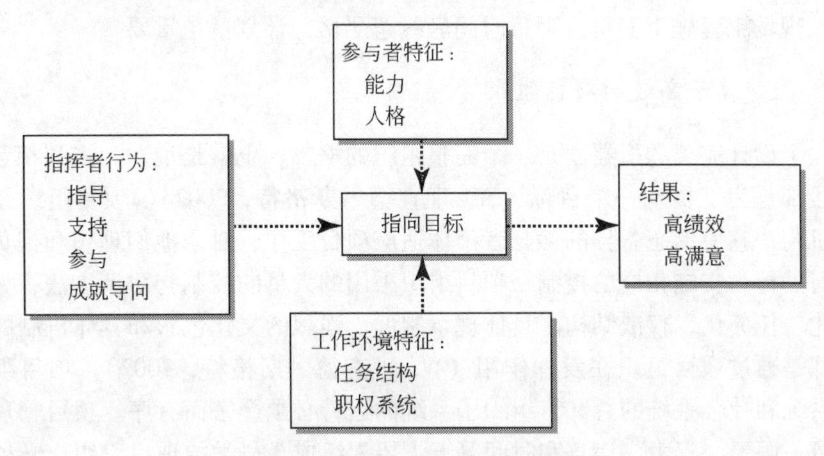

图 7-8　路径－目标理论示意图

2. 制订科学合理的项目计划

制订计划对任何企业都是有意义的，特别是对于成功地管理复杂的项目工作绝对必要。有效地制订项目计划所需要的技巧，远远超出编写一份进度和预算在内的文件所需要的技巧，需要联系和信息处理程序技巧，以便确定实际需要的资源和必要的行政支持，还需要具有协商资源和保证的能力，这一切来自整个组织系统内各种辅助单位的关键人物（哈罗德·克兹诺和汉斯·塞姆海恩，1988）。在管理活动中，不论是目标责任者的自我控制还是上级对下级的宏观控制，都需要以计划为依据（张文焕等，1990）。项目经理最重要的职责是做计划、整合计划和执行计划（哈罗德·科兹纳，2010）。计划是在目标实施之前，对各项决策、决定的进一步展开和落实。一个好的计划，如同在目标状态和现实状态之间架设了一座桥梁，可以使目标在实施时方案明确，步骤有序，工作协调。特别是在工程项目达到目标的过程相当复杂、人们对目标还不甚了解的条件下，运用计划，可以引导人们有秩序地实现目标。

项目计划是项目实施中控制与协调的重要工具和手段。一个科学的、合理的、可行的项目计划不仅在内容上要完整、周密，而且各种计划指标之间要协调。计划子系统保证项目控制与协调，确定了控制程序和过程变量的标准。计划显示出各部门如何配合，这是协调的准则，计划的指标反映了三大目标的执行要求，是控制的依据。没有科学、周密、合理的计划，工程项目是不可能取得成功的。计划作为项目的实施指南，是实施过程中进行监督、跟踪和诊断的依据。通过科学的计划能合理地分配资源，明确监控程序，协调各单位、各专业之间的关系，能充分利用时间和空间，可以保证工程有秩序地施工。业主和各参与单位利用计划的信息，以及计划和实际比较的结果协调和控制工程，作项目决策、资金计划及现场工程施工安排。项目时间底线越严格，计划就越重要。

3. 组建精干高效的项目组织

一个设计完美的机器就是一个完整组织的缩影，也就是说，一系列相互关联的手段都是为了实现一个目标（W. 理查德·斯格特，2002）。项目组织是一种调解机构，它使形态各异的参与者个体适应项目工作，赋予他们理想和抱负，同时也对其行为实施相应的控制。项目组织采用的大量的控制与协调方法，如包括形式化、任务化、权威结构、具体规章制度、强烈的文化色彩和具体机制的使用等，都是通过项目组织在发挥作用（W. 理查德·斯格特，2002）。项目组织是技术系统和社会系统的总和，组织子系统的运行必须严密而有序。项目管理组织由人员、职责、权力、信息和时间等五大要素组成。科学的项目组织，必须处理好这五大要素之间的关系，并将其组织成一个协调的系统，有效地进行运转（黄金枝，1995）。科学、合理的项目组织结构，是指项目管理者和参与者在项目工作中的分工协作及其相互关系，是项目管理者把分散的、没有联系的人力、财力、物力、时间、信息、知识、环境等因素在一定的空间和时间内联系和配置起来，创造一个有机的项目实施整体。

项目组织主体上是按垂直结构的任务而不是按平行结构的职能组织起来的。项目组织设置必须形成合理的组织职权结构和职权关系，没有授权和分权，或授权和分权不当会导致没有活力或失控，使决策渠道阻塞。项目管理需要集中权威、权力以控制和协调项目的各项工作正常进行。项目组织子系统在其结构设计和人事安排中，把项目团队放在职能结构之上，选择项目式组织形式或矩阵形式，并以矩阵结构最为理想。矩阵组织描绘了正式的权力和责任特征与个人报告的关系，为完成具体的项目任务提供一个组织重心。我国当前工程项目实际管理工作中，不少已经建立了项目式组织结构，大型项目真正将矩阵式组织形式用得好的并不多，这极大地影响着项目组织作用的发挥。

4. 健全项目组织的管理与决策机制

项目组织构建好以后，关键的问题在于组织的运行。组织管理就是研究从项目组到矩阵组织等各种项目管理机构的建立和构成，研究建立组织文化和人员管理的理论和方法，研究项目经理及其下属的素质和职责，研究承包商的选择及相应策略等（格雷厄姆，1988）。项目管理并不总是依照项目的正常程序高效率地运行，重新审视那些低效率或失败的项目管理就会发现，失败的原因往往是决策阶段的项目战略管理不成功。决策是项目组织为实现目标，在两个以上的备选方案中，选择一个最佳的或最满意的方案的分析判断过程（Anderson and Merna，2003）。决策是理性行为的基础，决策存在于管理职能中。项目决策是项目控制与协调的最重要的工作，项目负责人必须不断地对工程项目实施过程中的问题做出选择和决定。项目实施的过程就是一个不断决策的过程，无论是项目负责人还是项目管理者都要进行决策活动。

任务系统的层次是项目参与者一起工作的地方，他们根据操作决策提出建议。决策点的安排形式为一种分层结构，基本决策点位于最上层，其下是关键决策点和操作决策点。在操作决策和关键决策的层次，来自业主组织和项目团队管理者的工作是以一种适合业主目标的方式集体决策的（安东尼·沃克，2007）。

在项目实施过程中，工程变更量大面广，这是工程项目的基本特点。设计方案、施工方案、技术方法、施工措施、材料的采购等都在随着工程的内部条件和外部环境发生着变化，这也是实施过程需要不断地进行决策的基本原因。变化与变更是正常的，关键在于要处理好变更由谁来确定、如何实施，包括变更的程序、决策的机制等，这也是整个项目管理工作所面临的最大挑战之一。

5. 实现非凡的项目指挥

项目指挥是为达到项目计划目标而实行的有效的领导，目的在于使工程项目的各个任务组和各个基层单位都能按照统一的意志协调地、有秩序地运行（席相霖，2002）。项目不是常规的工作任务，项目需要有非凡的指挥者来领导项目的实施。项目管理者是管理的主体，在管理活动中居主导地位，起核心作用，其思想观念、行为方式对项目管理效果的影响十分明显。Covey（1989）提醒我们说，管理与领导能力截然不同："领导基本上是一种高强度的、右脑的活动，它更像一门艺术，它是建立在哲学基础上的；管理则是分解、分析、排序和具体应用，是有时间限制的自我管理的左脑活动。"他有关人员效率的格言是："管理出于左脑；领导出于右脑。"

在具体的项目实施过程中，项目领导包括以下内容：指导和融合项目的参与者；协调合作；咨询和撰写报告；决策；进行项目会谈（狄海德，2006）。项目管理中经常出现许许多多的误区，项目指挥者对项目的管理必须具备三种基本能力：解读项目信息的能力、发现和整合项目资源的能力和将项目构思变成项目成果的能力（贝内特·P. 利恩兹和凯瑟琳·P. 雷，2002；丁荣贵，2004）。项目指挥者心理素质的好坏、指挥方式的合适与否，以及对领导艺术把握的程度都会直接影响组织的绩效（胡宇辰，2002）。项目指挥者的能力还应包括领导艺术、行为方式、行政管理能力、知识水平等，其最重要的几项属性在于强有力的推行团队建设、有效的决策者、掌握和优化各种资源、勇于面对和承担风险、具备有关技术的基本知识、了解项目和环境的制约因素、杰出的沟通技巧。根据特质理论（W. 理查德·斯格特，2002），项目指挥者的心理特质与其影响力极大地影响着项目指挥的效果，个人才智、工作能力、自信心、决断能力、客观性、主动性、干劲、善于理解人、体贴以及感情的稳定性、追求成功的强烈欲望、同他人合作的能力、个人品德的高度完善性等，都决定着领导工作的成败（尼尔·怀特，2002；蔚林巍，2002）。项目经理必须即是计划者，又是心理学家，同时还应是一个老练的政治家（格雷厄姆，1988）。项目负责人和项目参与者的能力要求见表7-7（尼尔·怀特，2002）。

表7-7 项目负责人和参与者必要的能力要求

项目负责人	参与者
创建和培养一个远景目标的能力	适应创新工作能力
管理阅历	工作阅历
教练、整合的能力	实践技能
科技知识	专业技术知识
跨越性的思维能力	参与能力
对文化差异的敏感性	多元文化的适应性
目标管理能力	自信心、责任心以及协作精神
诊断、控制能力	自我管理能力
指挥、协调能力	表达、沟通能力

续表

项目负责人	参与者
冲突处理水平	建设性的、灵活的冲突处理水平
激励能力	积极主动和勇于探索的行为
评价、评估能力	自我营销
信息管理能力	计算机知识
持之以恒的能力	克服困难的能力

项目的有效指挥，集中体现在项目团队方面。要想有效地组织和指导一个项目团队，指挥者要充分认识到团队的推动力和障碍。有力的项目指挥者会尽早采取预防行动，培育一个有利于团队组建的工作环境作为一种持续的过程（戴维·I. 克利兰等，2007）。对于下属的影响是指挥者通过权威，也就是说通过权力来实现的（汉斯·克里斯蒂安·波夫勒，1989）。非人为行为影响的基础是形式上的组织调整，而对人的影响的基础则是在领导者与被领导者之间存在着的权威或者权力关系。项目指挥与团队有效性模型，如图 7-9 所示（李剑锋，2001）。

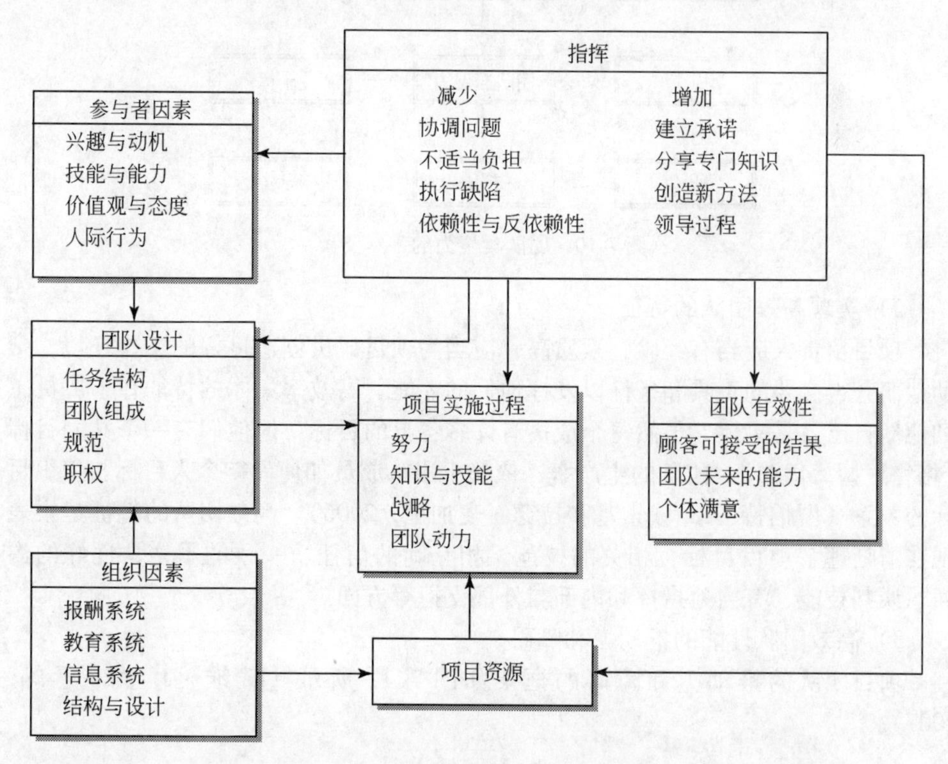

图 7-9　指挥与团队有效性模型

6. 建立高效的项目团队

项目组是一群忠于共同目标、一起愉快工作并且形成高质量成果的人（詹姆斯·刘易斯，2002）。项目管理的体制是一种基于团队管理的个人负责制，项目的成果极大地依赖于精心组织项目团队的努力（席相霖，2002）。建立高效的项目团队，必须注意以下三个问题。

1）充分体现团队的价值

在项目团队中，成员从团队的整合中获得了他们个人事业上的满足，其主要特征在于：个人需要的满足、共享的利益、强烈的归属感、在团队活动中感到骄傲和愉悦、致力于团队目标、高信任、相互依赖、有效的沟通、个性能力的发展和同其他组织交涉的能力。这些因素同高性能团队强烈相关，培育一种支持这些需要的团队氛围对于项目指挥者来说是相当重要的。团队凝聚力的基本要素如图7-10所示（罗德尼·特纳，2004）。

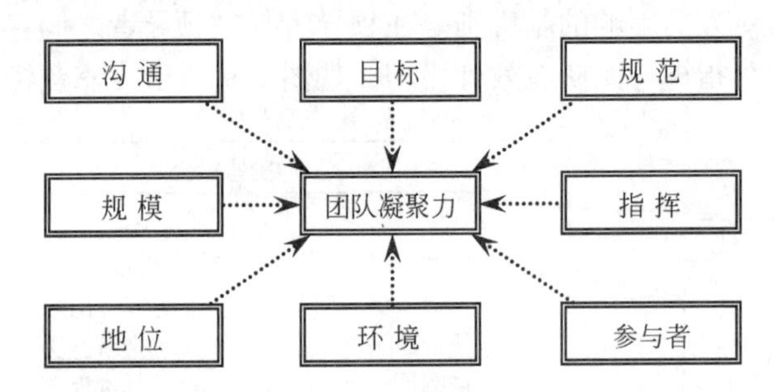

图7-10 团队凝聚力的基本要素

2）实现高效团队的特征

项目负责人应当有经验，素质高，应当为项目成员创造良好的工作环境，帮助他们获得必要的工具和条件以发挥他们的才能。高效率集体的特征在于成员感到他们自己就是集体，虽然每个成员有许多各自的目标，但他们有一个共同目标（格雷厄姆，1988）。团队的生产率，依赖于团队成员如何看待个人目标与组织目标的关系（罗伯特·K. 威索基和拉德·麦加里，2006）。高效团队的特征集中表现在清晰理解项目目标、相关的技能、相互间的信任、一致的承诺、良好的沟通、谈判技能、有力地指挥和内部与外部支持等方面。

3）高效团队性能的推动力和障碍

项目团队的推动力和障碍的框架如图7-11所示（戴维·I. 克利兰等，2007）。

7. 应用科学精湛的工程施工技术

强调组织的技术，就意味着要把该组织当做一个完成某类工作的地方，一个

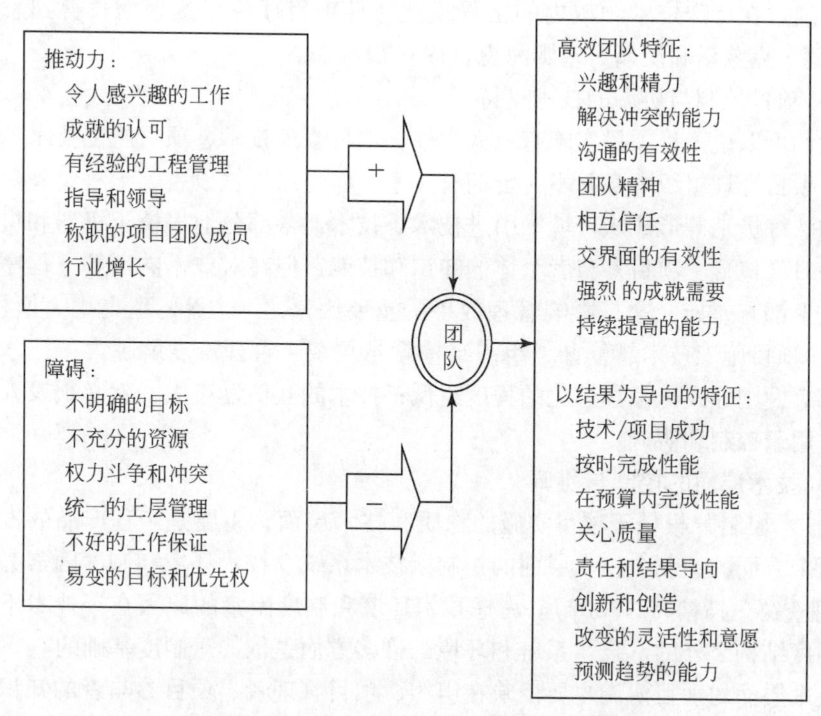

图 7-11 项目团队性能的主要推动力和障碍

利用能量处理物质的地方和一种输入转化为输出的机制（W. 理查德·斯格特，2002）。项目施工技术是现代科学知识或其他相关知识在工程项目中的系统应用，其内涵在于规划、设计和施工等各项工程技术活动中。施工技术的系列活动和其所构成的技术系统是工程项目的管理对象和核心，项目管理的最终目的是向业主交付高质量的工程产品。施工活动关键是技术性活动，只有采取精湛的施工技术和先进的管理措施，才能做到低投入、高产出，并创造优质产品。项目的控制与协调活动围绕并伴随着项目的施工活动，工程项目技术系统、施工技术的高质量实施对控制和协调活动有重要的影响。每个项目组织都从事和拥有为其工作所用的技术。技术维度前面讨论得并不多，这里作进一步分析。

1）技术专长

项目队伍内有足够的技术专长非常重要。在项目队伍内部人们需要有适合各方面工作的技巧和专长，以便完成各种任务。技术专长体现在多方面：对于技术的了解程度，有关技术和基本方面的设想、理论和原则，设计方法和技术，工程整体的各个职能作用和相互关系。技术专长还包括对用途、市场和企业环境的了解。技术专长对成功管理工程项目来说，具体包括以下内容：有关的技术；工艺方法和使用的技术；特殊的销售，顾客的要求；产品用途；技术发展动向；辅助技术之间的关系；技术界的一部分人。有效的管理工程项目所需要的技术专长，一般是通过在特殊技术领域内的工程或支持性项目任务中逐渐增长得到发展的（哈罗德·克兹诺和汉斯·塞姆海恩，1988）。

2）项目控制与协调的技术支持

我们可以说工程项目实施有三大支柱，项目管理技术、项目施工技术和项目团队。项目管理组织本身并不一定拥有技术，而是以机械设备、工程经验、系列指导和熟练员工等形式从环境中引进技术。技术通常部分地根植于机器和机械设备，同时又包含了项目参与者个体的知识和技能，但在对技术的理解、程序化或有效化上都有差异，这是影响管理效果的重要因素之一（W. 理查德·斯格特，2002）。项目施工技术越复杂，组织结构就越复杂，管理难度就越大；技术不确定性越大，则形式化和集中化的程度越低；技术的互倚性越大，就必须投入越多的资源用于控制和协调。

3）技术层面的控制与协调

“技术控制”根植于项目实施的物质和技术层面，主要是工程产品的设计与施工两个方面的控制。技术层面的控制以技术系统、技术环境和制度因素为基础（W. 理查德·斯格特，2002）。考虑技术环境和制度因素的原因在于技术不是独立于制度结构之外的，技术系统和环境的许多方面是依赖于制度基础的。

技术层面的项目协调主要反映在组织、项目管理者、项目参与者的知识和操作技能上。技术人员的思路、方法和措施对项目实施有着深远而广泛的影响。从技术层面来说，项目管理者运用文化的力量、管理的职能，规范参与者行为，将项目组织建设成一个协作的体系，保证项目技术系统按照规范、条例和标准的要求来实施。

4）技术系统与控制、协调系统的作用关系

项目指挥者和参与者通过项目管理系统，特别是控制系统和协调系统，操纵技术系统进行整个项目实施。参与者通过控制系统，并依据工艺规程，运用设备去加工材料等对象。技术系统的运行情况及时反馈到管理系统中。对现场施工的成果，通过检测，由控制系统实现反馈，再由项目相关人员通过控制系统对工艺及施工过程实现调整。控制与反馈系统则是技术活动过程的中枢神经，协调系统又是人与整个技术系统联系的中介，离开了它，无法实现对施工生产过程的协调管理。技术系统与控制系统、协调系统之间相互作用的结构关系如图 7-12 所示。

8. 共享畅通的项目信息

现代项目管理信息量大、交互频繁，特别是要实现高效率的组织、计划和协调，更要求信息获取、存储与处理的完整性、及时性和准确性。信息是管理维度的平台和管理运行的基础。控制与协调工作对于信息的要求是准确、畅通和共享。以下进行具体的分析与讨论。

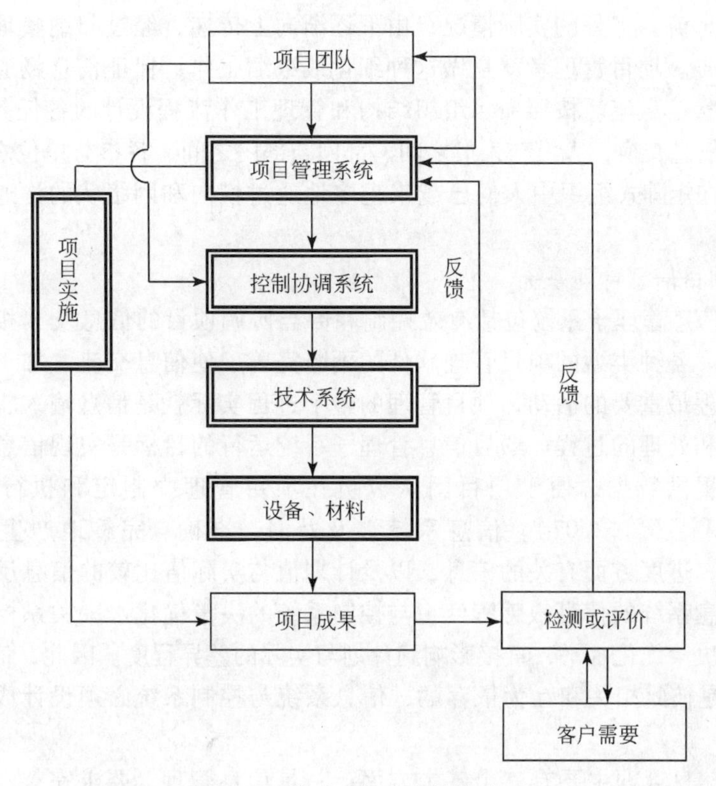

图 7-12 技术系统基本结构关系

1）项目实施的信息流

在工程项目的实施过程中会产生四种主要的流动过程：工作流、物流、资金流和信息流（成虎和陈群，2009）。信息伴随着项目实施过程，按一定的规律产生、转换、变化和被使用，并被传送到相关部门或单位，形成信息流。这四种流动过程之间相互联系，相互依赖又相互影响，共同构成项目实施和管理的过程，也保证了项目控制与协调功能的实现。信息流对于项目管理有特别重要的意义，它将项目的工作流、物流、资金流，将各个管理职能、项目组织，将项目与环境结合在一起。它通过管理者反映、控制并指挥着工作流、物流和资金流。各种工程文件、报告、报表反映了工程项目的实施情况，反映了工程质量状况、成本构成和形象进度，各种指令、计划、指挥措施又控制和协调着项目的实施。所以，它是项目实施的神经系统，具有调动人流和物流的作用。保证信息流通畅，进行良好的信息交流，就会减少争执和冲突，使项目高效率地实施。

信息在项目组织机构内按组织程序流通，它不同于一般的消息，属于正式沟通的范畴，一般有三种信息流：一是自上而下的信息流，通常是计划、决策、指令、通知等，逐层细化，一直细化到基层成为可执行的操作指令。二是由下而上的信息流。工程的实际情况，由下逐渐向上传递，经过归纳整理形成逐渐浓缩的报告。项目管理者就是做这种细化或浓缩工作，保证信息畅通。三是横向或网络状信息流。按照项目组织结构和管理工作流程设计的各任务组之间存在大量的信息交换，人员与人员之间、部门与部门之间、各参与单位之间存在着信息流。在矩阵式组织中人们已越来越多地通过横向和网络状的沟通渠道获得信息。

2）项目信息管理系统

项目信息管理子系统包括有效控制和恰当协调项目的信息及其相互之间的作用关系。各种类型的项目管理软件的不断完善，使信息交流、加工和利用成为项目管理最重要的活动，项目管理的整个过程实际就是信息输入、输出、反馈等传递和处理的过程。项目信息管理子系统运行的目标是实现信息畅通。这个子系统提供数据，便于项目团队成员在项目管理中制定和执行决策（戴维·I. 克利兰等，2007）。信息系统涉及及时、准确、完整地产生与项目质量、成本、进度方面有关的信息，以及计划值与实际值比较的信息反馈到控制系统。信息系统的信息敏感程度，与控制系统的决策优化水平关系极大；而控制系统的决策优化水平，直接影响到计划与实际的差异程度。因此，信息要素与控制要素是彼此相关和互为依存的，信息系统与控制系统必须设计成相匹配的系统。

项目信息管理主要有三个基本方面：一是信息管理，要求完整、及时和准确，包括建立信息的收集、通道、应用和反馈等管理制度，做好信息的获取、传输、处理和存储等基本环节，应用现代信息管理技术，如计算机信息管理系统等。二是把握项目信息的运动规律和应用方法，以计算机技术为主要工具，以扩展项目管理者的信息处理功能，这对于实施项目控制至关重要。三是信息的有效性、控制的有效性及两者的匹配也是非常重要的。及时产生与项目质量、成本、进度及其实施方面有关的准确而有效的信息数据，利用所提供的信息，形成科学而先进的决策，做出快速而准确的调整（黄金枝，1995）。信息有效性和控制有效性的彼此兼容和相互依存，将对项目控制起到最有效的作用。

3）信息对项目三大目标控制与协调的支撑

如图 7-13 所示，项目实施过程依靠信息来支持，信息管理系统在整个管理系统中起神经中枢的作用（黄金枝，1995）。计算机与信息技术支撑平台的快速改善，使用国际互联网和企业网等现代化的通信技术，对项目全过程中产生的信息进行收集、储存、检索、分析和分发，极大地改善了项目实施过程中的决策和信息的沟通。

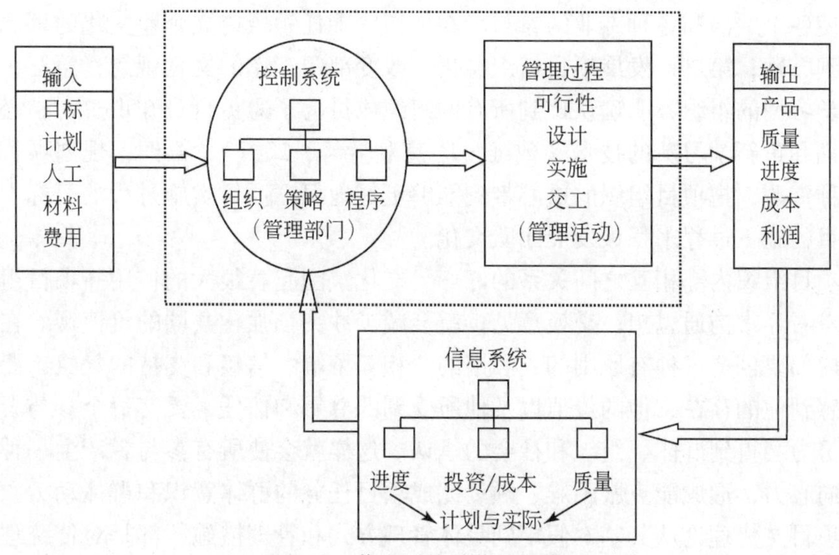

图 7-13 信息系统的作用示意图

9. 构建和谐的项目文化

如前所述，项目管理主要在于人员管理，而不仅仅是计划系统和控制技术。只有项目组成员的价值观与他们承担的工作相协调时，才能发挥出他们的积极性和创造性，项目才能获得成功，项目组成员的自身价值也不断得到实现。因此，项目经理要懂得如何通过参与交流和协调来激励下属的积极性，形成强有力的项目文化，增强项目组内部的向心力和凝聚力（格雷厄姆，1988）。正如前面所分析的，文化对参与者行为会产生影响，项目文化是项目有效控制和卓越协调的基础。控制和协调是有序与合作，是一种秩序和理念，是约定俗成的规则和行动。项目施工在于所有参与者的配合，项目负责人应凭借项目文化精心拟定项目实施战略，并使之付诸实施，取得成效（胡宇辰，2002）。项目管理的核心是调动参与者的积极性和创造性，这是项目成功的法宝。在现代项目管理中，文化碰撞加剧，文化影响着项目执行方式以及要达到的目标（罗德尼·特纳，2004）。项目团队中成员们的情感方式，他们的感觉、态度、偏好、设想、经验和价值观，都影响着项目组织的文化氛围。文化氛围子系统的目标是实现和谐的文化。这种氛围影响人们如何思考和感受、如何反应和行动，所有这些最终决定什么是组织中可被接受的行为（戴维·I. 克利兰等，2007）。文化维度对项目施工的影响主要在项目管理高层的理念和管理思路，对短期的、单个工程项目的影响并不明显，但对于施工企业，对于以项目运作为主要战略的组织，项目文化的建设十分重要，并且是一项长期的任务。

我国正处在转型时期，项目管理仍在推广与强化阶段，原有的管理规则和行为规范有许多的不适应。强化项目组织的文化理念，第一，在于加强组织的文化，使各个层次和各种专业的参与者在他们的责任领域树立企业文化的理念并从中得到鼓励；第二，发展项目组织文化，改变部门工作的文化观念；第三，成为一个学习型的组织，明确认识到所有的组织成员为了避免自身知识过时，必须重新培训和重新学习新的技术（戴维·I. 克利兰等，2007）；第四，规划项目组织的各种资源，把项目组织的重心带到能够更好地保证项目实施过程的目标上，通过项目的施工过程来积极发展团队文化。

项目组织内部相互之间关系的好坏，文化氛围起着很大的作用。项目组织内上下左右经常沟通思想、交换意见，就会减少冲突，强化共同的价值观。在项目组织内部要创造一种有原则的、和谐的、相互了解、信赖和支持的气氛，要使每个人感到他的存在、他的价值以及他所受到的尊重和信任，要使每个参与者知道他的努力会得到群体、组织和社会的承认。这样就会使所有参与者产生一种归属感和向心力，形成能克服困难、顺利完成项目任务的群体意识和群体动力。应该说，项目文化理论从其基本假定到具体管理方式和管理措施，都是对传统理性管理模式的突破和超越。这是管理思想的一次重大转变，也是现代项目管理理论发展的必然趋势。

10. 营造良好的项目实施环境

项目组织都存在于某一特定的物质、科技、文化和社会环境中，如图7-14所示（W. 理查德·斯格特，2002）。工程项目的环境是指对工程项目有影响的所有外部因素的总和，它们构成项目的边界条件。环境是项目组织获得输入的源泉，也是其输出的场所。项目的环境因素主要有政治因素、经济因素、科技因素和社会心理因素等。项目规模、技术、地理位置、不确定性、参与者的个人偏好、资源依赖、文化差异等均与环境发生关系。现代工程项目都处在一个迅速变化的环境中，项目管理的要点是创造和保持一种使项目顺利进行的良好环境（席相霖，2002）。

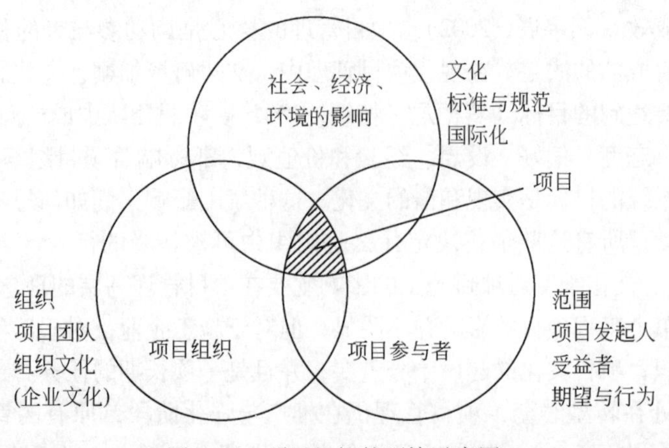

图7-14 项目组织的环境示意图

良好的项目环境主要是要求项目实施应与环境协调。环境决定着项目的技术方案和实施方案，项目的实施过程是与环境之间互相作用的过程，环境是产生项目实施风险的根源（成虎，2001）。如果项目没有充分地利用环境条件，或忽视环境的影响，必然会造成实施中的障碍和困难，增加实施费用，甚至导致项目失败。项目受到环境系统的制约，必须利用环境系统提供的条件，与环境系统协调并共同作用（黄金枝，1995）。项目能否顺利达到预期的目标就在于项目与环境系统界面的啮合程度，这是项目管理者经常遇到而且感到难以对付的问题。项目管理的环境是动荡的，即在环境干扰下，经过预控和监控，系统达到初稳定状态；出现新的环境干扰，经过再预控和监控，系统又达到新稳定状态。这种多稳态系统属性，会对项目造成很大的影响，且存在着复杂性和难预控性。子系统在多层次、多界面的交互作用，持续的多级、动态目标限定，频繁的内部反馈过程，复杂的外部干扰因素和诸多的组织行为，时常造成各子系统不得不以显然不合理的方式在运行，而使实施效果偏离计划目标。

二、工程项目的全面管理

前面我们从十个方面分析了工程项目的整体控制与协调，而全面的项目管理仅有控制与协调两大职能是不够的，还包括以下四个方面。

1. 完善的工程项目管理系统

在第二章我们作了简略的分析，工程项目管理系统是由相互关联、相互作用、相互渗透的各子系统构成的，具有明确结构与功能的、统一的、开放的、理性的、动态的大系统。各子系统之间关联度高、关系复杂，它们共同作用，推动了项目管理系统的高效运行。工程项目管理系统不但是实现项目控制与协调的基本载体，也是实施项目全面管理的基本载体。项目实施阶段是一个动态的非确定性时变系统，项目目标系统、计划系统、组织系统、指挥决策系统等都发挥着重要的作用，信息反馈、团队作用、技术系统、实施环境、文化氛围等，都是影响项目管理动态不确定性的内部和外部因素。保证项目质量、成本和进度三大核心系统正常运行的控制与协调系统，即控制与协调两大功能是通过各个子系统的整体运转得以实现的。项目的系统控制和全面协调功能是通过对各子系统进行协调管理，使各子系统之间和谐共存，在发挥系统的整体效应过程中达到协调状态的一种动态控制过程。

项目全面、科学管理就是要发挥好各子系统的功能与作用，并使它们配合得当，整体平稳运行。项目管理系统运行具有明确的目的性，系统整体作用的实质在于寻找一种运行机制，使系统的整体功能大于各子系统的功能之和。一套行之有效的工程项目管理系统应发挥六个方面的基本功能，即目标、组织、计划、指挥、控制和协调。工程项目管理系统应充分体现这六个方面的职能，且具备四个特性：一是目的性，表现为整个系统具有明确的目的性，其所要达到的目的是靠各子系统来实现的。二是层次性，表现为质量控制、成本控制和进度控制之间的均衡与协调。三是动态性，表现为项目进度控制是随着项目的不断实施而进行的，项目成本和质量的控制过程随项目进度的变化而变化。四是全局性，表现为系统整体与子系统的关系，不是“相加性”，而是着眼于“有机性”。系统的整体目标最优不等于单个目标最优之简单相加。项目管理追求的是各子系统的平稳、协调运行和三大目标的整体实现。

2. 高度关注利益多元化

处理好多元现实问题是项目负责人行使权力并控制、协调和评判项目的基本要素（格雷厄姆，1988）。项目开始实施，必须承认多元现实，它们是导致冲突的基本原因。这种现实会成为阻止项目参与者和参与单位需要得到满足的强大力量。管理本身就是要协调各方的利益，承认多元现实，就可为建立共同的目标打下基础，从而为项目全面实施奠定坚实基础，并实现项目与外界的协调。

项目参与单位有不同的利益，对项目有不同的期望和要求，造成项目实施的各成员单位之间动机的不一致和利益冲突，如表7-8所示。项目管理者要照顾各方面的利益，使各方面都满意，追求不同相关者利益之间的平衡。项目组织、项目负责人关心的是高质量、低成本，参与单位关心的是高收益，参与者关心的是高工资，这是项目团队中项目经理与参与者双方“协调与合作”的基础。项目参与者之间的利益可能会有矛盾，必须承认和照顾到项目相关群体和集团的利益，必须体现利益的平衡。没有这种平衡，项目就不可能顺利实施（成虎，2004）。

表7-8 项目参与单位的利益

目标	业主方	设计方	施工方	供货方	共同的利益
进度	尽早建成投入使用；其预定工期往往并不科学	控制设计进度，与施工进度往往缺乏协调	追求进度目标，工期控制与合同进度往往缺乏协调	按合同控制供货质量，质量目标与业主的要求易产生矛盾	科学组织生产，工期由实际工程量与复杂程度客观决定
费用	控制投资额度，尽量节省投资	追求设计费的最大化；尽量降低设计成本	追求造价的最大化；降低施工成本，追求利润最大化；寻找索赔机会，增加利润	追求合同额最大化；降低供货成本；寻找索赔机会，增加利润	实现项目目标，费用由实际工程量及市场价格客观决定

续表

目标	业主方	设计方	施工方	供货方	共同的利益
质量	片面要求高质量，与实际用途、功能往往相脱节	按合同规定的质量要求完成设计；控制设计图纸质量	按合同控制施工质量；其质量目标与业主方所要求的质量目标往往有矛盾	控制合同规定的交货时间；与施工进度往往缺乏协调	根据用途、功能以及项目的实际要求，客观决定的质量标准

3. 综合运用先进的管理技术

本章第一节对项目管理本身的理解和认识作了具体的分析。从某种程度上说，工程项目管理可以被看做具有包罗万象的内容，项目管理知识体系为项目管理提供了基本的管理规范和框架。这一层面由项目管理过程的规范和纯逻辑的组成部分构成。实现对项目质量、成本和进度三大目标的全面管理，在有效控制和协调的同时，还应按项目管理知识体系中九大知识领域的内容，强调项目管理中的整体管理效果。这就需要先进的项目管理技术。项目管理理论、方法、手段的科学化，是现代项目管理最显著的特点，具体表现在吸收并广泛应用现代科学技术的最新成果，逐步摸索出一整套适合现代化施工要求的科学管理方法，解决工程项目管理中的各种复杂问题。进一步的分析还包括以下几个方面。

1）项目管理理念科学化

在项目组织中，项目管理者层次的高低与管理能力的要求成正比。项目管理理念或者说思想的焦点在于是什么类型的专业化和层次化才能使项目组织的效率最大化（赵丁，2002）。

（1）系统化理念。项目是复杂的社会技术系统，必须以系统论的观点，把管理活动作为多因素和参数时变的动态系统；以信息论的观点，把信息作为分析项目内部和外部联系的基础；以控制论的观点，把控制作为实现项目目标的手段（张文焕等，1990）。这三方面的统一，就是信息管理、过程控制、行为协调和整体优化的现代科学化管理理念。项目管理的全过程都贯穿着系统工程的思想，依据系统论“整体—分解—综合”的原理，应用 WBS 将项目工作分解为许多责任单元，由责任者分别按要求完成任务，然后系统实施，汇总成最终的成果。

（2）全局性理念。系统思想的观念运用在工程项目管理中主要体现在项目实施过程全局性的观念，做出决策和计划并付诸实施时都要考虑各方面的联系和影响，考虑项目结构各单元之间的联系、各个管理职能的联系、项目团队成员的联系，而且还要考虑到项目组织与上层组织的联系，使它们之间互相协调。项目管理把项目看成一个有完整生命周期的过程，强调部分对整体的重要性，但却不要忽视其中的任何环节，以免造成总体的效果不佳甚至失败。

（3）科学化理念。工程项目管理科学化，就是依照项目内在的客观规律，运用现代科学管理手段和方法，对工程项目实行有效的管理。对项目管理本质的思考包括基本概念、过程、技术、原理框架等内容的思考（戴维·I. 克利兰，2002）。在项目管理中，人们面临问题时的观念和思维方法，分析和决策问题时的观念和时间基点，管理过程的方式和方法，解决问题时的思路和深度、广度都与传统管理不同。现代工程项目管理必须具备竞争的观念、团队的观念、风险的观念、时间观念、效益观念和法制观念（钱明辉和凤陶，2001）。将现代管理思想和理论运用于项目管理，如"三论"、行为科学等，这是现代项目管理理论体系的基石，体现了当代最新的管理思想。

（4）民主化、高效化理念。项目管理是参与式的管理，是对以人为本管理思想的继承和发扬。在管理过程中要让参与者和各任务小组参加决策过程及各个层面的管理工作，使参与者产生强烈的责任感和成就感（赵丁，2002）。同时，项目管理民主化、高效化还表现在根据现代管理组织理论，采用开放系统模式，并用科学的法规和制度规范组织行为，确定组织功能和目标，协调管理组织系统内部各层次之间及其同外部环境之间的关系，建立起开放的、理性的、高效的项目管理组织，提高管理的工作效率。

（5）社会化和专业化理念。前面说过，项目管理组织是一个临时性社会系统，同时也需要相应的技术支撑系统，管理现代工程项目，需要社会化、专业化的项目管理公司提供全套的专业化咨询和管理服务。只有这样才能使我国项目管理工作走向专业化、社会化。

2）项目管理技术集成化

现代工程项目管理越来越强调集成化管理，要求项目管理有更高层次的系统性，包括把项目的决策、目标、任务、计划、设计、施工、供应、组织、指挥、控制和协调等综合起来，形成一体化的管理过程，形成一个协调运行的综合体，将项目管理的各个职能，如质量管理、成本管理、进度管理、合同管理、信息管理等综合起来。为同一个工程项目服务的业主、项目管理公司、承包商、设计单位等各方面的管理工作也应一体化。工程项目集成化管理最主要、最基本的出发点在于要求项目管理者必须具备全面、综合的管理能力，进行项目全生命周期的目标管理。项目管理者的管理能力可用图 7-15 来评价（段世霞，2007）。

3）项目管理过程规范化

前面已多次阐述过，工程项目作为一个复杂的系统，是技术、物质、组织、行为、信息系统的综合体（Royce，2002）。工程项目管理是一项技术性非常强的复杂工作，要符合社会化大生产的需要，必须标准化、规范化，这样项目管理工作才有通用性，才能提高管理水平和经济效益。目前从事工程项目管理的机构和人员在不断地发展壮大，因此需要配套的项目管理标准、技术以及人员的资格认

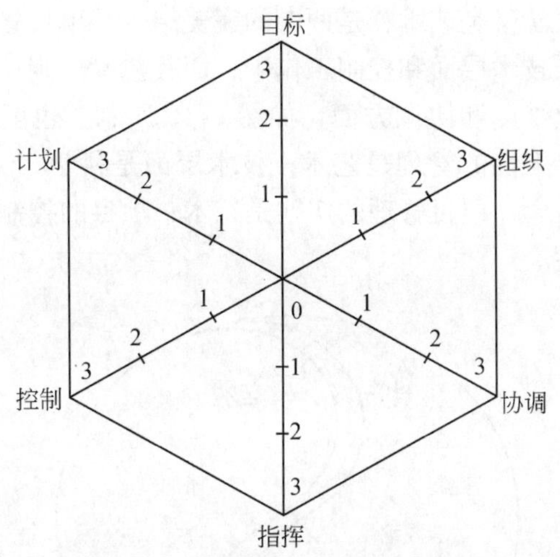

0. 未确定；1. 部分确定；2. 确定；3. 已标准化

图7-15 项目管理能力示意图

证程序等（Pinto，2000）。过程的规范才能保证管理成果的实现。任何管理工作都是要注重和面向过程的，项目更要将复杂的甚至是相互冲突的具体实施过程管理好，不管项目持续三个月还是三年。附录A中表A-13反映了30.4%的被调查者要求政府主管部门应做好宏观调控，规范建筑管理程序和标准。

4）完美的项目管理效果

完美的项目实施效果体现在项目三大目标的顺利实现和项目整体任务的全面完成。从文化、管理、技术和行为四个维度综合来看，项目管理是一个过程而不是一个事件，是实现“更好、更快、更省”的一种方法。完美的项目管理离不开有效的控制与协调。项目控制、协调的核心在于规范组织和参与者的行为，控制的重点在于规范项目内部组织的行为，协调的重点在于规范项目全体参与者的行为。控制是协调的手段，控制用理性或者是刚性的技术和措施，协调强调全面性，用弹性的或者是柔性的手段。工程项目管理对控制与协调的要求，从技术维度上说，应是控制加协调，从文化和行为维度上讲应是协调加控制，从管理的维度上说，是规范项目实施过程，哪一个也不能偏废。

4. 实现项目管理科学性与艺术性的统一

项目管理更多的是行为的艺术，而不是数量的分析（哈罗德·科兹纳，2010）。一个项目的成功与否取决于关键人员进行有效决策的能力。项目管理通常被认为既是一门艺术又是一门科学，被认为艺术是因为它需要很强的人际交往技巧，而项目计划编制和控制表格则试图将艺术转化为科学（哈罗德·科兹纳，2006）。项目管理具有强烈的实践性，是一项富有创造性的活动。项目管理与科学管理一样，既是科学又是艺术，是两者的完美结合。项目管理的科学体现在物的世界、理论知识、技术层面和控制工作中；而其艺术性则体现在人的行为、项目管理的实践、文化维度和协调方面，如图7-16所示。也就是说，项目管理中物化的管理是科学，人性的管理是艺术；技术层面是科学，文化的维度是艺术；项目管理的理论是科学，项目管理的实践是艺术；项目的控制要体现科学性，而协调则反映其艺术性。

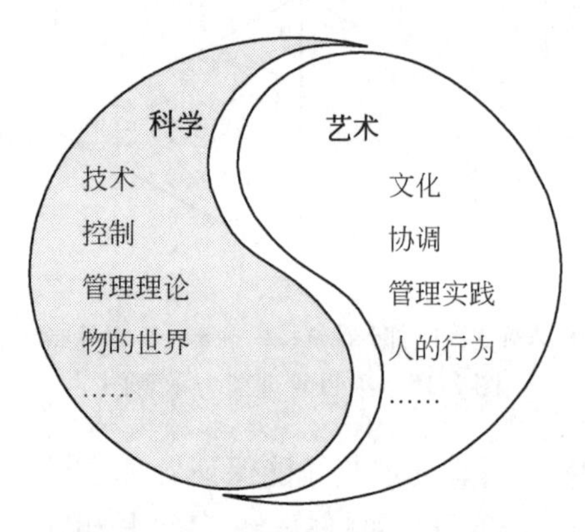

图7-16　项目管理的科学性和艺术性

项目管理既有成熟的、科学的、规范性的理论、技术和方法；也有不精确的，只是描述性的，需要综合协调处理的管理艺术；更有解释思维趋势，做出方向性的整体预测，处于灵魂地位的哲学内涵（马旭晨，2008）。项目经理必须从管理、技术、资金、人员的维度，从社会、文化、环境等各个视角出发，在“科学”与“艺术”两方面都是大师，才能成功完成项目。项目管理蕴涵着许多哲学思想，项目实施过程中主、客观条件的变化是绝对的，不变是相对的，“永远不变的是变化”；不平衡是永恒的，平衡是暂时的；有干扰是必然的，没有干扰是偶然的。项目管理提供了解决问题的基本思路，具有认识论、方法论的哲学灵魂，同时又是科学性和艺术性相统一的复杂体系。

当前，我国各种各样的项目越来越多，企业项目化管理也发展较快，项目管理工作越来越重要，项目管理遇到的新问题也越来越多。这一切问题的解决，仅仅依靠单纯的项目管理理论、技术、方法、手段是远远不够的，因此，必须强化对丰富多彩的实践成果的积累与总结。只有将与项目管理有关的哲学、科学、艺术结合起来实施项目管理，才能更好地进行项目管理，实现项目的价值。

参 考 文 献

阿诺德·M. 罗金斯，W. 尤金·埃斯特斯 . 1987. 工程师应知：工程项目管理 . 唐齐千译 . 北京：机械工业出版社

艾伦·埃斯克林 . 2002. 技术获取型项目管理 . 牛佳，费琳译 . 北京：电子工业出版社

安东尼·沃克 . 2007. 建设项目管理 . 第四版 . 郝建新，戴雁忠译 . 天津：南开大学出版社

白思俊 . 2006. 现代项目管理概论 . 北京：电子工业出版社

白思俊，郭云涛 . 2009. 项目管理案例教程 . 第二版 . 北京：机械工业出版社

贝尔滨 R M. 2001. 未来的组织形式 . 郑海涛，王瑾瑜译 . 北京：机械工业出版社

贝内特·P. 利恩兹，凯瑟琳·P. 雷 . 2002. 突破技术项目管理 . 第二版 . 张金成，杨坤译 . 北京：电子工业出版社

毕星，翟丽 . 2000. 项目管理 . 上海：复旦大学出版社

蔡达雄 . 2006. 工程项目施工阶段质量控制研究 . 重庆：重庆大学硕士学位论文

陈光，成虎 . 2004. 建设项目全寿命期目标体系研究 . 土木工程学报，37（10）：87~91

陈光健 . 2004. 建设项目现代化管理 . 北京：机械工业出版社

陈霜 . 2005. 工程项目质量与进度控制相互作用协调性研究 . 西安：西安科技大学硕士学位论文

陈欣，张国棠 . 2008. 工程项目进度与质量的协调控制分析 . 高等建筑教育，17（1）：28~31

陈宗光，何伟荣 . 2002. 建筑施工中各专业的协调管理 . 建筑管理现代化，（1）：32~34

成虎 . 2001. 建设项目全寿命期集成管理研究 . 哈尔滨：哈尔滨工业大学博士学位论文

成虎 . 2004. 工程项目管理 . 北京：高等教育出版社

成虎 . 2005. 工程合同管理 . 北京：中国建筑工业出版社

成虎 . 2007. 工程管理概论 . 北京：中国建筑工业出版社

成虎，陈群 . 2009. 工程项目管理 . 第三版 . 北京：中国建筑工业出版社

池仁勇 . 2009. 项目管理 . 第二版 . 北京：清华大学出版社

丛培经 . 2006. 工程项目管理 . 第三版 . 北京：中国建筑工业出版社

戴维·I. 克利兰 . 2002. 项目管理：战略设计与实施 . 杨爱华译 . 北京：机械工业出版社

戴维·I. 克利兰，刘易斯·R. 艾尔兰 . 2007. 项目经理便携手册 . 第二版 . 强薇译 . 北京：机械工业出版社

狄海德 . 2006. 项目管理 . 郑建萍，朱苗苗，倪苗，等译 . 上海：同济大学出版社

丁大勇 . 2001. 建筑工程施工项目质量管理与控制 . 西安：西安建筑科技大学硕士学位论文

丁荣贵 . 2004. 项目管理：项目思维与管理关键 . 北京：机械工业出版社

丁荣贵 . 2008. 项目治理：实现可控的创新 . 北京：电子工业出版社

丁士昭 . 2006. 工程项目管理 . 北京：中国建筑工业出版社

窦艳杰.2009.建设工程项目目标控制系统的协调与优化.天津：天津财经大学硕士学位论文
段世霞.2007.项目管理.南京：南京大学出版社
菲力普·克劳士比.2002.质量无泪.北京克劳士比管理顾问中心译.北京：中国财政经济出版社
菲利普·霍尔登.1999.杰出经理指南.周洁译.北京：商务印书馆国际有限公司
费树林.2005.房地产项目开发建设过程中的成本控制.住宅科技，(3)：35，36
弗雷德里克·泰勒.2007.科学管理原理.马风才译.北京：机械工业出版社
符志民.2002.项目管理理论与实践.北京：中国宇航出版社
纲目.2002.有效的目标管理.北京：中信出版社
格雷厄姆 R J.1988.项目管理与组织行为.王亚喜，罗东坤译.东营：石油大学出版社
顾红霞.2009.项目管理在企业战略实施分析中应用.经营管理者，(3)：81，82
郭峰，王喜军.2009.建设项目协调管理.北京：科学出版社
郭庆军，李慧民，赛云秀.2008a.建设项目目标的层次性分析.施工技术，37（8）：16~18
郭庆军，李慧民，赛云秀.2008b.建设项目三大目标的优先序分析.建筑经济，29（8）：66~69
郭庆军，赛云秀.2009.工程项目三大目标规划模型的构建.统计与决策，(3)：47~50
郭咸纲.2002.西方管理思想史.第二版.北京：经济管理出版社
哈林顿 H J.2001.项目变革管理.唐宁玉译.北京：机械工业出版社
哈罗德·科兹纳.2006.组织项目管理成熟度模型.张增华，吕义怀译.北京：电子工业出版社
哈罗德·科兹纳.2010.项目管理：计划、进度和控制的系统方法.第十版.杨爱华，王丽珍，石一辰，等译.北京：电子工业出版社
哈罗德·克兹诺，汉斯·塞姆海恩.1988.中小型企业项目管理.麻殿锋，王贵良译.北京：科学技术文献出版社
哈罗德·孔茨.2005.管理学精要.第六版.韦福祥译.北京：机械工业出版社
哈罗德·孔茨，海因茨·韦里克.1998.管理学.马晓君，陶新权，马继华，等译.北京：经济科学出版社
汉斯·克里斯蒂安·波夫勒.1989.计划与控制.王元译.北京：经济管理出版社
亨利·法约尔.2007.工业管理与一般管理.迟力耕，张璇译.北京：机械工业出版社
胡世琴.2007.高层建筑施工过程混凝土质量控制研究.西安：西安建筑科技大学硕士学位论文
胡宇辰.2002.组织行为学.第三版.北京：经济管理出版社
胡振华.2001.工程项目管理.长沙：湖南人民出版社
黄金枝.1995.工程项目管理——理论与应用.上海：上海交通大学出版社
纪燕萍，张婀娜，王亚慧.2002.21世纪项目管理教程.北京：人民邮电出版社
贾森·查瓦特.2003.项目管理一族.王增东，杨磊译.北京：机械工业出版社
《建设工程项目管理规范》编写委员会.2006.建设工程项目管理规范实施手册.第二版.北京：中国建筑工业出版社
蒋同锐.1999.正确处理质量、进度、成本之间的关系.城建档案研究，(4)：35
杰弗里·K.宾图.2010.项目管理.第二版.鲁耀斌，董圆圆，赵玲，等译.北京：机械工业

出版社
杰克·R. 梅瑞狄斯，小塞缪尔·J. 曼特尔. 2006. 项目管理：管理新视角. 第六版. 周晓红译. 北京：电子工业出版社
杰克·吉多，詹姆斯·P. 克莱门斯. 2007. 成功的项目管理. 第三版. 张金成译. 北京：电子工业出版社
杰勒德·I. 尼尔伦伯格. 1998. 哈佛谈判学. 曾召友译. 成都：西南财经大学出版社
金波，关海玲. 2004. 房地产项目的成本控制分析. 山西高等学校社会科学学报，16（8）：69，70
金铭. 1988. 行为科学与企业管理. 北京：北京经济学院出版社
金维兴，张家维. 1993. 施工企业管理系统分析. 西安：陕西人民教育出版社
凯文·福斯伯格，哈尔·穆兹，霍华德·科特曼. 2002. 可视化项目管理：获取商务与技术成功的实用模型. 第二版. 刘景梅，许江林，于军译. 北京：电子工业出版社
凯文·福斯伯格，哈尔·穆兹，霍华德·科特曼. 2006. 可视化项目管理. 第三版. 许江林，刘景梅译. 北京：电子工业出版社
拉里·康斯坦丁. 2002. 超越混沌：有效管理软件开发项目. 雷明译. 北京：电子工业出版社
兰丽萍. 2004. 工程项目管理的三大目标控制. 山西建筑，(1)：92，93
李斌，雷书华，高伟. 2004. 施工项目三要素集成管理模型的构建及应用. 技术经济与管理研究，(4)：57，58
李冬瑾. 2003. 建筑工程施工项目质量过程控制. 西安：西安建筑科技大学硕士学位论文
李辉山. 2007. 工程项目进度——费用协调控制的仿真实现研究. 西安：西安建筑科技大学硕士学位论文
李慧民. 2002. 土木工程施工技术. 北京：中国计划出版社
李慧民. 2007. 工程项目管理. 北京：中国建筑工业出版社
李慧民. 2009. 土木工程项目管理. 北京：科学出版社
李剑锋. 2001. 图解组织行为管理. 北京：中国人民大学出版社
李景平. 2001. 现代管理学. 西安：西安交通大学出版社
李品媛. 1994. 现代商务谈判. 沈阳：东北财经大学出版社
李启明. 2001. 工程建设合同与索赔管理. 北京：科学出版社
李晓敏. 2009. 基于动态管理的电厂维修项目质量－成本－进度协调控制研究. 北京：华北电力大学硕士学位论文
李颖，李炎. 2002. 谈判其实很容易. 北京：中国纺织出版社
李源. 2005. 工程项目工期与成本控制协调机理研究. 西安：西安科技大学硕士学位论文
理查德·怀特黑德. 2002. 领导软件开发团队. 吴志明译. 北京：电子工业出版社
联合国工业发展组织. 1981. 工业可行性研究编制手册. 进出口管理委员会调研室译. 北京：中国财政经济出版社
梁世连，惠恩才. 2008. 工程项目管理学. 第三版. 大连：东北财经大学出版社
列尔涅尔 А Я. 1980. 控制论基础. 刘定一译. 北京：科学出版社
刘尔烈，张艳海. 2001. 建筑施工项目进度、成本和质量目标的综合优化. 天津理工学院学报，17（2）：90～93

刘耕，王学军. 2003. 国内外项目进度管理的比较及建议. 重庆交通学院学报，22（12）：95，96
刘国靖. 2009. 现代项目管理教程. 第二版. 北京：中国人民大学出版社
刘强，杨清江. 1997. 施工项目管理中成本、工期、质量和安全的控制. 宁夏工学院学报（自然科学版），9（1）：31~36
刘晓君. 2008. 技术经济学. 北京：科学出版社
刘佑清. 2006. 浅谈房地产开发项目的成本控制. 铁道建筑，（2）：93，94
卢珊，刘玉杰. 2008. 工程项目质量与进度控制协调性分析. 科技信息，（21）：135，136
卢向南. 2009. 项目计划与控制. 第二版. 北京：机械工业出版社
卢有杰. 1997. 建设系统工程. 北京：清华大学出版社
罗伯特·K. 威索基，拉德·麦加里. 2006. 有效的项目管理. 第三版. 费琳，李盛萍译. 北京：电子工业出版社
罗德尼·特纳. 2004. 项目管理手册. 李世奇译. 北京：机械工业出版社
罗吉·弗兰根，乔治·诺曼. 2000. 工程建设风险管理. 李世蓉，徐波译. 北京：中国建筑工业出版社
罗里·伯克. 2008. 项目管理——计划与控制技术. 第四版. 陈勇强，汪智慧，张浩然，等译. 北京：中国建筑工业出版社
罗亚琴. 2009. 工程项目费用与进度协调控制研究. 西安：西安建筑科技大学硕士学位论文
骆珣. 2004. 项目管理教程. 北京：机械工业出版社
马国丰，尤建新，杜学美. 2007. 项目进度的制约因素管理. 北京：清华大学出版社
马梦，刘庆. 2004. 全面成本管理的由来与发展. 广西金融研究，（11）：47~50
马旭晨. 2008. 现代项目管理评估. 北京：机械工业出版社
玛丽·福列特. 2007. 福列特论管理. 吴晓波，郭京京，詹也译. 北京：机械工业出版社
迈克·非尔德，劳里·凯勒. 2000. 项目管理. 严勇，贺丽娜译. 大连：东北财经大学出版社
美国不列颠百科全书公司. 2007. 不列颠百科全书. 中国大百科全书出版社《不列颠百科全书》国际中文版编辑部译. 北京：中国大百科全书出版社
尼尔·怀特. 2002. 管理软件开发项目：通向成功的最佳实践. 第二版. 孙艳春，陈向群，赵俊锋译. 北京：电子工业出版社
纽曼 W H，小萨默 C E. 1995. 管理过程——概念、行为和实践. 李柱流，金雅珍，徐吉贵译. 北京：中国社会科学出版社
彭伟. 2008. 精细化工类项目进度控制研究. 上海：上海交通大学硕士学位论文
戚安邦. 2002. 多要素项目集成管理方法研究. 南开管理评论，（6）：10，11
戚安邦. 2007. 项目管理学. 北京：科学出版社
齐宝库. 2007. 工程项目管理. 第三版. 大连：大连理工大学出版社
千高原. 2000. 新管理人. 北京：中国纺织出版社
钱明辉，凤陶. 2001. 项目管理：晋升经理人的敲门砖. 北京. 中华工商联合出版社
钱学森. 1957. 工程控制论简介. 科学大众，（5）：219~221
钱学森. 1958. 工程控制论. 戴汝为，何善堉译. 北京：科学出版社
钱学森. 2007. 工程控制论（新世纪版）. 上海：上海交通大学出版社

钱学森，宋健．1980. 工程控制论（修订版）．上册．北京：科学出版社
钱学森，宋健．1981. 工程控制论（修订版）．下册．北京：科学出版社
邱菀华．2001. 项目管理学——工程管理理论、方法与实践．北京：科学出版社
邱菀华．2007. 现代项目管理学．第二版．北京：科学出版社
邱菀华．2009. 现代项目管理导论．第二版．北京：机械工业出版社
任宏，陈圆．2007. 工程管理概论．北京：中国建筑工业出版社
任宏，张巍．2005. 工程项目管理．北京：高等教育出版社
阮来民．2002. 现代管理学．上海：上海教育出版社
赛云秀．2000. 现代矿山井巷施工技术．西安：陕西科学技术出版社
赛云秀．2005. 工程项目控制与协调机理研究．西安：西安建筑科技大学博士学位论文
赛云秀．2007. 县域经济中的工业化问题．北京：机械工业出版社
赛云秀．2008. 项目三大目标相互作用分析．建筑经济，29（8）：73~76
赛云秀．2009. 项目协调技术研究．现代管理科学，（1）：20，21
赛云秀，李慧民，陈霜．2006. 工程项目质量控制与进度控制的协调性研究．建井技术，27（4）：36~38
申琪玉．2007. 绿色建造理论与施工环境负荷评价研究．武汉：华中科技大学博士学位论文
盛天宝，陆明心，韩岗．2005. 工程项目管理与案例．北京：冶金工业出版社
斯蒂芬·P. 罗宾斯．2001. 管理学．孙健敏译．北京：中国人民大学出版社
斯坦利·波特尼．2001. 如何做好项目管理．宁俊译．北京：企业管理出版社
苏东．2000. 论管理理性的困境与启示．北京：经济管理出版社
苏伟伦．2000. 项目策划与运用．北京：中国纺织出版社
孙亚夫．1997. 工程项目建设工期控制．电力建设，（4）：60~64
谭章禄，李涵，徐向真．2007. 工程管理总论．北京：人民交通出版社
汤礼智．1997. 国际工程承包总论．北京：中国建筑工业出版社
田振郁．2007. 工程项目管理实用手册．第三版．北京：中国建筑工业出版社
汪应洛．2005. 系统工程．北京：机械工业出版社
王长峰，李建平，纪建悦，等．2007. 现代项目管理概论．北京：机械工业出版社
王华．2007. 现代工程项目管理的组织创新机理与创新决策．沈阳：东北大学出版社
王健，刘尔烈，骆刚．2004. 工程项目管理中工期－成本－质量综合均衡优化．系统工程学报，（2）：148~153
王明远．1993. 项目管理．北京：煤炭工业出版社
王明远．1995. 建筑施工企业体制改革与项目管理．北京：煤炭工业出版社
王庆伟．2007. 工程项目投资及进度和质量目标的对立统一．山西建筑，（12）：222，223
王士川，李慧民．2000. 施工技术．北京：冶金工业出版社
王铁军．2009. 高层建筑施工项目质量管理与控制研究．西安：西安建筑科技大学硕士学位论文
王晓辰．2002. 成功项目管理制度．北京：中国经济出版社
王瑜，余晓钟，李军．2006. 工程项目工期、质量、成本的综合优化决策．统计与决策，（10）：42，43

王元 . 1999. 百战百胜——市场竞争与企业决策 . 广州：广东旅游出版社
王忠伟 . 2006. 房地产开发项目的成本优化控制 . 房地产开发，(2)：33 ~ 35
维纳 N. 2009. 控制论 . 郝季仁译 . 北京：科学出版社
蔚林巍 . 2002. 成功的项目管理 . 北京：北京大学出版社
吴春诚 . 2007. 大型工程项目进度评价和控制研究 . 武汉：华中科技大学博士学位论文
吴庆东 . 2008. 工程项目质量控制与成本控制的协调性研究 . 天津：天津大学硕士学位论文
吴守荣，王连国 . 1994. 投资与成本控制 . 北京：煤炭工业出版社
吴伟巍，侯艳红，成虎 . 2007. 和谐管理理论视角下的工程项目管理 . 重庆建筑大学学报，29（4）：129 ~ 132
西武 . 2004. 做事做到位 . 北京：中国民航出版社
席相霖 . 2002. 现代工程项目管理实用手册 . 北京：新华出版社
席酉民 . 2002. 管理之道 . 北京：机械工业出版社
席酉民 . 2007. 经济管理基础 . 第二版 . 北京：高等教育出版社
夏征农，陈至立 . 1999. 辞海 . 上海：上海辞书出版社
夏征农，陈至立 . 2010. 辞海 . 第六版 . 上海：上海辞书出版社
小塞缪尔 · J. 曼特尔，杰克 · R. 梅瑞狄斯，斯科特 · M. 谢弗，等 . 2007. 项目管理实践 . 第二版 . 魏清江译 . 北京：电子工业出版社
小詹姆斯 · H. 唐纳德 . 1982. 管理学基础：职能、行为、模型 . 李柱流译 . 北京：中国人民大学出版社
肖维品 . 2001. 建设监理与工程控制 . 北京：科学出版社
谢强安，方逵 . 2000. 科学方法——机理、结构与应用 . 长沙：国防科技大学出版社
谢四清 . 2005. 建筑工程施工项目质量管理与控制 . 成都：西南交通大学硕士学位论文
徐蓉，王旭峰，杨勤 . 2004. 土木工程施工项目成本管理与实例 . 济南：山东科学技术出版社
徐绳墨 . 1994. 评英国建造学会的《项目管理实施规则》. 建筑经济，(5)：43 ~ 46
许成绩 . 2003. 现代项目管理教程 . 北京：中国宇航出版社
许哲峰 . 2007. 建筑工程项目实施阶段的质量与成本管理 . 中国高新技术企业，(4)：109，110
闫文周，袁清泉 . 2006. 工程项目管理学 . 西安：陕西科学技术出版社
颜成书 . 2007. 工程项目全寿命周期绿色管理研究 . 重庆：重庆大学硕士学位论文
杨国富 . 2004. 论建筑工程施工质量成本管理 . 建筑技术开发，31（8）：135 ~ 139
姚敏 . 2005. 建筑工程质量控制研究 . 西安：西安建筑科技大学硕士学位论文
叶毅，王天锡 . 1993. 项目法施工 . 北京：中国人民大学出版社
叶宇伟 . 2001. 领导六艺 . 第二版 . 深圳：海天出版社
佚名 . 2002. 中国（首届）项目管理国际研讨会议材料 . 国家经济贸易委员会，中国科学院，联合国工业发展组织，北京
易志云，高民杰 . 2002. 成功项目管理方法 . 北京：中国经济出版社
应可福 . 2005. 质量管理 . 北京：机械工业出版社
攸频 . 2003. 工程项目控制系统的协调及优化 . 天津：河北工业大学硕士学位论文
尤孩明，王祖和 . 1994. 工期控制 . 北京：煤炭工业出版社
游建 . 2009. 房地产开发项目成本控制研究 . 重庆：重庆大学硕士学位论文

余志峰，胡文发，陈建国．2000. 项目组织．北京：清华大学出版社
苑东亮．2006. 工程项目质量与成本控制协调机理研究．西安：西安科技大学硕士学位论文
詹姆斯·刘易斯．2002. 项目计划、进度与控制．第三版．赤向东译．北京：清华大学出版社
詹姆斯·刘易斯．2009. 项目经理案头手册．第三版．雷晓凌译．北京：电子工业出版社
张华．2004. 某工程项目施工质量控制及其研究．西安：西安建筑科技大学硕士学位论文
张检身．2002. 建设项目管理指南．北京：中国计划出版社
张金锁．2000. 工程项目管理学．北京：科学出版社
张良成．1999. 建设项目质量控制．北京：中国水利水电出版社
张明，田贵军，张锁．2001. 投资项目评估与工程项目管理．北京：中国物价出版社
张双甜，成虎．2002. 中国传统文化与现代项目管理的冲突．中国首届项目管理国际研讨会论文，北京
张文焕，刘光霞，苏连义．1990. 控制论、信息论、系统论与管理工程．北京：北京出版社
张彦．2005. 社会统计学．北京：高等教育出版社
张月娴，田以堂．1998. 建设项目业主管理手册．北京：中国水利水电出版社
张智光．2002. 管理学原理．南京：东南大学出版社
赵丁．2002. 顶尖管理思想：全球最伟大管理者的 14 种管理思想．北京：地震出版社
赵平．2009. 建筑工程概预算．北京：中国建筑工业出版社
赵文明，程堂建．2000. 协调学．北京：北京图书馆出版社
郑应平．2001. 钱学森与控制论．中国工程科学，3（10）：7～12
中国（双法）项目管理研究委员会．2006. 中国现代项目管理发展报告（2006）．北京：电子工业出版社
中国（双法）项目管理研究委员会．2008. 中国项目管理知识体系（C-PMBOK2006）．第二版．北京：电子工业出版社
中国百科大辞典编委会．2005. 中国百科大辞典．北京：中国大百科全书出版社
中国社会科学院语言研究所词典编辑室．2005. 现代汉语词典．北京：商务印书馆
中华人民共和国国家质量技术监督局．2005. 中华人民共和国国家标准 GB/T19016—2005 idt ISO 10006：2003 质量管理——项目管理质量指南．北京：中国标准出版社
中华人民共和国建设部．2006. 建设工程项目管理规范（GB/T50326—2006）．北京：中国建筑工业出版社
周桂荣，惠恩才．2002. 成功项目管理模式．北京：中国经济出版社
周三多，陈传明，鲁明泓．1999. 管理学——原理与方法．第三版．上海：复旦大学出版社
周文安，赛云秀．1997. 建筑施工企业项目管理．北京：中信出版社
Heldman K. 2002. PMP：项目管理专家全息教程．马树奇译．北京：电子工业出版社
Lock D. 2005. 项目管理．第八版．李金海译．天津：南开大学出版社
Royce W. 2002. 软件项目管理：一个统一的框架．周伯生译．北京：机械工业出版社
Smith D. 2008. 采购项目管理．北京中交协物流人力资源培训中心译．北京：机械工业出版社
W. 理查德·斯格特．2002. 组织理论．黄洋译．北京：华夏出版社
Alba N Z. 2008. Quality management systems from the perspective of organization of complex systems. Mathematical and Computer Modelling，48：1170～1177

Anderson D K, Merna T. 2003. Project management strategy——Project management represented as a process based set of management domains and the consequences for project management strategy. International Journal of Project Management, (21): 387 ~ 393

Babu A J G, Suresh N. 1996. Project management with time, cost and quality consideration. European Journal of Operational Research, (88): 320 ~ 327

Caparelli D. 1991. Leading the company through the chokepoints of change. Information Strategy: the Executive's Journal, 12 (3): 36 ~ 44

Chen Ye-Sho, Tang Kwei. 1992. A pictorial approach to poor-quality cost management. IEEE Transactions on Engineering Management, 39 (2): 149 ~ 157

Clarke A. 1999. A practical use of key success factors to improve the effectiveness of project management. Project Management Journal, (3): 139 ~ 145

Covey S R. 1989. The Seven Habits of Highly Effective People. New York: Simon & Schuster

Daum A. 1993. Erfolgs-und Mißerfolgsfaktoren im Büro-Projektmanagement. Band 1: München

Deutsches Institut für Normung. 1987. DIN69901Manuscript: Begriffe der Projektwirtsch-ift. Deutschland: Berlin

Donald E H, Mayuram S K. 1995. Effects of process maturity on quality, cycle time, and effort in software product development. Management Science, (20): 34 ~ 53

Erengue S, Tufekci S, Zappe C J. 1993. Solving time/cost trade-off problems with discounted cash flows using generalized benders decomposition. Naval Research Logisties, 23 ~ 25

Etzioni A. 1964. Modern Organization. New Jersey: Prentice Hall

Goldratt E M. 1997. Critical Chain. New York: North River Press

Gupta Y P. 1993. Life Cycle Cost Models and Associated Uncertainties: Electronics Systems Effectiveness and Life Cycle Costing. Berlin: Springer

Hall M, Tomkins C. 2001. A cost of quality analysis of building project: towards a complete methodology for design and build. Construction Management and Economics, 19 (7): 727 ~ 740

Khang D B, Myint Y M. 1999. Time, Cost and quality trade-of in project management: a case study. International Journal of Project Management, (9): 122 ~ 134

Milehamar A R, Curriegc G C, Milles A W, et al. 1993. A parametric approach to cost estimating at the conceptual stage of design. Journal of Engineering Design, (2): 161 ~ 185

Miller E J. 1959. Technology, territory and time: the internal differentiation of complex production systems. Human Relation, 12: 243 ~ 272

Moore G, Hendrick P, David A. 1991. Statistical Process Control in Project Management. American Association of Cost Engineers. Transactions of the American Association

Neese T A, Ledbetter W B. 1991. Quality Performance Management in Engineering/Construction. American Association of Cost Engineers, Transactions of the American Association

Nuno B, Vitor A. 2005. Monitoring construction quality management systems: quality cost-benefit analysis. International Journal for Housing. Science and Its Applications, 29 (3): 179 ~ 189

Perrow C. 1986. Complex Organization: a Critical Essay. New York: Randon House

Peter E D L, Zahir I. 2003. A project management quality cost information system for the construction industry. Information & Management, 40: 649 ~ 661

Pinto J K, Kharbanda O P. 1995. Project management and conflict resolution. Project Management Journal, 26 (4): 45 ~ 54

Pinto J K. 2000. Understanding the role of politics in successful project management. International Journal of Project Management, (18): 85 ~ 91

Project Management Institute. 2008. A Guide to the Project Management Body of Knowledge. Fourth Edition. Pennsylvania: Project Institute Standard Committee

Randolph W A, Posner B Z. 1994. Effective Project Planning and Management. New Jersey: Prentice Hall

Rasdorf W J, Abudayyeh O Y. 1991. Cost- and schedule- control integration: issues and needs. Journal of Construction Engineering and Management, 117 (3): 486 ~ 502

Resche H, Schelle H. 1989. Handbuch Projektmanagement. Köln: Verlag TuV Rheinland

Robert M K, Tarek H. 1999. Project Performance control in reconstruction projects. Journal of Construction Engineering and Management, (23): 112 ~ 135

Sellés S M E, Rubio J A C, Mullor J R. 2008. Development of a quantification proposal for hidden quality costs: applied to the construction sector. Journal of Construction Engineering & Management, (10): 749 ~ 757

Sunde L, Lichtenberg S. 1995. Net- presen- value cost/time tradeoff. International Journal of Project Management, (13): 10 ~ 15

Thompson J. 1967. Organization in Action. New York: McGraw- Hill

Tsien H S. 1954. Engineering Cybernetics. New York: McGraw- Hill

附　　录

为了了解实际工程项目管理的基本情况，掌握第一手资料，我们进行了工程项目管理专家意见和建设项目基本情况两项调查。调查活动于2004年10月6日开始，面向陕西省境内的施工企业、监理单位和有关高等学校、设计院所，发出工程项目管理专家调查表和工程项目三大目标调查表各200份，于2004年11月15日收回反馈意见，其中有效内容和表格共139份。

附录A　工程项目管理专家调查

A1　工程项目管理专家调查内容

（1）您认为工程项目管理体系是否已形成？

（2）您认为业主、施工单位、监理单位、设计单位之间的配合关系如何？

（3）您认为工程项目管理中业主存在的主要问题有哪些？

（4）您认为工程项目管理中施工单位存在的主要问题有哪些？

（5）您认为工程项目管理中监理单位存在的主要问题有哪些？

（6）您认为工程项目管理中设计单位存在的主要问题有哪些？

（7）您认为工程项目管理中质量、成本与工期三大目标控制的主次关系排序如何？

（8）您认为工程项目管理中质量管理存在的主要问题有哪些？

（9）您认为工程项目管理中强化质量管理的主要措施有哪些？

（10）您认为工程项目管理中成本管理存在的主要问题有哪些？

（11）您认为工程项目管理中强化成本管理的主要措施有哪些？

（12）您认为工程项目管理中工期管理存在的主要问题有哪些？

（13）您认为工程项目管理中强化工期管理的主要措施有哪些？

（14）您认为工程项目管理中质量与成本之间的相互影响关系有哪些？

（15）您认为工程项目管理中质量与工期之间的相互影响关系有哪些？

（16）您认为工程项目管理中成本与工期之间的相互影响关系有哪些？

（17）目前工程项目管理中最突出的问题有哪些？

（18）政府主管部门在工程项目管理中可以做哪些突出工作？

A2　调查结果统计与分析情况

（1）关于工程项目管理体系是否形成，统计结果见表A-1。

表 A-1　项目管理体系现状调查表

调查问题	形成	初步形成	没有形成	其他
项目管理体系是否已形成	13.8%	76.6%	1.4%	8.2%

（2）关于业主、施工单位、监理单位、设计单位之间的配合关系，统计结果见表 A-2。

表 A-2　项目参与单位协调关系

调查对象	比例/%			
	好	一般	较差	很差
业主单位与施工单位	32.2	64.2	3.6	0
业主单位与监理单位	39.2	55.6	5.2	0
业主单位与设计单位	53.4	43.6	3.0	0
施工单位与监理单位	19.6	73.9	6.5	0
施工单位与设计单位	35.0	60.6	4.4	0
监理单位与设计单位	30.1	60.9	9.0	0

（3）关于工程项目管理中业主、施工单位、监理单位、设计单位存在的主要问题，统计结果见表 A-3。

表 A-3　参与单位存在的主要问题

单位	专家意见	比例/%
业主单位	（1）不按基本建设程序办事，根据自己的意愿盲目指挥	12.0
	（2）签订“霸王条款”合同，不能严格执行合同等，自身合同履约差	10.4
	（3）目标控制不到位，常常片面重视工期控制而忽略质量、合同等管理	9.7
施工单位	（1）施工单位人员素质普遍偏低	14.9
	（2）施工现场管理措施不力，质量自检体系形同虚设，质量管理意识较差	13.3
	（3）安全意识淡薄，存在一定的隐患；文明工地建设流于形式	8.4
监理单位	（1）监理人员业务素质低	19.6
	（2）由于监理费用低，致使监理人员结构不合理等	19.3
	（3）不能公正地处理问题	17.7
设计单位	（1）设计质量存在问题	39.1
	（2）设计单位自身管理水平低	34.7
	（3）认为自己高高在上，设计观念我行我素	10.7

（4）关于工程项目管理中质量、成本与工期三大目标优先级，统计结果见表 A-4。

表 A-4 三大目标控制主次关系排序专家意见表

目标主次关系排序	比例/%
质量、成本、工期	46.0
质量、工期、成本	41.7
成本、质量、工期	10.1
工期、质量、成本	1.4
成本、工期、质量	0.8
工期、成本、质量	0

(5) 关于工程项目质量、成本和工期管理存在的主要问题，统计结果见表 A-5。

表 A-5 目标控制方面的主要问题

类别	专家意见	比例/%
质量控制方面	(1) 各参与单位之间的配合、协作不好，各自的管理模式落后	15.7
	(2) 未形成完善的质量管理体系，执行力度差，责任制不明确	11.1
	(3) 对三大目标之间的关系及重要程度认识不清	9.0
成本控制方面	(1) 对前期策划、设计保守浪费、成本增加认识不足	24.4
	(2) 建筑市场环境的因素，制度，施工条件的变化，竞争方面，周边环境的影响等	13.8
	(3) 施工管理（库房积压材料，浪费，资金投放，统筹缺乏准确性，投标报价、变更）	12.1
工期控制方面	(1) 对管理模式的认识不足	24.5
	(2) 建筑市场环境、周边环境的影响及施工条件的变化等	13.8
	(3) 施工单位施工管理水平低	12.1

(6) 关于工程项目管理中强化质量管理的主要措施，统计结果见表 A-6。

表 A-6 质量控制措施专家意见表

专家意见	比例/%
(1) 参与单位加强自身的管理和相互之间的促进、配合与协作工作	13.2
(2) 建立健全质量管理体系和制度，建立责任制，提高全员的认识	11.9
(3) 加强建筑大环境方面的管理（如规范招投标程序，统一考核管理人员等）	6.5
(4) 加强人员的培训、考核，提高人员质量意识	6.3
(5) 加强质量检验力度（包括自检）	6.1

(7) 关于工程项目管理中强化成本管理的主要措施，统计结果见表 A-7。

表 A-7 成本控制措施专家意见表

专家意见	比例/%
(1) 加强工程的整体、目标管理和施工过程管理	10.1
(2) 各参与单位的配合协调（审图要细致、加强设计方案审查等）	10.1
(3) 重视材料管理（包括采购管理、周转材料、机械设备的合理使用等）	9.4
(4) 营造建筑工程大环境及前期成本策划、分析的节约气氛	8.5
(5) 正确对待前期设计和设计方案的审查工作，引入设计监理	8.3

(8) 关于工程项目管理中强化工期管理的主要措施，见表 A-8。

表 A-8 工期控制措施专家意见表

专家意见	比例/%
(1) 采用科学的管理方法与组织协调措施，强化动态管理	13.2
(2) 采用合理的措施进行工期计划，及时检查与调整，如制定奖罚条例等	10.5
(3) 行政主管部门应加强工期管理，不能由业主任意压缩，严把项目报审手续关	9.6
(4) 制订和安排合理、可实施性强的工期计划	7.9
(5) 资金及时落实和到位	7.4

(9) 关于工程项目管理中质量与成本之间的相互影响关系，统计结果见表 A-9。

表 A-9 质量与成本相互影响关系

专家意见	比例/%
(1) 成本投入的增加或减少均会影响质量水平	29.5
(2) 质量要求较高会相应加大成本投入	23.2
(3) 合理的成本投入保证合格的质量	15.7

(10) 关于工程项目管理中质量与工期之间的相互影响关系，统计结果见表 A-10。

表 A-10 质量与工期相互影响关系

专家意见	比例/%
(1) 工期过短或过长，质量都很难保证	66.90
(2) 不合理的工期对质量有影响	33.80
(3) 确定工期要以保证质量为前提	21.60

(11) 关于工程项目管理中成本与工期之间的相互影响关系，统计结果见表 A-11。

表 A-11 成本与工期相互影响关系

专家意见	比例/%
(1) 工期太短或太长都会加大工程成本	47.3
(2) 合理工期对应合理成本，合理成本保证合理工期	17.0
(3) 工期缩短会降低成本	8.3

（12）目前工程项目管理中最突出的问题，统计结果见表 A-12。

表 A-12　工程管理中的突出问题

突出问题	比例/%
（1）三大目标管理方面存在的问题	19.7
（2）工程项目管理的体制、机制方面	19.2
（3）建设单位的角色定位	11.3

（13）关于政府主管部门在工程项目管理中可以做哪些突出工作，统计结果见表 A-13。

表 A-13　政府主管部门需做的突出工作

突出工作	比例/%
（1）规范建筑管理程序、标准，做好宏观调控	30.4
（2）搞好项目安全与履约审验工作，加强对建筑市场的监管力度	16.3
（3）规范和管理业主单位	11.7

附录 B　工程项目三大目标调查

B1　建设项目基本情况调查

对于工业与民用建筑来说，尽管装饰、装修工程所消耗的成本与工期占整个工程项目一定的比重，但由于使用功能的不同，各项目之间有很大的差异性，很难加以比较。工程项目的主体部分具有较强的可比性和研究价值，所以分析采用的数据是各工程从正负零至结构封顶阶段的成本、工期、建筑面积等。调查内容设计如表 B-1 所示。

表 B-1　建设项目基本情况调查表

<table>
<tr><th colspan="17">建设项目调查表</th></tr>
<tr><th rowspan="2">序号</th><th rowspan="2">项目编号</th><th rowspan="2">建设项目名称</th><th colspan="6">工程概况/正负零以上</th><th colspan="2">工期/天</th><th colspan="2">成本/结算价/万元</th><th rowspan="2">质量状况</th><th rowspan="2">开工日期</th><th rowspan="2">竣工日期</th><th rowspan="2">备注</th></tr>
<tr><th>结构类型</th><th>层数</th><th>层高</th><th>总高度/米</th><th>建筑面积/平方米</th><th>混凝土量/立方米</th><th>主体工程（正负零至封顶）</th><th>总工期</th><th>主体工程（正负零至封顶）</th><th>总成本</th></tr>
</table>

B2　调查表说明

（1）由于提供工程数据的单位对少数建设项目资料掌握不齐全，故仅对数据资料有效、完整的工程进行归纳与分析。

（2）先将数据按使用功能分类，分为住宅楼、办公综合楼、商用写字楼、工业厂房等几类，再依据结构体系、层高的不同划分。对于工程数据较少的类别，由于分析的结果不具有代表性，没有普遍的意义，因此不加以考虑。

（3）调查结果中，工程质量情况均为合格以上，有少部分项目分别获省、市奖，结果汇总中不再列出。

B3　统计与分析结果

经过对数据的详细统计与归纳，对四类工程项目进行分析：剪力墙结构住宅楼（层高2.8～3.0米）、框剪结构住宅楼（层高2.8～3.0米）、框剪结构办公、综合楼（层高3.2～3.6米）和框架结构办公、综合楼（层高3.2～3.9米）。具体结果见表B-2～表B-5。

表B-2　剪力墙结构住宅楼（层高2.8～3.0米）数据表

项目编号	单位面积工期/(天/100平方米)	单位面积成本/(万元/100平方米)	项目编号	单位面积工期/(天/100平方米)	单位面积成本/(万元/100平方米)
1	0.2	8.39	9	1.3	9.74
2	0.3	6.99	10	1.3	8.68
3	0.4	6.50	11	1.3	6.60
4	0.6	4.07	12	1.3	7.51
5	0.8	4.87	13	1.5	9.00
6	0.9	7.59	14	1.7	8.15
7	1.1	5.48	15	1.8	9.22
8	1.3	11.25	16	2.2	12.14

表B-3　框剪结构住宅楼（层高2.8～3.0米）数据表

项目编号	单位面积工期/(天/100平方米)	单位面积成本/(万元/100平方米)	项目编号	单位面积工期/(天/100平方米)	单位面积成本/(万元/100平方米)
1	0.5	10.26	9	1.2	3.02
2	0.5	7.00	10	1.7	6.60
3	0.8	5.82	11	2.1	5.28
4	0.9	12.75	12	2.1	9.37
5	0.9	3.58	13	2.2	6.15
6	0.9	5.48	14	2.8	6.45
7	0.9	5.94	15	2.9	5.56
8	1.0	6.23			

表 B-4　框剪结构办公、综合楼（层高 3.2 ~ 3.6 米）数据表

项目编号	单位面积工期/(天/100 平方米)	单位面积成本/(万元/100 平方米)	项目编号	单位面积工期/(天/100 平方米)	单位面积成本/(万元/100 平方米)
1	0.6	4.84	5	1.4	6.50
2	0.8	6.81	6	1.4	7.46
3	1.0	7.95	7	1.4	20.00
4	1.1	6.12	8	1.8	5.78

表 B-5　框架结构办公、综合楼（层高 3.2 ~ 3.9 米）数据表

项目编号	单位面积工期/(天/100 平方米)	单位面积成本/(万元/100 平方米)	项目编号	单位面积工期/(天/100 平方米)	单位面积成本/(万元/100 平方米)
1	0.3	6.78	15	1.8	6.15
2	0.4	6.19	16	1.9	6.83
3	0.4	7.14	17	2.0	14.74
4	0.4	8.82	18	2.1	8.31
5	0.5	5.67	19	2.3	4.63
6	0.9	7.62	20	2.4	4.12
7	1.1	5.99	21	2.8	5.24
8	1.2	8.55	22	2.9	6.16
9	1.5	5.58	23	3.5	9.74
10	1.5	3.66	24	4.0	3.70
11	1.6	1.72	25	4.1	9.04
12	1.6	1.80	26	5.4	8.94
13	1.6	4.67	27	5.5	8.62
14	1.6	6.15	28	8.4	7.85

计算得出成本、工期指标值结果见表 B-6。

表 B-6　成本、工期指标值表

类型	单位面积工期/(天/100 平方米)	单位面积成本/(万元/100 平方米)
剪力墙结构住宅楼（层高 2.8 ~ 3.0 米）	1.3	7.55
框剪结构住宅楼（层高 2.8 ~ 3.0 米）	1.0	6.15
框剪结构办公、综合楼(层高 3.2 ~ 3.6 米)	1.3	6.66
框架结构办公、综合楼(层高 3.2 ~ 3.9 米)	1.7	6.18

表B-6中计算的结果即为陕西省西安市近年来工程项目建设过程中具有代表性的指标值。所得出的剪力墙结构住宅楼（层高2.8～3.0米）、框剪结构住宅楼（层高2.8～3.0米）、框剪结构办公、综合楼（层高3.2～3.6米）、框架结构办公、综合楼（层高3.2～3.9米）四类建设项目单位面积成本与单位面积工期，反映了工程建设水平的现状，对工程项目实施中的成本与工期控制具有现实指导意义，可以作为项目管理者进行工程项目目标控制的理论依据。

“21世纪科技与社会发展丛书”

第一辑书目

《国家创新能力测度方法及其应用》
《社会知识活动系统中的技术中介》
《软件产业发展模式研究》
《软件服务外包与软件企业成长》
《追赶战略下后发国家制造业的技术能力提升》
《城市科技体制机制创新》
《休闲经济学》
《科技国际化的理论与战略》
《创新型企业及其成长》
《劳动力市场性别歧视与社会性别排斥》
《开放式自主创新系统理论及其应用》

第二辑书目

《证券公司内部控制论》
《入世后中国保险业竞争力评价与对策》
《服务外包系统管理》
《高学历科技人力资源流动研究》
《国防科技资源利用与西部城镇化建设》
《风险投资理论与制度设计研究》
《中国金融自由化进程中的安全预警研究》
《中国西部区域发展路径——层级增长极网络化发展模式》
《中国西部生态环境安全风险防范法律制度研究》
《科技税收优惠与纳税筹划》

第三辑书目

《大学 - 企业知识联盟的理论与实证研究》
《网格资源的经济配置模型》
《生态城市前沿探索——可持续发展的大连模式》
《财政分权与中国经济增长关系研究》
《科技企业跨国并购规制与实务》
《高新技术产业化理论与实践》
《政府研发投入绩效》
《不同尺度空间发展区划的理论与实证》
《面向全球产业价值链的中国制造业升级》
《地理学视角的人居环境》
《科技型中小企业资本结构决策与融资服务体系》

第四辑书目

《工程项目控制与协调研究》
《国有企业经营者激励与监督机制》
《行风评议:理论、实践与创新》
《陕西关中传统民居建筑与居住民俗文化》
《知识型人力资本胜任力研究》